Gaosu Gonglu Jingying Qiye Neibu Kongzhi Guifan

高速公路经营企业内部控制规范

苗满胜　智建成　编著

人民交通出版社股份有限公司
China Communications Press Co.,Ltd.

内 容 提 要

企业的内部控制是指企业内部管理控制系统,包括为保证企业正常经营所采取的一系列必要的管理措施。内部控制制度是现代企事业单位对经济活动进行科学管理而普遍采用的一种控制机制。为使企业管理更科学,运行更高效,进一步防范风险,作者立足交通行业,结合自身实际,编写了《高速路经营企业内公部控制规范》。

本书主要介绍了公司治理与组织架构管理、发展战略、人力资源管理、企业文化、安全管理、财务管理、全面预算、投融资和担保管理、采购业务、日常运营管理、资产管理、科研项目管理、工程项目管理、合同及法律事务管理、行政综合、信息系统管理、突发事件管理、子公司管理、内部审计与监督、纪检监察的内容。

本书可供高速公路企业经营管理人员学习参考,也可作为基层单位规范管理、防范风险的借鉴读物。

图书在版编目(CIP)数据

高速公路经营企业内部控制规范 / 苗满胜,智建成编著. — 北京 : 人民交通出版社股份有限公司,2018.8

ISBN 978-7-114-14775-3

Ⅰ. ①高… Ⅱ. ①苗… Ⅲ. ①高速公路—运输企业—企业内部管理—管理规范—河南 Ⅳ. ①F542.761-65

中国版本图书馆 CIP 数据核字(2018)第 198186 号

书　　名: 高速公路经营企业内部控制规范
著 作 者: 苗满胜　智建成
责任编辑: 岑　瑜
责任校对: 赵媛媛
责任印制: 张　凯
出版发行: 人民交通出版社股份有限公司
地　　址: (100011)北京市朝阳区安定门外外馆斜街 3 号
网　　址: http://www.ccpress.com.cn
销售电话: (010)59757973
总 经 销: 人民交通出版社股份有限公司发行部
经　　销: 各地新华书店
印　　刷: 北京市密东印刷有限公司
开　　本: 880 × 1230　1/16
印　　张: 15
字　　数: 475 千
版　　次: 2018 年 8 月　第 1 版
印　　次: 2018 年 8 月　第 1 次印刷
书　　号: ISBN 978-7-114-14775-3
定　　价: 68.00 元

本书编写委员会

主　　任： 房益林

副 主 任： 贺中献　王铁军　苗满胜

编　　委： 范文圣　王登科　赵元庆　田燕斌　殷蔚明
吕应臣　宋　皓　阎　伟　王中平　冯　可
牛建强　郭学鹏　鄢保伟

主　　编： 苗满胜　智建成

副 主 编： 韩　澎　马　骏　胡朝红　康　蕾

责任编辑： 王利华　赵军礼　王银虎　何　华　李习祯
林根法　李志阳　刘新芳　潘　渊　苏　敏
盛　勇　辛　超　侯强东　郭　强　杨　乐
苑泽勇　马　辉　孙玲利　袁　梦　刘　超
方　炜　孙延红　张圆圆　苗馨文

序　言

党的十九大明确中国特色社会主义进入新时代，要有新作为，实现新目标。依据财政部等五部委联合发布《企业内部控制基本规范》，全面建设内部控制体系进入新阶段。内部控制体系是推动企业管理变革，实现强基固本、提升效率、防范风险的重要途径。有效的内部控制可以在岗位职责管理的基础上，辅之以流程化管理，形成多维的、全过程的管控矩阵。

规范的内部控制体系是企业实现管理科学、运行高效、价值提升、风险可控的重要手段。在新形势下，企业经营风险日益增加，要想做强、做大、做优企业，就必须做好内部控制。完善的企业内部控制，应在企业各个层面进行制度、流程梳理，提高企业员工履职能力和发现风险的敏感性，并提出内控缺陷的解决办法，才能有效规避风险，实现企业的长远健康发展。

《高速公路经营企业内部控制规范》的编写完成，助力提升企业管理水平，防范经营风险，在规范经营秩序，加强廉政建设，更好地为高速公路经营管理和领导决策服务，同时也是基层单位规范管理、防范风险的必备读物，具有现实意义和指导作用。相信本书的出版将为企业的健康、持续发展作出贡献。

编委会主任

2018 年 3 月

目　录

引　言

1)编制目的

《高速公路经营企业内部控制规范》(以下简称"内部控制规范")是公司保障内部控制体系有效运行的基本制度和实施规范。为了确保公司经营管理合法合规、资产安全、财务报告及相关信息真实完整、提高经营效率和效果、促进公司实现发展战略等内部控制目标,提高会计信息及管理信息质量,树立和维护公司在资本市场诚信和稳健的良好形象,依据国家五部委发布的《企业内部控制基本规范》《企业内部控制配套指引》、相关法律法规和公司章程,结合公司实际,制定本规范。

2)编制的依据与原则

《内部控制规范》是根据国务院财政部等五部委颁布的《企业内部控制基本规范》及其配套指引、国务院国有资产监督管理委员会颁布的《中央企业全面风险管理指引》、美国 COSO 委员会提出的企业风险管理与内部控制整合框架,结合公司实际业务操作和管理资源状况编制而成。

另外,内部控制规范的编制遵循了以下原则:

(1)合规性原则:合规性原则是指在各项经营活动中必须遵循国家法律法规及内部制度,确保经营活动的合法、合规。

(2)可操作性原则:内控制度必须符合公司的实际,必须具有较强的可操作性。

(3)全面性原则:全面性原则是指公司层面和业务层面的所有交易环节和流程纳入内控制度体系中,贯穿决策、执行和监督全过程,全面覆盖公司各个业务环节和流程。

(4)协调一致性原则:内控制度体系中不同级别制度相协调,同级制度之间相协调;同一制度条款之间相协调,制度条款与体系认证文件相协调。

(5)持续改进原则:规章制度一经生效,应在一定时期内保持相对稳定,不应随意修改。当企业内外部环境或管理模式发生较大变化时,应及时按规定程序予以修订或增补。其他制度(体系文件)相关内容需相应随之调整。

(6)简洁明晰原则:《内部控制规范》编制过程中对业务目标、业务风险、业务流程图、控制矩阵、权限指引、相关表单等,定位准确、简洁明了,便于掌握、实施。

(7)注重实效原则:规章制度制发应确有必要,注重实效。

3)编制思路与适用范围

本《内部控制规范》围绕控制环境、风险评估、控制活动、信息与沟通及内部监督五项要素,从划分公司各业务循环、梳理公司各业务流程着手,对各业务流程的执行和管理进行标准化、统一化。

本《内部控制规范》适用于公司各部门、各分公司及其控股子公司。

本《内部控制规范》所叙述的各项内控管理标准是适用范围内各企业须遵循的最低标准。

4)《内部控制规范》的构成

《内部控制规范》各章节由流程目标概述、适用范围、相关制度、职责分工、不相容职责、流程图、控制目标、控制矩阵等部分构成。

(1)流程目标概述:描述制定该业务循环内部控制规范章节的目的。

(2)适用范围:描述该业务循环章节的适用范围。

(3)相关制度:指该业务循环章节中涉及公司已有的相关制度,其中"无"表示公司尚未制定相关制度。

(4)职责分工:指该业务循环涉及部门在本业务循环的部门职责。

(5)不相容职责:描述该流程中所有不相容职责。

(6)流程图:具体划分各业务循环中包括的流程,流程图中刻画涉及的主要业务环节节点。(注:“流程图”主要为内控管理所需,如与实际业务操作存在出入,须以公司已有管理制度或《内部控制规范》中“控制矩阵”描述规定为准。)

(7)控制目标:包含战略目标、合规目标、资产安全目标、财务报告及相关信息真实完整目标、经营效率效果目标在该业务循环中的具体描述。

(8)控制矩阵:对各业务流程中的控制点、控制目标、控制活动、相关制度及表单进行描述,旨在控制各业务流程中的潜在风险。

5)定义及术语

(1)内部控制

本《内部控制规范》所称内部控制,是由公司董事会、监事会、经理层和全体员工实施的、旨在实现控制目标的过程。

内部控制的目标是合理保证公司经营管理合法合规、资产安全、财务报告及相关信息真实完整,提高经营效率和效果,促进公司实现发展战略。

内部控制包括如下五个要素:

①内部环境。内部环境是公司实施内部控制的基础,是公司有效实施内部控制的保障。内部环境一般包括治理结构、机构设置及权责分配、发展战略、人力资源政策、社会责任、企业文化和内部审计等。

②风险评估。风险评估是公司及时识别、系统分析经营活动中与实现内部控制目标相关的风险,合理确定风险应对策略。风险评估一般包括:目标设定、风险识别、风险分析和风险应对等环节。

③控制活动。控制活动是公司根据风险评估结果,采用相应的控制措施,将风险控制在可承受范围之内。

④信息与沟通。信息与沟通是公司及时、准确地收集、传递与内部控制相关的信息,确保信息在公司内部、公司与外部之间进行有效沟通。

⑤内部监督。内部监督是公司对内部控制建立与实施情况进行监督检查,评价内部控制的有效性,发现内部控制缺陷,应当及时加以改进。内部监督包括日常监督和专项监督等。公司应以重大风险、重大事件和重大决策、重要管理及业务流程为重点,对内控体系的有效性实施监督。

(2)风险

风险是指未来的不确定性对企业实现其经营目标的影响。影响是指与预期结果的偏离(积极和/或消极)。目标可以有不同的方面,例如,财务、健康和安全以及环境目标。目标同时可以适用于不同的层面,例如,战略、整个组织、项目、产品和过程。风险经常被标注为潜在的事件、后果或者两者的结合以及它们对要达成的目标的影响。风险经常被解释为一个事件和其后果的结合,或一个状态的变化以及相关的发生的可能性。

(3)风险源

风险源是指任何单独或联合的事件,具有内在潜力引起风险。其中,事件是指发生或改变一系列情况的事物(一个特定时期内,在一个特定地点所发生的事态)。

对事件有如下几种解读:

①一般来说,事件的特性、可能性和后果不能完全可知。

②事件可以是一个或多个事件,也可以有几个原因。

③与事件相关的可能性是可以确定的。事件可以由一个或多个未发生的情况组成。有后果的事件有时被称为“事故”。

④一个未发生损失的事件也可称为“隐患”。

(4)简称解释

内部控制规范中提到的英文编号包括:

①R,即 Risk 风险(如:风险编号 R1.1-1 指的是第一个一级子循环的第一个二级子循环的第一个风险点)。

②CT 即 Control Target,控制目标。

③CA 即 Control Action,控制措施。

6)内部控制组织与职责

通过建立分工合理、职责明确、信息传递高效畅通清晰的组织结构,明确内控管理决策机构、管理机构、执行机构和监督机构的责任和义务,确保本公司内部控制的职责、权限及其相互关系得到规定和沟通,使本公司内部控制体系得到有效运行。

(1)公司董事会。

负责内部控制的建立健全和有效实施。

(2)公司监事会。

负责对公司建立与实施内部控制进行监督。

(3)公司管理层。

公司管理层是公司内部控制的领导机构,其职责包括:

①审定公司内部控制体系实施工作计划。

②指导和督促公司内部控制体系建设和运行工作的组织和实施,对内部控制体系建设工作进行安排部署。

③负责提供内部控制体系建设所需的资源,协调解决内部控制体系建设工作中的重大问题。

④经董事会授权,审批《内部控制规范》临时修订方案。

⑤审议《内部控制规范》年度修订方案。

⑥审核公司年度内部控制评价报告,对内部控制检查中发现的问题做出处理和整改决定,重大事项报告董事会。

⑦负责审定内部控制执行情况考核方案。

⑧负责决定与内控有关的其他重大事项。

(4)审计部。

审计部是内部控制建设工作的执行监督部门,相关职责包括:

①对内部控制建设工作的实施进行指导。

②对内部控制建设工作的实施过程进行监督。

(5)内控评价小组。

内控评价小组是内部控制工作的组织实施、维护及评价部门,具体负责组织协调内部控制的建立、实施及《内部控制规范》的维护,根据本制度和公司《内部控制评价指引》制订具体的内部控制评价方案,具体配合实施内部控制评价工作,相关职责包括:

①组织完善公司内部控制制度。

②负责组织各部门按照《内部控制规范》开展内部控制实施工作,对内控工作进行归口管理。

③各部门内部控制工作的实施进行指导,对实施情况进行总结。

④负责《内部控制规范》的修订、更新及维护工作。

⑤根据内部控制体系建设需要不定期组织开展内部控制培训。

⑥负责内部控制实施与维护的有关日常工作。

⑦负责内部控制执行情况的日常监督和专项监督。

⑧协调组织各部门开展年度内部控制评价工作。

⑨负责组成评价工作组、实施现场测试、认定控制缺陷、汇总评价报告、编制内部控制评价报告。

⑩负责有关内部控制评价有关的其他工作。

(6)公司各部门。

各业务归口管理部门负责内部控制制度的制定与实施，对本部门内部控制制度的健全性、合理性、有效性负责。具体职责包括：

①负责内部控制体系的有效运行的具体工作，配合完成内部控制自评、检查评价和外部审计。

②负责对作业流程、业务系统和实际操作进行日常控制监督，以公司内控政策与内控目标为准则，提出整改建议，制订改进方案并付诸实施。

③负责组织本部门员工学习内控知识和相关的法律法规等。

④因管理体制变化等原因造成业务流程发生改变或发布新制度时，负责向审计部及时反馈信息。

7）局限性

内部控制制度对于有效规范、提升企业内部经营管理具有重大的作用，但是也存在其固有的、不可避免的局限性。内部控制制度的局限性可能表现为以下几个方面：

（1）控制可能由于两个或多个人员进行串通舞弊或管理层不适当地凌驾于内部控制之上而被规避，而导致内部控制制度的失效。

（2）在决策时人为判断可能出现错误和因人为失误而导致内部控制制度的失效。

（3）企业内部控制制度的运行过程中涉及行使风险控制职能、内控评价职能的人员综合素质不适应岗位要求，也会影响内部控制管理功能的正常发挥。

（4）内部控制制度一般针对经常而重复发生的业务，如果出现不经常或未预计到的业务，原有内部控制制度可能不适用。

（5）内部控制制度可能存在未随公司内外部经营环境的变化而进行相应的调整，导致内部控制制度不能够完全适用于公司实际业务。

8）使用说明

《内部控制规范》是公司建设并实施内部控制体系的核心文件。

（1）《内部控制规范》的分类。《内部控制规范》体现内部控制管理的共性，适用于公司总部；各分册体现内部控制管理的个性，适用于各类分子公司。《内部控制规范》与分册属于统领关系，对于分册未来变动的内容应不违反总册所规定内容，分册未规定内容应在总册中理解。

（2）《内部控制规范》的设计。规范中的各项内容由公司进行设计、编写和发布，未经公司统一审批，任何部门不得擅自发布、修改本规范的内容。

（3）《内部控制规范》的执行。本内部控制规范报请公司董事会审议通过后下发执行。

（4）《内部控制规范》的监督。公司定期根据文件内容，对内部控制规范的有效实施情况进行监督检查，评价内部控制制度文件的适用性，发现内部控制缺陷，并督促加以改进。

（5）《内部控制规范》的更新。本规范生效后，董事会授权公司管理层对《内部控制规范》进行更新和维护，公司内控管理部门组织相关职能部门对《内部控制规范》进行评审后，报经公司总经理办公会审批通过后执行。各部门对《内部控制规范》日常使用过程中发现的问题，应书面记录并及时反馈给公司内控管理部门。

风险及缺陷的认定标准

一、风险等级标准

风险数据库：关于已识别风险的信息，包含了设计业务流程中已识别出的所有重大风险。

风险识别：查找企业各业务单元、各项重要经营活动及其重要业务流程中有无风险及有哪些风险。

风险频率：对风险发生的可能性的一种测量，表示为1和5之间的数字，其中1表示很低，5表示很高。具体划分如表1所示。

风险频率划分　表1

分值	频率	定义
5	很高	每天发生
4	高	每周发生一次
3	一般	每月发生一次
2	低	每年发生一次
1	很低	几乎不发生，只在特定时期发生

风险损失：风险可能带来的损失和后果，表示为1～5之间的某个数字，其中1分表示轻微损失，5分表示灾难性损失。具体划分如表2所示。

风险损失划分　表2

分值	后果	经济(损失)	法规	运营/体系	声誉	安全	环境	备注
5	灾难性	5000万元以上	被起诉	重大影响(如重要路段或多条路段损毁，造成高速公路长期(3个月以上)封闭)	负面消息流传世界各地，政府或监管机构进行调查，引起公众关注，对企业声誉造成无法弥补的损害	引起多位职工或公民死亡	对周围环境造成永久污染或无法弥补的破坏	以经济损失为主要判定依据，所有定性指标都需要与经济损失的金额相关联
4	重大	1000万～5000万元	被公开警告，罚款	严重影响(如部分路段损毁，造成高速公路长时间(1～3个月)封闭)	负面消息在全国各地流传，对企业声誉造成重大损害	导致一位职工或公民死亡	对周围环境造成严重污染或者需高额恢复成本	
3	重要	500万～1000万元	被公开警告，不罚款	中度影响(如部分路段损毁，造成高速公路短期(7～30天)封闭)	负面消息在某区域流传，对企业声誉造成中等损害	长期影响多位职工或公民健康	环境污染和破坏在可控范围内，没有造成永久的环境影响	
2	中等	50万～500万元	被政府机构质疑/调查	一般影响(如部分路段损毁，造成高速公路暂时(7天以内)封闭)	负面消息在当地局部流传，对企业声誉造成轻微损害	长期影响一位职工或公民健康	系统内危害，无外界污染和环境影响	
1	轻微	50万元以下	无	轻度影响(如交通事故造成公路长时间堵塞)	负面消息在企业内部流传，对企业声誉没有受损	短期影响职工或公民健康	无污染	

风险等级：根据风险发生的频率和可能带来的损失，综合评估风险对企业实现目标的影响程度，对风险等级进行如表3所示的划分。

风 险 等 级 划 分

表3

风险等级	1	2～7	8	9	10～15	16	17	18～24	25
风险级别	普通级	普通级	普通级	重要级	重要级	重要级	重大级	重大级	重大级

风险级别：风险级别按照《企业内部控制评价指引》与《企业内部控制审计指引》要求，从定量与定性两个方面，划分为重大、重要及普通三级，见表4。

风 险 级 别 划 分

表4

重大级	17≤风险等级≤25，且风险损失＝5
重要级	9≤风险等级≤16，且风险损失＝4
普通级	1≤风险等级≤8，且风险损失＜4

二、缺陷认定标准

内部控制评价工作依据及内部控制缺陷认定标准。

公司依据企业内部控制规范体系，结合公司的各项规章制度，在内部控制日常监督和专项监督的基础上，组织开展内部控制评价工作。公司董事会根据企业内部控制规范体系对重大缺陷、重要缺陷和一般缺陷的认定要求，结合公司规模、行业特征、风险偏好和风险承受度等因素，区分财务报告内部控制和非财务报告内部控制，研究确定了适用于本公司的内部控制缺陷具体认定标准。

公司确定的内部控制缺陷认定标准如下：

1. 财务报告内部控制缺陷认定标准

公司确定的财务报告内部控制缺陷评价的定量及定性标准如表5所示。

内部控制缺陷评价的定量及定性标准

表5

缺陷分类	认 定 标 准	
	定量标准	定性标准
重大缺陷	缺陷单独或连同其他缺陷可能导致或导致财务报表的错报金额落在如下区间： （1）错报金额≥资产总额的0.5%； （2）错报金额≥营业收入总额的0.5%； （3）错报金额≥税前利润总额的10%	（1）公司董事、监事和高级管理人员舞弊； （2）公司更正已公布的财务报告； （3）注册会计师发现的却未被公司内部控制识别的当期财务报告中的重大错报； （4）公司审计委员会、风险管理委员会、内部审计和监督机构对内部控制的监督无效； （5）已经发现并报告给管理层的重大缺陷在合理的时间后未加以改正； （6）其他：具备合理可能性导致不能及时防止或发现并纠正财务报告中的重大错报的内部控制缺陷
重要缺陷	缺陷单独或连同其他缺陷可能导致或导致财务报表的错报金额落在如下区间： （1）资产总额的0.3%≤错报金额＜资产总额的0.5%； （2）营业收入总额的0.3%≤错报金额＜营业收入总额的0.5%； （3）税前利润总额的5%≤错报金额＜税前利润总额的10%	（1）未依照公认会计准则选择和应用会计政策； （2）未建立反舞弊程序和控制措施； （3）对于非常规或特殊交易的账务处理，没有建立相应的控制机制或没有实施且没有相应的补偿性控制； （4）对于期末财务报告过程的控制存在一项或多项缺陷且不能合理保证编制的财务报表达到真实、准确的目标； （5）经发现并报告给管理层的重要缺陷没有在合理的期间得到的纠正； （6）其他：具备合理可能性，导致不能及时防止或发现并纠正财务报告中的虽然未达到和超过重要性水平，但仍应引起董事会和管理层重视的错报的内部控制缺陷

续上表

缺陷分类	认定标准	
	定量标准	定性标准
一般缺陷	缺陷单独或连同其他缺陷可能导致或导致财务报表的错报金额落在如下区间： (1)错报金额 < 资产总额的0.3%； (2)错报金额 < 营业收入总额的0.3%； (3)错报金额 < 税前利润总额的5%	不构成重大缺陷和重要缺陷的内部控制缺陷

2. 非财务报告内部控制缺陷认定标准

公司确定的非财务报告内部控制缺陷评价的认定标准如表6所示。

非财务报告内部控制缺陷认定标准 表6

缺陷分类	认定标准	
	定量标准	定性标准
重大缺陷	缺陷单独或连同其他缺陷可能导致或导致直接财产损失金额在人民币1000万元(含1000万元)以上；受到政府部门处罚，并对公司造成重大负面影响	具有以下特征的缺陷，应认定为重大缺陷： (1)缺乏民主决策程序，如缺乏重大问题决策、重要岗位人员聘任与解聘、重大项目投资决策、大额资金使用(三重一大)决策程序； (2)决策程序不科学，如重大决策失误，可能给公司造成重大财产损失； (3)严重违犯国家法律、法规； (4)中高级管理人员和高级技术人员严重流失； (5)媒体负面新闻频现，波及面广； (6)内部控制评价的重大缺陷未得到整改； (7)重要业务缺乏制度控制或制度系统性失效，可能给公司造成按定量标准认定的重大损失； (8)安全、环保事故可能对公司造成重大负面影响的情形
重要缺陷	缺陷单独或连同其他缺陷可能导致或导致直接财产损失金额在人民币500万元(含500万元)以上，1000万元以下；受到省级以上政府部门处罚，但未对公司造成重大负面影响	具有以下特征的缺陷，应认定为重要缺陷： (1)民主决策程序存在但不够完善； (2)违反企业内部规章，形成损失达到定量标准认定的重要财产损失； (3)关键岗位业务人员严重流失； (4)媒体出现负面新闻，波及局部区域； (5)内部控制评价的重要缺陷未得到整改； (6)重要业务制度或系统存在缺陷，可能给公司造成按定量标准认定的重要财产损失
一般缺陷	缺陷单独或连同其他缺陷可能导致或导致直接财产损失金额在人民币500万元以下；受到省级以下政府部门处罚，但未对公司造成重大负面影响	具有以下特征的缺陷，应认定为一般缺陷： (1)民主决策程序效率不高； (2)违反企业内部规章，但未形成损失； (3)一般岗位业务人员严重流失； (4)媒体出现负面新闻，但影响不大； (5)内部控制评价的一般缺陷未得到整改； (6)一般业务制度或系统存在缺陷； (7)存在的其他缺陷

1 公司治理与组织架构管理

1.1 公司治理

1)流程目标概述

为了规范公司关于治理结构的管理,避免或降低公司在治理过程中存在的风险,依据《内部控制基本规范》,特制定本管理标准。

2)适用范围

适用于公司及所属单位。

3)相关制度

(1)《公司章程》

(2)《董事会工作制度》

(3)《监事会工作制度》

(4)《监事会工作条例》

(5)《监事会议事规则》

(6)《党政联席会议事规则》

(7)《总经理办公会议事规则》

(8)《机关各部门岗位职责》

4)职责分工

(1)董事会职责

①制定公司的经营计划和投资方案。

②决定公司内部管理机构的设置。

③制定公司的基本管理制度。

④聘任或解聘公司总经理、副总经理、总工程师、分公司负责人等高级管理人员,并决定其报酬事项。

⑤审议批准公司的年度财务预算、决算方案。

⑥审议批准公司的利润分配方案和弥补亏损方案。

⑦制定公司增加或者减少注册资本的方案。

⑧制定发行公司债券的方案。

⑨拟定公司合并、分立、变更公司形式、解散和清算的方案。

⑩拟定章程修改方案。

⑪公司重要资产的抵押、担保、出租发包、转让和公司的重大投资、合作、借贷款。

(2)董事长职责

①召集、主持董事会会议。

②督促、检查董事会决议实施情况。

③签署公司股票、债券及其他有价证券。

④签署公司具有法定效力的重要文件与合同。

⑤签署董事会决议、纪要。

⑥行使法定代表人的职权。

⑦在发生特大自然灾害等不可抗力的紧急情况下，对公司事务行使符合法律规定和公司利益的特别处置权，并在事后对董事会及集团报告。

⑧董事会赋予的其他职权。

（3）董事会秘书职责

①服从董事会领导，根据《公司章程》的规定和公司领导的意见，按期组织召开公司董事会，并认真做好议案审查等会前准备工作。

②负责组织做好会议记录和董事会资料整理、分册、保管等工作，确保材料准确完整。

③严守保密制度和记录，保证有权查阅资料人员及时、完整地得到相关信息。

④根据工作需要和授权，代表公司对外发布消息。

⑤积极做好董事会精神的传达、贯彻及执行情况的检查、信息收集与反馈工作，为董事会提供决策参考。

⑥参与公司其他重要工作。

（4）监事会职责

①监事列席董事会会议。

②检查公司财务，查阅财务报表、会计资料及与经营管理活动有关的其他资料，审查资金支出的合法性、审批程序的合规性、资金运作的安全性，保证国有资产保值增值。

③监督公司董事会、高级管理人员执行公司职务的行为是否符合国家法律法规和公司章程，有无损害出资人和公司利益。

④监事会向出资人专项报告年度监督情况。

（5）党政联席会职责

①学习、传达上级有关指示精神，并研究贯彻落实的具体意见。

②研究讨论公司重大决策、重要人事任免、重大项目安排和大额度资金运作（简称“三重一大”）工作事项。

③研究制定公司的发展规划、重要改革措施和规章制度。

④研究企业经营管理的重大事项和涉及职工切身利益的重要问题。

⑤提出公司干部职工队伍建设和人才培养中的相关意见。

⑥研究公司人员的聘任、调配、考核、奖惩。

⑦研究公司经费预决算及大额支出、收入分配等事项。

⑧决定公司重大失职和失误行为的处理意见。

⑨研究公司对外合作项目的可行性。

⑩需要提交上级党政组织决定的重要事项。

⑪其他需要提交党政联席会研究讨论、决策或通报的重要事项。

（6）总经理办公会职责

①对上级及公司董事会、党委会重要决策贯彻落实、部署安排。

②通报公司日常业务工作开展情况以及解决存在的问题和不足。

③组织实施公司年度经营计划和投资方案。

④拟订公司财务预算、决算和利润分配及弥补亏损方案以及公司年度投融资计划。

⑤拟定年度资金使用方案，年度财务收支计划。

⑥讨论拟定公司的基本管理制度，制定完善重要管理制度。

⑦听取各业务部门关于贯彻落实上级和公司相关文件精神及工作安排进展情况的汇报，并作出相关安排。

⑧落实上级关于提高公司经营管理水平的重要决策，提出改进意见或合理化建议。

⑨研究解决公司经营管理工作中的相关重要事项。

⑩需由总经理办公会决定的其他相关工作事项。

5)不相容职责——公司治理

见表1-1。

不相容职责 表1-1

岗位职责	议案提出	议案审批	决议执行	议案监察
议案提出		X		X
议案审批	X		X	
决议执行		X		X
议案监察	X		X	

注:X表示不相容职责。

6)控制目标

见表1-2。

控制目标 表1-2

序号	《内部控制规范》具体控制目标编号	拟实现的内控目标	内控目标具体描述
1	CT1.1-1	合法合规性目标	保证公司治理结构的设置及管理符合国家有关法规和公司规章制度规定
2	CT1.1-2	财务报告目标	保证公司治理结构的设置及管理使财务公允
3	CT1.1-3	资产安全目标	保证公司治理结构管理所涉及的资金、资产的安全性
4	CT1.1-4	经营效率和效果目标	提升公司治理结构管理水平以促进公司经营效率与效果
5	CT1.1-5	发展战略目标	保证公司治理结构的设置及管理支持公司发展战略目标

7)控制矩阵

见表1-3。

1.2 组织架构管理

1)流程目标概述

为了规范公司组织结构设计、规划、变更的管理工作,旨在规范公司组织结构管理方面的各项具体工作,避免或降低公司在组织结构建设中存在的风险,特制定本管理标准。

2)适用范围

适用于公司及所属单位。

3)相关制度

无。

4)职责分工

(1)相关单位职责:

①负责提出组织机构调整的意见和申请。

②负责部门岗位职责说明书的编制以及实施。

(2)人事劳动部职责:负责对组织机构、部门职责调整申请进行审核、下达、跟踪评估。

(3)董事长、总经理:

①负责审批高发下属分公司及一级子公司制定的组织架构设计和部门岗位职责说明书。

②负责对公司组织机构调整申请进行会议(总经理办公会)讨论并审核。

(4)董事会:对公司组织架构进行最终审批。

5)不相容职责——组织架构管理

不相容职责见表1-4。

控 制 矩 阵

表 1-3

风险编号	风险描述	对应控制目标编号	关键控制措施编号	控制措施	对应制度	控制痕迹	风险责任部门	风险责任岗位
R1.1-1	治理结构形同虚设，缺乏科学决策、良性运行机制和执行力，可能导致企业经营失败，难以实现发展战略	CT1.1-1 CT1.1-5	CA1.1-1	公司依法不设股东会，经集团授权，公司董事会行使股东会的部分职权，决定公司的重大事项	《公司章程》	《公司章程》	董事会	董事长
R1.1-2	董事会、监事会和经理层的产生程序不能满足合法合规要求，其人员构成、知识结构、能力素质不满足履行职责的要求，可能导致公司利益权益受损	CT1.1-1 CT1.1-5	CA1.1-2	公司董事会由九名董事组成，董事由集团委派。董事会设董事长一名，可以设副董事长。董事长由集团按照干部管理权限和规定程序从董事会成员中指定。 公司依法设立监事会。监事会由三名监事组成，其中职工代表监事的比例不得低于三分之一，监事会设主席一名，由全体监事过半数选举产生。董事、总经理及其他高级管理人员不得兼任监事。 公司设总经理一名，负责公司的日常经营管理工作。公司设副总经理若干名。总经理、副总经理人选按照干部管理权限和规定程序产生，由董事会依照法定权限和程序聘任或解聘	《公司章程》	《公司章程》	董事会	董事长
R1.1-3	企业的重大问题决策、重大项目投资决策、重要人事任免及大额资金使用业务（三重一大）未按照规定的权限和程序实行集体决策审批或者联签制度，可能导致重大决策失误致使公司权益利益受损	CT1.1-1 CT1.1-5	CA1.1-3	董事会讨论、决策重大问题包括：审议关于公司重大问题的请示、报告等有关文件和材料；研究决定公司管理重大问题，包括大额资金使用、对外投资、合作、借款和重大商务合同的签订等问题；研究公司干部及人事问题。 董事会会议应当由三分之二以上的董事出席方可举行，每名董事有一票表决权。董事会作出决议，必须经全体董事半数以上通过。 根据董事会相关授权，公司党政联席会可研究讨论公司重大决策、重要人事任免、重大项目安排和大额度资金运作（简称"三重一大"）工作事项	《公司章程》	《公司章程》	董事会	董事长
R1.1-4	企业未按照科学、精简、高效、透明、制衡的原则，综合考虑企业性质、发展战略、文化理念和管理要求等因素，合理设置内部职能机构，明确各机构的职责权限，导致出现职能交叉、缺失或权责过于集中等问题，不利于企业良性发展	CT1.1-1 CT1.1-5	CA1.1-4	公司严格落实上级机关要求及本单位管理需要，制定机关各部门岗位职责，规范公司内部职能机构。 公司董事会决定公司内部管理机构的设置，根据董事会相关授权，公司总经理办公会、党政联席会可研究审批公司内部管理机构设置	《机关各部门岗位职责》	机关各部门岗位职责	董事会	董事长

不相容职责 表 1-4

岗位职责	组织架构制定	组织架构审批	组织架构调整申请	组织架构调整审批	组织架构执行	监督评价
组织架构制定		X		X		X
组织架构审批	X		X		X	
组织架构调整申请		X		X		X
组织架构调整审批	X		X		X	
组织架构执行		X		X		X
监督评价	X		X		X	

注:X 表示不相容职责。

6)流程图

如图 1-1 所示。

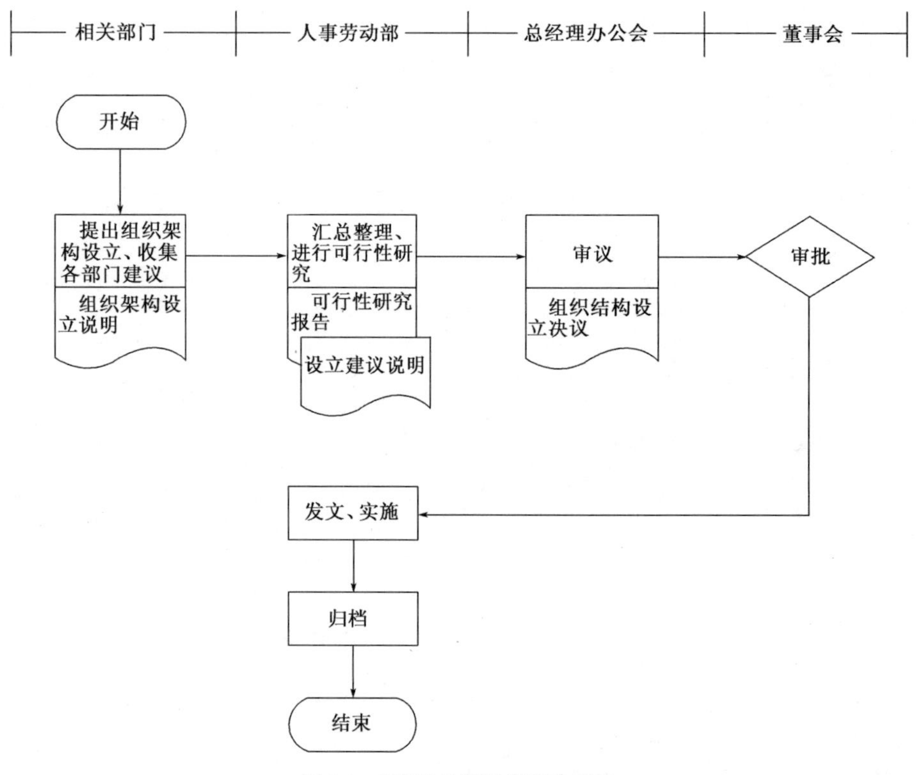

图 1-1 组织结构调整审批流程图

7)控制目标

如表 1-5 所示。

控制目标 表 1-5

序号	《内部控制规范》具体控制目标编号	拟实现的内控目标	内控目标具体描述
1	CT1.2-1	合法合规性目标	保证公司组织架构管理符合国家有关法规和公司规章制度规定
2	CT1.2-2	财务报告目标	保证公司组织架构的设置及管理使财务公允
3	CT1.2-3	资产安全目标	保证公司组织架构管理所涉及的资金、资产的安全性
4	CT1.2-4	经营效率和效果目标	提升公司组织架构管理水平以促进公司经营效率与效果
5	CT1.2-5	发展战略目标	保证公司组织架构的设置及管理支持公司发展战略目标

8)控制矩阵

如表 1-6 所示。

控制矩阵 表1-6

风险编号	风险描述	对应控制目标编号	关键控制措施编号	控制措施	对应制度	控制痕迹	风险责任部门	风险责任岗位
R1.2-1	公司未制定组织架构管理制度，使得组织架构的设计、变更管理不规范，可能导致组织架构管理混乱，影响工作效率与效果	CT1.2-1 CT1.2-4	CA1.2-1	为了便于企业明确各组织各部门的职权、职责，对企业经营任务进行高效分工、分组与协调合作，同时为了形成良好的企业组织孵化、发展和固化机制，规范企业组织机构和岗位设置、调整和更新工作，防范潜在经营管理风险，公司办公室应制定组织结构管理制度	无	组织架构管理制度	办公室	主任
R1.2-2	组织架构设计不科学，权责分配不合理，可能导致机构重叠、职能交叉或缺失、推诿扯皮，运行效率低下	CT1.2-1 CT1.2-4	CA1.2-2	组织结构设计严格按照上级机关指示、充分考虑企业发展需求及各部门意见进行组织结构设计编制，并定期对组织架构进行梳理与调整评估	无	组织架构图	人事劳动部	部长
R1.2-3	组织机构与上级领导和下属单位的授权审批权限不够清晰，可能导致决策效率较低或决策失误	CT1.2-1 CT1.2-4	CA1.2-3	在组织机构的设置、修订调整时，应明确组织机构与上级领导和下属单位的职责分工以及审核审批事项的权限划分，保证相关授权审批事项明确清晰，梳理组织机构所涉及的审核审批事项及对应的权限表	无	授权审批事项/权限表	人事劳动部	部长
R1.2-4	组织架构变更未经过授权审批，可能导致组织架构设置混乱，管理信息传递不畅，影响经营效率	CT1.2-1 CT1.2-4	CA1.2-4	组织架构修订适用情况：当公司出于对业务调整（增加、减少）或优化组织分工的目的，经由直管高层领导同意后，可以提出组织架构的修订。公司下属分公司及一级子公司的组织架构调整需经公司总经理审批，公司组织架构调整需经董事会审批	无	组织结构调整审批记录	人事劳动部	部长
R1.2-5	组织架构未得到定期评审、全面梳理，并确保本企业治理结构、内部机构设置和运行机制能符合现在企业制度，可能导致组织架构设置不满足经营管理的需要，影响经营效率	CT1.2-1 CT1.2-4	CA1.2-5	公司办公室应每年进行一次组织架构常规梳理与评审工作，对不满足经营管理需求的组织架构提出相关调整申请	无	组织结构评审记录	办公室	主任
R1.2-6	企业未制定组织结构图、业务流程图、岗（职）位说明书和权限指引等内部管理制度或相关文件，员工未能清晰了解和掌握组织架构设计及权责分配情况，影响员工正确履行职责	CT1.2-1 CT1.2-4	CA1.2-6	公司制定《组织架构图》《岗位职责说明书》等文件对组织架构及部门职责进行规范管理，并定期组织员工进行岗位职责的培训	无	组织结构图、岗位职责说明书	人事劳动部	部长

1.3 文件制度编写及梳理

1)流程目标概述

为了规范公司有关制度体系设计、编制、评估的管理程序,旨在规范公司制度文件体系管理的各项具体工作,努力避免或降低公司在制度文件体系管理过程中存在的风险,特制定本管理标准。

2)适用范围

适用于公司及所属单位。

3)相关制度

无。

4)职责分工

(1)董事会

负责审批公司治理、董事会相关制度。

(2)董事长、总经理

①负责审批公司部门层级制度。

②负责审核并签发公司治理、董事会相关制度。

③负责审批各分子公司治理、董事会相关制度。

(3)办公室

①负责对制度草案进行初审。

②负责制度最后格式的调整并下发制度。

③负责制度的检查更新。

(4)相关部门

①负责起草制度。

②负责组织制度草案的会审工作。

③负责将不适用的制度条文反馈给办公室进行调整。

5)不相容职责——文件制度编写及梳理

不相容职责如表1-7所示。

不相容职责 表1-7

岗位职责	制度草案	审批制度文件	执行制度	检查评价
制度草案		X		X
审批制度文件	X		X	X
执行制度		X		X
检查评价	X	X	X	

注:X表示不相容职责。

6)流程图

如图1-2所示。

7)控制目标

如表1-8所示。

控制目标 表1-8

序号	《内部控制规范》具体控制目标编号	拟实现的内控目标	内控目标具体描述
1	CT1.3-1	合法合规性目标	保证公司文件制度符合国家有关法规,保证公司文件制度编写及梳理符合公司规章制度规定

续上表

序号	《内部控制规范》具体控制目标编号	拟实现的内控目标	内控目标具体描述
2	CT1.3-2	财务报告目标	保证公司所编制的文件制度使财务公允
3	CT1.3-3	资产安全目标	保证公司文件制度编写及梳理所涉及的资金、资产的安全性
4	CT1.3-4	经营效率和效果目标	提升公司文件制度编写及梳理水平以促进公司经营效率与效果
5	CT1.3-5	发展战略目标	保证公司文件制度编写及梳理支持公司发展战略目标

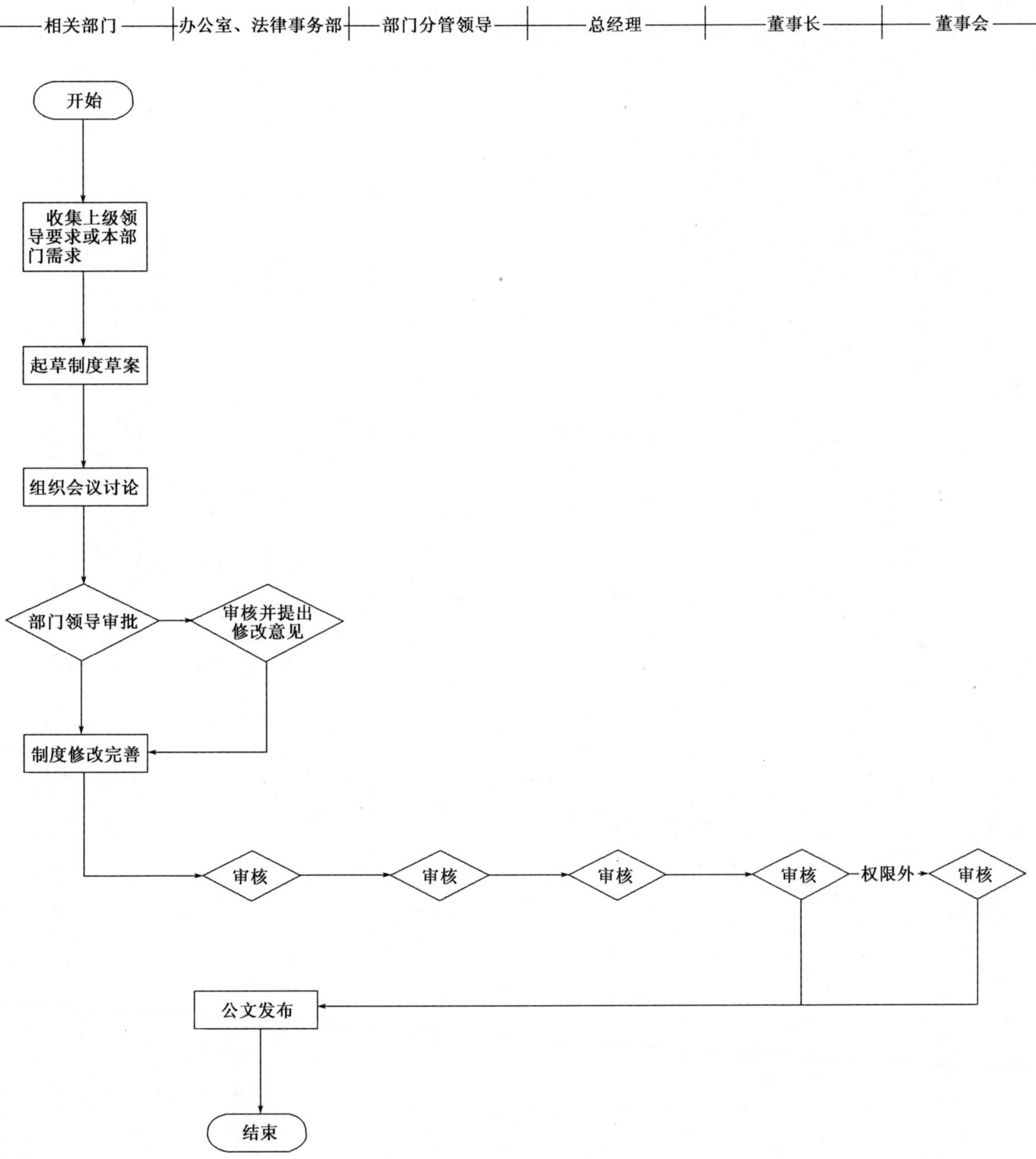

图1-2　制度编制发布流程图

8）控制矩阵

如表1-9所示。

控制矩阵

表 1-9

风险编号	风险描述	对应控制目标编号	关键控制措施编号	控制措施	对应制度	控制痕迹	风险责任部门	风险责任岗位
R1.3-1	无部门对公司制度建设起牵头作用，可能导致公司各职能部门及各所属单位管理无序混乱	CT1.3-1 CT1.3-3	CA1.3-1	公司办公室为公司的制度文件编写及梳理的牵头部门，负责制度文件的内容审核、合规性审核、文件编号及归类、制度发布等事项	无	部门职责	办公室	主任
R1.3-2	管理制度及流程管控体系未满足外部监管机构的以风险为导向的合规要求，制度建设滞后于业务操作，可能影响公司管控力度及效果	CT1.3-1 CT1.3-3	CA1.3-2	制度编写完成后交由公司办公室及法律事务部门审核，对制度中涉及监管及法规的内容进行审核并提出相应修订意见	无	制度文件审批记录	办公室	主任
R1.3-3	公司制度文件设计不合理，可能导致制度文件体系出现重大遗漏或制度层次不清晰，可能导致制度体系混乱	CT1.3-1 CT1.3-3	CA1.3-3	制度文件初稿编制后报办公室、法律事务部、直属部门副总经理、总经理、董事长审核或审批，并根据权限报董事会审批	无	制度文件审批记录	办公室	主任
R1.3-4	公司制度文件与国家相关法规条例相冲突，可能导致日常经营管理合法合规风险	CT1.3-1 CT1.3-3	CA1.3-4	制度编写完成后交由公司办公室及法律事务部门审核，对制度中涉及监管及法规的内容进行审核并提出相应修订意见	无	制度制定意见单	办公室	主任
R1.3-5	制度未按公司相关规定要求进行编制，编制及审核为同一部门或同一人，可能导致制度文件不规范或内容不完整	CT1.3-1 CT1.3-3	CA1.3-5	制度文件初稿编制后报办公室、法律事务部、直属部门副总经理、总经理、董事长审核或审批，并根据权限报董事会审批	无	制度文件审批记录	办公室	主任
R1.3-6	部门及岗位管理职责不够清晰和明确，可能削弱公司经营管控业务执行的力度，影响公司经营效率和效果	CT1.3-1 CT1.3-3	CA1.3-6	制度编制结合公司岗位职责设定及组织结构管理，确保定部门、定岗、定责，保证文件的一致性	无	制度审批记录	办公室	主任
R1.3-7	制度文件发布或变更未经公司授权审批，可能导致制度文件无效	CT1.3-1 CT1.3-3	CA1.3-7	制度文件初稿编制后报办公室、法律事务部、直属部门副总经理、总经理、董事长审核或审批，并根据权限报董事会审批	无	制度文件审批记录	办公室	主任
R1.3-8	公司制度文件内容未征求相关部门意见，可能导致制度执行困难	CT1.3-1 CT1.3-3	CA1.3-8	制度文件初稿在送审前，编制部门应向制度所涉及的相关部门征求意见，根据相关意见修订后按审批流程报相关部门及领导审批	无	制度文件征求意见及反馈记录	办公室	主任
R1.3-9	公司制度文件未得到充分宣导和培训，可能导致日常工作未能遵循制度规定	CT1.3-1 CT1.3-3	CA1.3-9	制度审批完成后，办公室按照公司公文发布流程进行下发，人事劳动部负责对制度内容进行宣导及培训	无	公文发布记录、培训记录	办公室、人事劳动部	部门负责人
R1.3-10	公司制度文件未定期进行梳理及评估，可能导致制度陈旧，与公司运营管理现状不符，不利于应对公司所面临的新业务及新的风险和管理问题	CT1.3-3 CT1.3-4 CT1.3-5	CA1.3-10	办公室每年对公司制度进行梳理及评估，对不符合公司运营管理现状的制度进行修订，对公司拓展的新业务或出现的新的管理问题及风险，提出新制度的制定需求，并交由相关部门进行初稿编制	无	公司年度制度文件评审报告	办公室	主任

2 发展战略

2.1 战略管理

1)流程目标概述

本流程规定了公司战略管理的工作,旨在规范公司战略管理方面的各项具体工作,避免或降低公司在战略规划与落实过程中存在的风险。

2)适用范围

适用于公司及所属单位。

3)相关制度

无。

4)职责分工

(1)集团及上级单位

负责对公司编制的中长期战略规划进行审核审批。

(2)董事会

①负责对公司中长期战略规划进行审核、审批并报送集团。

②负责对已审批的战略规划进行发文。

(3)董事长、总经理:

负责对各部门编写并汇总后的中长期战略规划进行审核。

(4)事业发展部

①战略管理模块在高层管理团队的指导下,组织公司内部各业务、职能部门开展战略规划与经营计划编制及修订工作。

②按照上级单位要求上报相应文件。

③战略发展部体系管理模块在高层管理团队的指导下,组织公司各业务、职能部门开展质量目标的编制和修订工作。

④定期对指标的达成情况进行收集,并组织年度的评审工作。

⑤开展公司战略规划制定、实施及管理工作。

⑥与结算中心联合开展公司战略融资研究相关工作。

⑦负责公司的外部环境和内部资源分析。

⑧负责高速公路相关行业的分析,进行相关多元化经营的可行性研究。

⑨根据国家有关政策调整和企业经营发展需要,提出企业发展战略的调整和修正建议。

⑩负责对公司战略的实施情况进行分析、评估并撰写分析报告。

⑪负责与上级战略规划部门对接并沟通。

(5)多种经营部

负责组织指导并协调各子公司编写中长期战略规划及分析报告。

(6)各部门及分子公司

根据公司战略规划要求,编制各自管理单位战略规划。

5)不相容职责——战略管理

如表 2-1 所示。

不相容职责　　表 2-1

岗位职责	战略编制	战略审批	战略执行	监督评估
战略编制		X		X
战略审批	X		X	X
战略执行		X		X
监督评估	X	X	X	

注:X 表示不相容职责。

6)流程图

如图 2-1 所示。

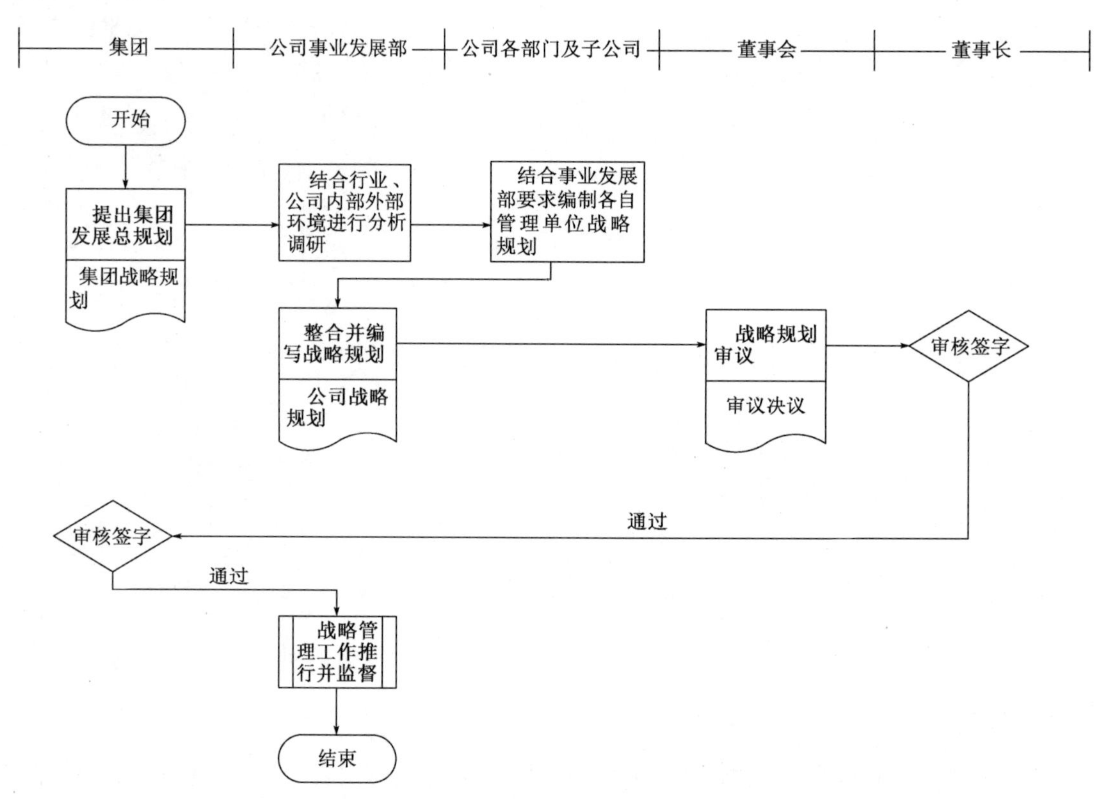

图 2-1　战略规划流程图

7)控制目标

如表 2-2 所示。

控制目标　　表 2-2

序号	《内部控制规范》具体控制目标编号	拟实现的内控目标	内控目标具体描述
1	CT2.1-1	合法合规性目标	保证公司战略规划符合国家有关法规,保证公司战略规划的编制符合公司规章制度规定
2	CT2.1-2	财务报告目标	保证公司战略规划使财务公允
3	CT2.1-3	资产安全目标	保证公司战略管理所涉及的资金、资产的安全性
4	CT2.1-4	经营效率和效果目标	提升公司战略规划的管理促进公司经营效率与效果
5	CT2.1-5	发展战略目标	保证公司战略管理符合公司发展战略目标

8) 控制矩阵

如表 2-3 所示。

控制矩阵

表 2-3

风险编号	风险描述	对应控制目标编号	关键控制措施编号	控制措施	对应制度	控制痕迹	风险责任部门	风险责任岗位
R2.1-1	缺乏明确的发展战略或发展战略实施不到位，可能导致公司盲目发展，难以形成竞争优势，丧失发展机遇和动力	CT2.1-1 CT2.1-5	CA2.1-1	公司事业发展部负责将集团下发的战略规划进行分解，并传达至各相关部门，并对战略实施情况进行监督，定期向集团汇报，保证公司发展符合集团战略规划	无	中长期战略规划	事业发展部	部长
R2.1-2	发展战略因主观原因频繁变动，可能导致资源浪费，甚至危及公司的生存和持续发展	CT2.1-1 CT2.1-5	CA2.1-2	公司战略一经制定，除重大变更及突发事件外不允许进行随意变更，变更需报董事会及集团审核审批	无	战略规划调整记录、调整审批	董事会	董事长
R2.1-3	董事会未下设战略管理委员会，未有机构对战略规划进行统筹管理，战略管理委员会会议的召开程序、表决方式、提案流程等未进行规范，可能导致战略制定不科学严谨，不利于企业发展	CT2.1-1 CT2.1-5	CA2.1-3	公司设有事业发展部对战略规划编制及组织协调工作进行归口管理	无	组织结构图	董事会	董事长
R2.1-4	企业未根据发展战略，制定年度工作计划，编制全面预算，并将年度目标分解、落实、确保发展战略有效实施，可能导致战略落实不利，流于形式	CT2.1-1 CT2.1-5	CA2.1-4	公司结合战略规划编制年度工作目标，结合公司目标编制全面预算，并将具体的预算落实到各部门及各分(子)公司	无	年度目标、年度预算	董事会	董事长
R2.1-5	战略委员会未对发展战略实施情况进行监控，定期收集和分析相关信息，对于明显偏离发展战略的情况，未及时报告，可能导致战略管理工作难以科学合理并有效执行	CT2.1-1 CT2.1-5	CA2.1-5	公司事业发展部负责对公司战略的执行情况进行跟进并收集相关数据用以分析及更新战略的执行情况，并定期向集团汇报战略的执行情况	无	战略发展报告、总结	事业发展部	部长
R2.1-6	出现经济形势、产业政策、技术进步、行业状况以及不可抗力等因素发生重大变化，确需对发展战略作出调整的，未及时按照规定权限和程序进行调整，可能导致战略管理工作难以科学合理并有效执行	CT2.1-1 CT2.1-5	CA2.1-6	当公司出现经济形势、产业政策、技术进步、行业状况以及不可抗力等因素发生重大变化时，可提起战略规划变更流程，报董事会及集团审批后按照最新的战略规划执行	无	战略规划调整审核、审批记录	董事会	董事长

续上表

风险编号	风 险 描 述	对应控制目标编号	关键控制措施编号	控 制 措 施	对应制度	控制痕迹	风险责任部门	风险责任岗位
R2.1-7	战略规划未能得到合理分解、有效监督和评估,可能导致规划未得到执行,偏离预期计划,影响公司发展战略的实现	CT2.1-1 CT2.1-5	CA2.1-7	公司制定战略规划后,将战略规划分配到各部门进行执行并定期对战略的执行情况、预算的执行情况进行考核监督	无	考核监督记录	考核督查办公室	主任
R2.1-8	政府及集团指令性的高速公路投资计划预亏,可能造成公司整体投资和经营收益降低	CT2.1-1 CT2.1-5	CA2.1-8	无	无	无	董事会	董事长
R2.1-9	政府实施各项减免、优惠和免费通行政策可能进一步增强,董事会未促使经营层采取积极应对措施,可能加大经营目标不可预见性,将给公司经营效益带来较大影响	CT2.1-1 CT2.1-5	CA2.1-9	公司对各项减免、优惠和免费通行等一系列政府提出的改革惠民政策进行严格执行,并结合相应政策变化调整完善战略规划,报集团进行审批	无	战略规划	董事会	董事长
R2.1-10	因公路产业政策变更,且董事会未促使经营层采取积极应对措施,可能造成经营性收费高速公路收费期限和收费标准变更,影响公司未来长远发展	CT2.1-1 CT2.1-5	CA2.1-10	公司对政府提出的公路产业改革等政策进行严格执行,并结合相应政策变化调整完善战略规划,报集团进行审批	无	战略规划	董事会	董事长

3 人力资源管理

3.1 人力资源规划

1)流程目标概述

为了规范公司进行人力资源预测、规划和对规划控制的管理要求。旨在确保公司在需要的时间和需要的岗位上获得适合的人才,以保证公司战略发展目标的实现,避免或降低公司在人力资源规划管理中的风险。

2)适用范围

适用于公司及所属单位。

3)相关制度

无。

4)职责分工

(1)人事劳动部

①根据法律、法规、相关政策和上级精神制定公司人事劳动规章制度,并负责贯彻落实。

②根据公司发展战略要求和上级精神制定公司人事劳动工作计划,并负责组织实施。

③负责公司干部、员工、机构管理体系的建设和维护。

(2)各部门

①结合战略目标梳理部门人力资源的需求。

②配合人事劳动部关于人力资源规划的相关工作。

5)不相容职责——人力资源规划

如表 3-1 所示。

不相容职责　表 3-1

岗位职责	规划编制	编制审核	编制实施	编制监督
规划编制		X		X
编制审核	X			
编制实施				X
编制监督	X		X	

注:X 表示不相容职责。

6)流程图

如图 3-1 所示。

7)控制目标

如表 3-2 所示。

8)控制矩阵

如表 3-3 所示。

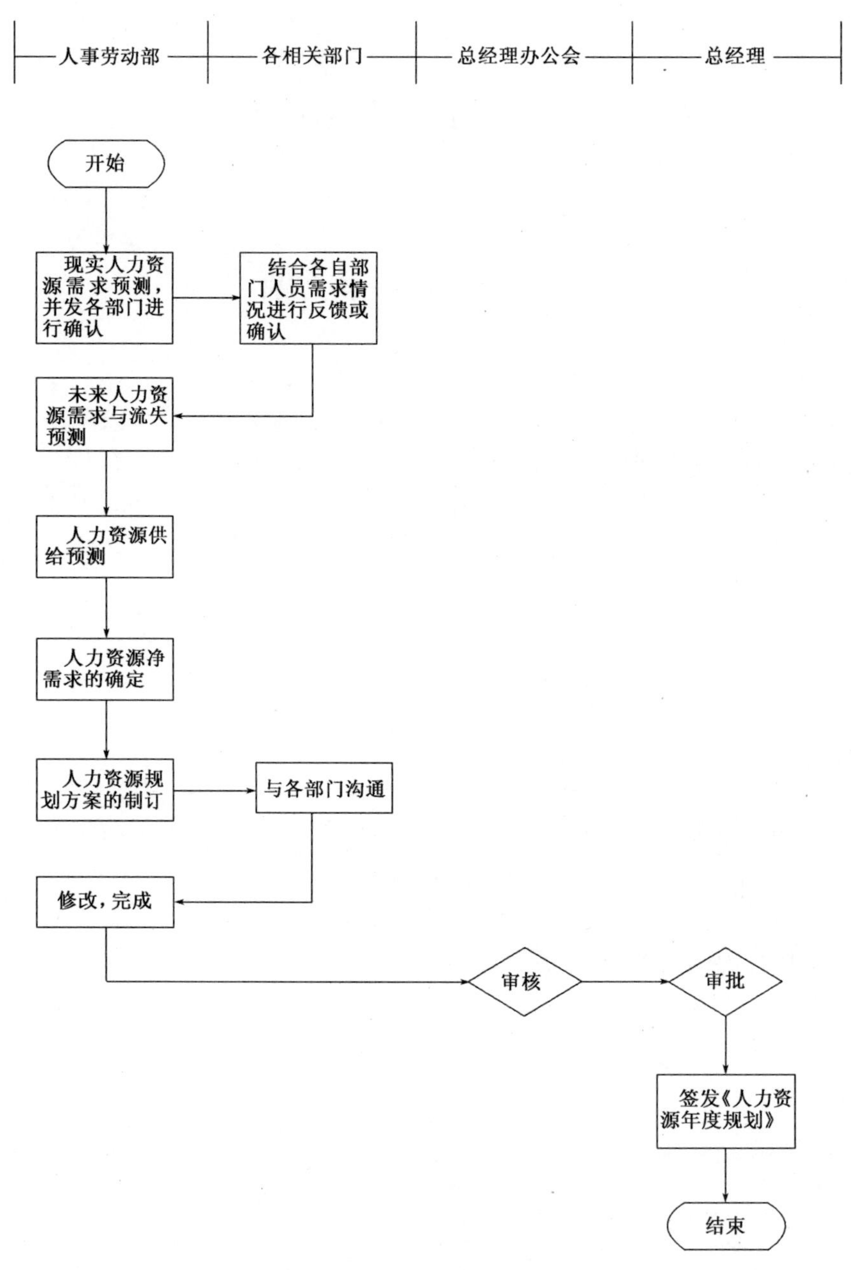

图 3-1 人力资源规划流程图

控制目标 表 3-2

序号	《内部控制规范》具体控制目标编号	拟实现的内控目标	内控目标具体描述
1	CT3.1-1	合法合规性目标	保证公司人力资源规划符合国家有关法规和公司规章制度规定
2	CT3.1-2	财务报告目标	保证公司人力资源规划使财务公允
3	CT3.1-3	资产安全目标	保证公司人力资源规划所涉及的资金、资产的安全性
4	CT3.1-4	经营效率和效果目标	提升公司人力资源规划水平以促进公司经营效率与效果
5	CT3.1-5	发展战略目标	保证公司人力资源规划支持公司发展战略目标

控 制 矩 阵

表 3-3

风险编号	风险描述	对应控制目标编号	关键控制措施编号	控制措施	对应制度	控制痕迹	风险责任部门	风险责任岗位
R3.1-1	缺乏必要的人力资源战略规划，可能造成公司人才结构、素质与能力、管理人才与后备人才梯队培养与公司发展不匹配，影响经营目标的实现	CT3.1-1 CT3.1-4	CA3.1-1	人事劳动部组织部门成员进行公司战略解读，分解公司中长期规划对人力资源的需求与要求，编制人力资源规划	无	人力资源规划	人事劳动部	部长
R3.1-2	人力资源缺乏或过剩、结构不合理、开发机制不健全，可能导致企业发展战略难以实现	CT3.1-1 CT3.1-4	CA3.1-2	人事劳动部应定期进行公司内部用工情况分析，包括整体分析、在岗人数情况、人均收入、效率情况、技术人员结构、销售人员结构、学历、年龄分布情况等，进行人员结构现状的分析整理	无	人力资源规划	人事劳动部	部长
R3.1-3	人力资源总体规划未经公司规定的流程审批，可能导致人力资源总体规划缺乏执行效力	CT3.1-1 CT3.1-4	CA3.1-3	公司人力资源中长期规划应报总经理办公会审议，审议通过后由人事劳动部按相关规划执行	无	人力资源规划审批记录	人事劳动部	部长
R3.1-4	人力资源总体规划未分解为年度人力资源计划，可能导致人力资源规划流于形式或无法落实	CT3.1-1 CT3.1-4	CA3.1-4	人事劳动部根据人力资源中长期规划报告，结合公司年度战略规划分解到年度人力资源计划，并分解到具体的招聘计划、培训计划等	无	年度人力资源计划	人事劳动部	部长
R3.1-5	年度人力资源计划的编制未与其他部门充分沟通，可能导致人力资源计划的准确性和实用性不强，或计划与实际需求不相符，影响计划编制的目的和实施	CT3.1-1 CT3.1-4	CA3.1-5	人事劳动部在编制年度人力资源计划前，应对公司各部门及下属单位进行人力资源相关调研，根据各部门及下属单位反馈的情况，结合公司人力资源中长期规划编制公司年度人力资源计划	无	年度人力资源计划	人事劳动部	部长
R3.1-6	规划实施效果较差，未定期进行人力资源规划评估，使得影响人力资源规划的内外部环境已发生根本变化却未被识别，可能导致人力资源规划已不符合实际情况，影响人力资源规划的执行效果	CT3.1-1 CT3.1-4	CA3.1-6	公司人事劳动部应定期(每年)对人力资源计划实施情况进行考核监督，同时对人力资源规划进行评估	无	人事劳动部考核指标	人事劳动部	部长

3.2 员工招聘、使用与退出

1)流程目标概述

本流程规定了公司员工的招聘、使用与退出管理工作,旨在有效地规范员工的引入、使用、退出的相关程序,避免或降低公司在员工招聘、使用与退出环节中的风险。

2)适用范围

适用于公司及所属单位。

3)相关制度

(1)《员工管理暂行办法》

(2)《干部选拔任用方法》

(3)《派出董事监事管理办法》

(4)《临时用工管理暂行办法》

(5)《学校实习生管理试行规定》

(6)《借调人员管理暂行办法》

(7)《所属单位薪酬管理办法》

4)职责分工

(1)董事会主要职责

①审批人事劳动部提交的《年度人力资源需求计划表》。

②审核中层管理人员的录用。

(2)人事劳动部的主要职责

①制定、完善公司招聘管理制度,规范招聘流程。

②负责公司干部、员工、机构管理体系的建设和维护。

③负责公司干部的考核、任用、调配、管理工作。

④建立劳动合同管理的各项台账。

(3)各分(子)公司职责

①根据公司年度生产经营目标,对全年生产需求工程专业技术人员,统筹计划、统筹安排、统筹管理。

②对本地操作人员进行面试和录用。

(4)其他各部门职责

①制定部门人力资源需求计划,确定人员编制,提出需求申请。

②做好本部门岗位职责的编制和任职资格的分析,协助人事劳动部制订并完善《岗位说明书》。

5)不相容职责——员工招聘、使用与退出

如表3-4所示。

不相容职责　　表3-4

岗位职责	编制计划	审核	执行	工作评估
编制计划		X		X
审核	X		X	X
执行		X		X
工作评估	X	X	X	

注:X表示不相容职责。

6)流程图

(1)公司员工招聘管理流程

如图 3-2 所示。

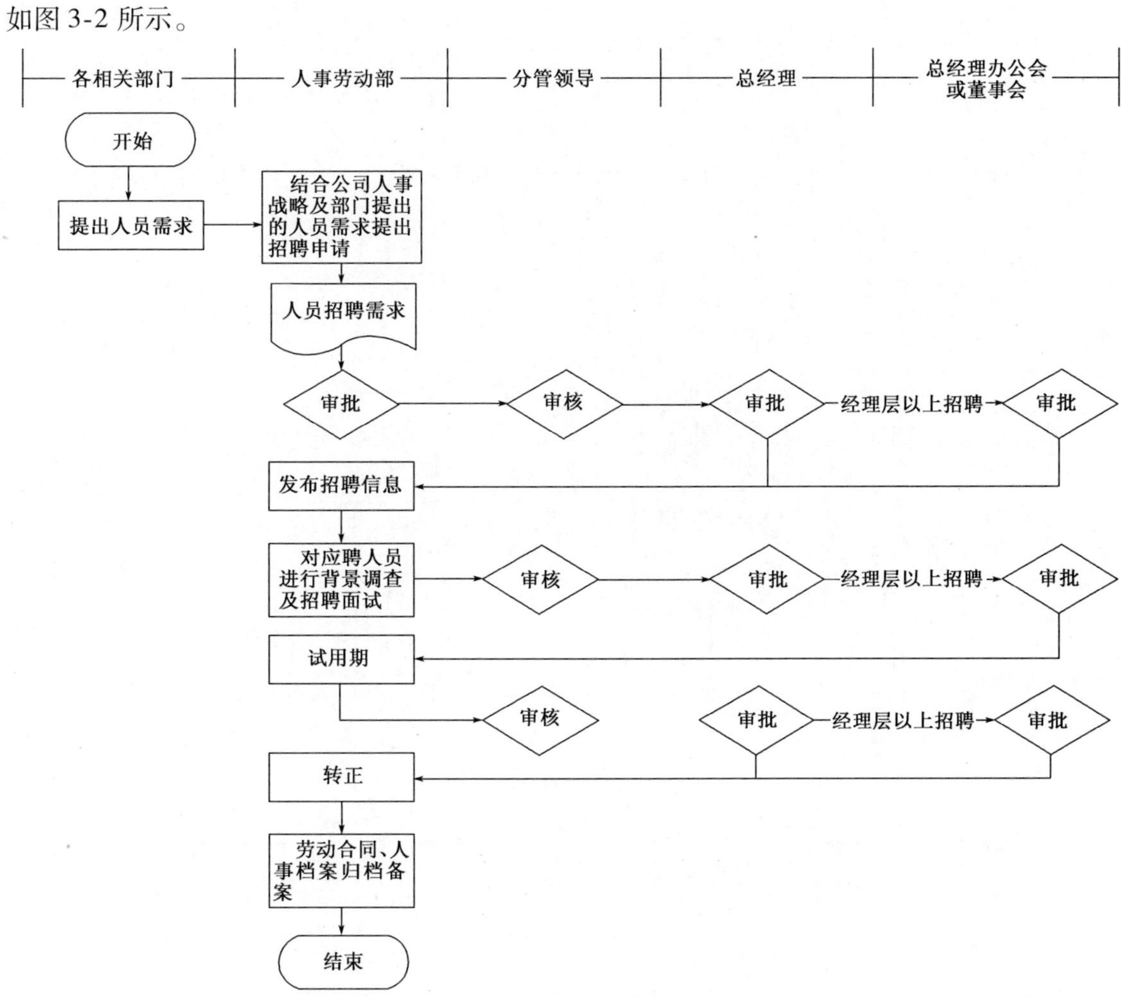

图 3-2 公司员工招聘管理流程

(2)分(子)公司员工招聘管理流程

如图 3-3 所示。

(3)公司人员补岗流程

如图 3-4 所示。

(4)人员退休离职流程

如图 3-5 所示。

7)控制目标

如表 3-5 所示。

控制目标 表 3-5

序号	《内部控制规范》具体控制目标编号	拟实现的内控目标	内控目标具体描述
1	CT3.2-1	合法合规性目标	保证公司员工招聘、使用与退出符合国家有关法规和公司规章制度规定
2	CT3.2-2	财务报告目标	保证公司员工招聘、使用与退出使财务公允
3	CT3.2-3	资产安全目标	保证公司员工招聘、使用与退出所涉及的资金、资产的安全性
4	CT3.2-4	经营效率和效果目标	提升公司员工招聘、使用与退出管理水平以促进公司经营效率与效果
5	CT3.2-5	发展战略目标	保证公司员工招聘、使用与退出支持公司发展战略目标

8)控制矩阵

如表 3-6 所示。

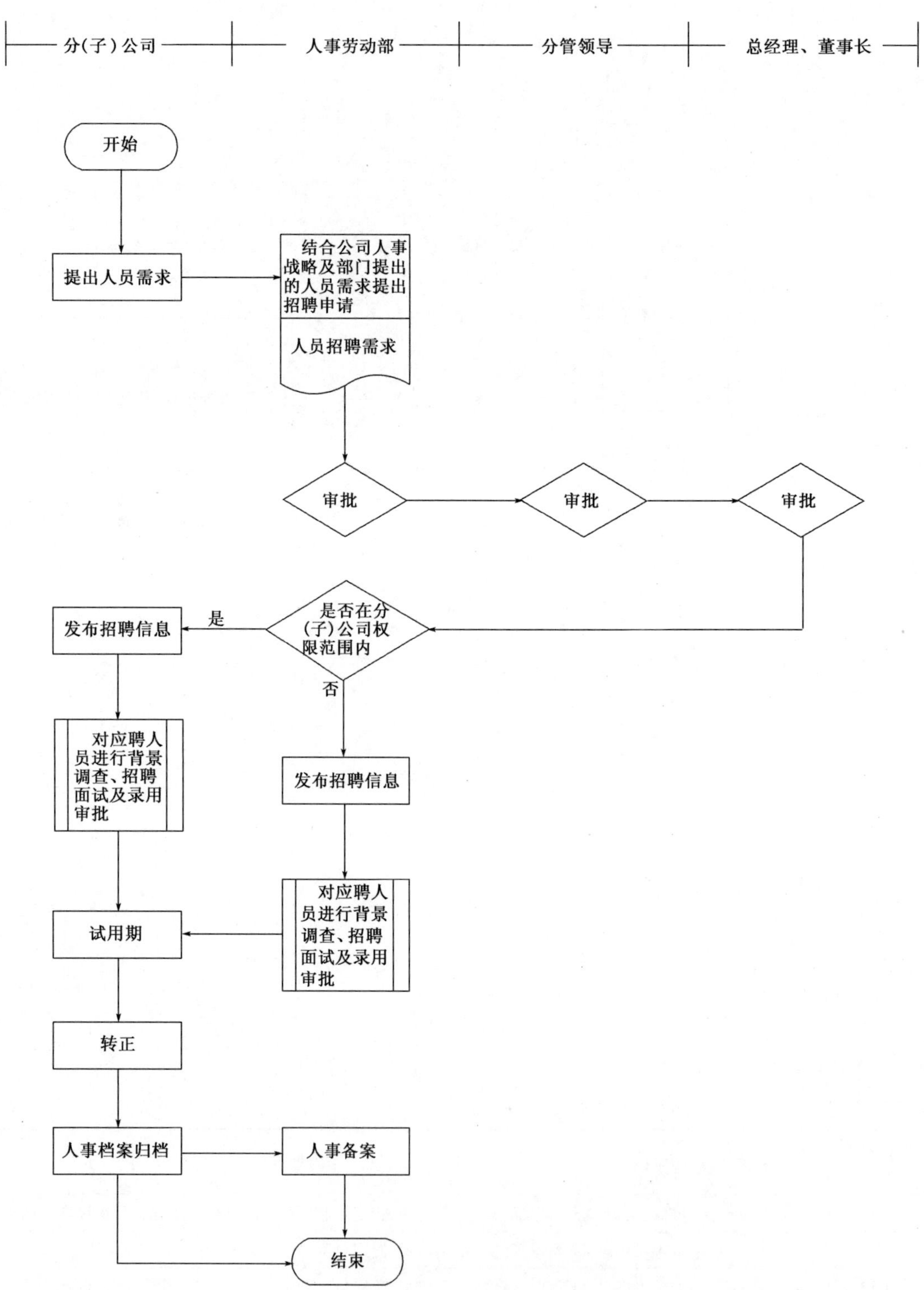

图3-3　分(子)公司员工招聘管理流程图

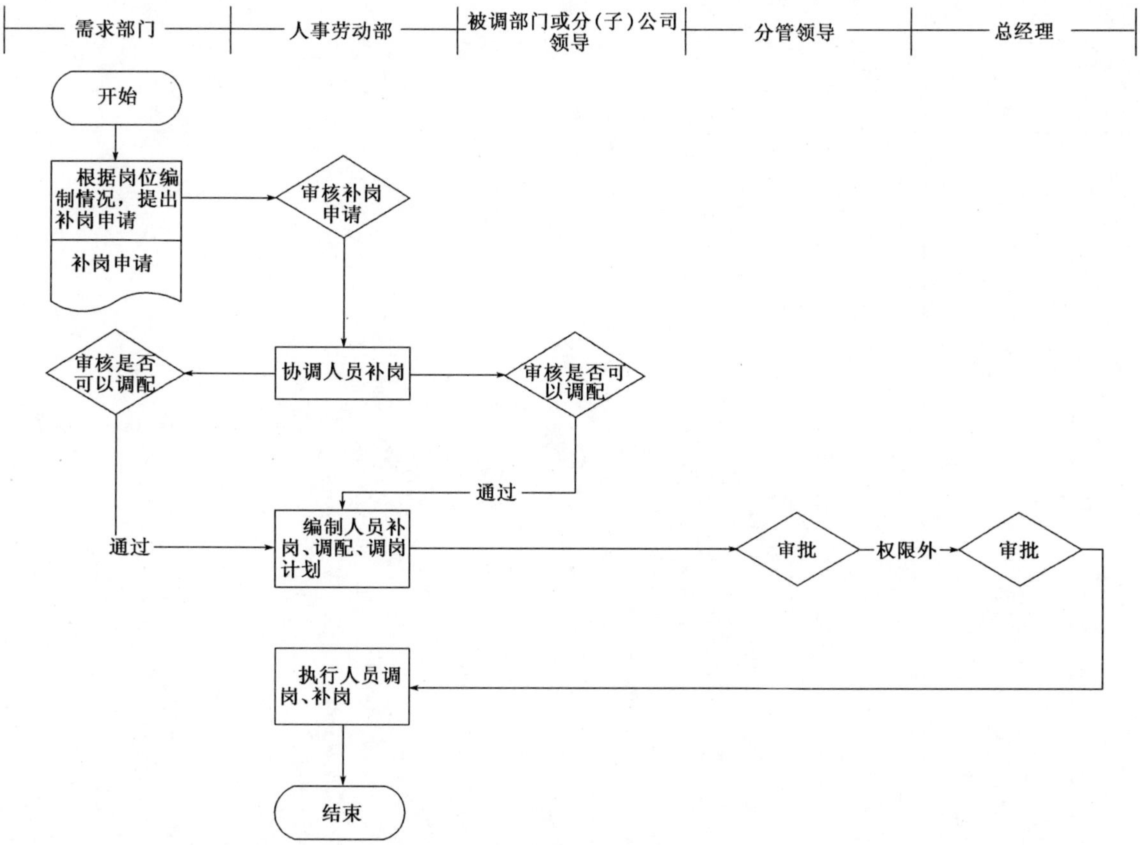

需求部门
人事劳动部
被调部门或分(子)公司领导
分管领导
总经理
开始
根据岗位编制情况，提出补岗申请
补岗申请
审核补岗申请
协调人员补岗
审核是否可以调配
审核是否可以调配
通过
通过
编制人员补岗、调配、调岗计划
审批
权限外
审批
执行人员调岗、补岗
结束

图 3-4　公司人员补岗流程

用人单位/部门
所属部门
分管领导、总经理、董事长
财务部、办公室等部门
人事劳动部
开始
员工提出离职、退休申请
离职、退休申请
审核
审核
审批
办理离职及退休手续
部门工作移交确认
离职、退休移交表
借款、账户注销等办理
离职、退休移交表
办理离职及退休证明
结束

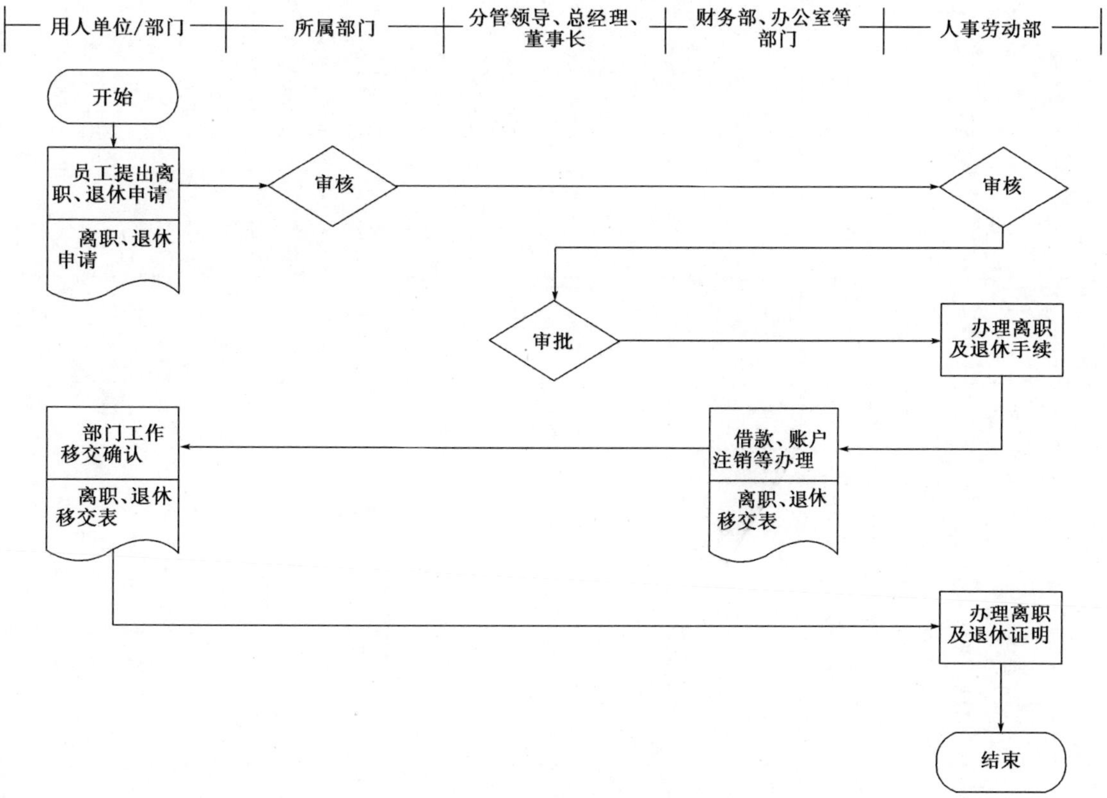

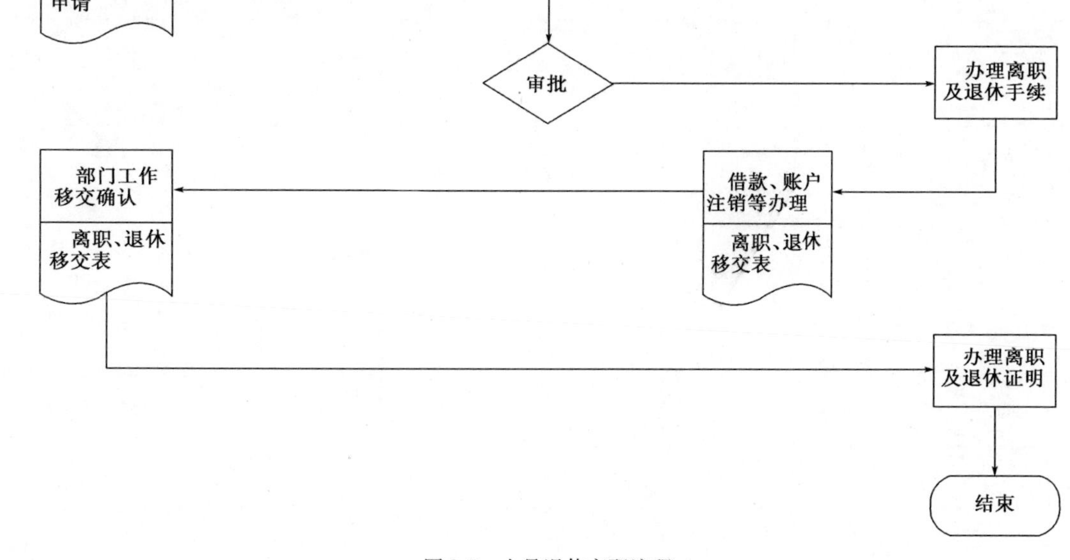

图 3-5　人员退休离职流程

控制矩阵

表 3-6

风险编号	风险描述	对应控制目标编号	关键控制措施编号	控制措施	对应制度	控制痕迹	风险责任部门	风险责任岗位
R3.2-1	公司未制订员工招聘与使用制度，使得招聘与使用流程不规范，未实行岗位回避制度，可能导致员工招聘与使用工作效率低，影响正常经营	CT3.2-1	CA3.2-1	公司应当制定《人员招聘管理制度》，以规范员工招聘、使用和退出管理的流程，明确各相关部门职责权限，及相关业务过程中的原则及规范	无	《人员招聘管理制度》	人事劳动部	部长
R3.2-2	公司未实行定岗定编或定岗定编设置不合理，可能导致人员冗余	CT3.2-4	CA3.2-2	公司人事劳动部对公司各部门进行定岗定编，并定期根据公司发展状况及战略规划进行评估及调整	无	定岗定编表	人事劳动部	部长
R3.2-3	公司未实施职级管理，员工缺乏发展空间，可能影响员工工作积极性	CT3.2-4	CA3.2-3	岗级评定： （1）机关一至四级职员，根据学历、职称、工龄及年度考核等因素综合评定。其中，学历必须经国家教育部门授权的相关机构、党校、军校等认证并出具报告，否则在岗级评定时不予认可。 （2）根据企业发展和工作需要，参照干部选拔任用程序，对业务能力和工作业绩特别突出，群众认可度较高，并具备下列条件的机关职员，可选聘为业务主管。 ①从事相关业务工作 15 年以上； ②本科（含）以上学历； ③与业务相关的中级（含）以上专业技术职称； ④近 3 年个人年度考核等次均为称职（含）以上。 业务主管的配备职数由集团另行制定。 （3）机关新聘职员试用期满后，全日制博士研究生比照业务主管管理（不受业务主管配备职数限制）；硕士研究生按照职员综合评价标准确定岗级；本科及以下学历毕业生，直接评定为四级职员，工作满 3 年后，再按照职员综合评价标准晋级。 岗级调整： （1）业务主管实行聘期制管理，每 3 年选聘一次。 （2）个人年度考核结果评定为不称职的，下年度不得晋升岗级。业务主管个人年度考核结果评定为不称职的，取消业务主管资格，按职员综合评价标准确定岗级。 （3）岗级变动以任职调整文件和岗级综合评价分值为准	《所属单位薪酬管理办法》	二级单位机关职员岗级评定办法	人事劳动部	部长

续上表

风险编号	风险描述	对应控制目标编号	关键控制措施编号	控制措施	对应制度	控制痕迹	风险责任部门	风险责任岗位
R3.2-4	应聘者及已录用人员的素质和能力不符合岗位说明书的要求，可能导致被录用人员不符合岗位要求	CT3.2-4	CA3.2-4	公司各个部门应当协助人事劳动部建立岗位说明书，根据相关岗位要求制定面试及笔试评估试题，如有特殊专业技能要求的则对候选人专业技能进行测评	无	岗位说明书、面试/笔试评估表	人事劳动部	部长
R3.2-5	招聘过程未按公司规定流程操作，重要人事任用未通过集体决策，可能导致不合格人员被录用或招聘舞弊	CT3.2-1 CT3.2-4	CA3.2-5	公司对于重大的业务和事项实行集体决策审批或者联签制度，任何个人不得单独进行决策或者擅自改变集体决策。重要的人事任免需经过董事会进行审批决策	无	录用审批表	人事劳动部	部长
R3.2-6	未能对录用人员进行体检和职业健康检查，可能导致录用人员身体无法满足正常工作要求	CT3.2-1	CA3.2-6	被选中的应聘人员，应到区（县）级以上医院进行体检，体检费用由用人机构承担，经体验合格后方可被聘用	无	员工体检表	人事劳动部	部长
R3.2-7	企业确定选聘人员后，未签订劳动合同，建立劳动用工关系，可能导致法律风险	CT3.2-1 CT3.2-4	CA3.2-7	员工必须签订劳动合同后方可入职，并对员工信息档案及合同建档归档	无	员工劳动合同	人事劳动部	部长
R3.2-8	对于核心岗位未签订保密协议，可能导致核心机密泄露，影响企业发展	CT3.2-1 CT3.2-4	CA3.2-8	人事劳动部应识别核心岗位，建立核心岗位清单，并与相关核心岗位员工签订保密协议	无	核心岗位清单、保密协议	人事劳动部	部长
R3.2-9	人事劳动部未能对初步面试合格的重要岗位应聘人进行背景调查，可能导致对应聘者的背景了解不够充分，录用后引发纠纷或不满足岗位要求	CT3.2-1 CT3.2-4	CA3.2-9	人事劳动部应识别关键岗位，建立关键岗位清单，对于关键岗位人员的招聘进行背景核实	无	关键岗位清单、背景调查记录	人事劳动部	部长
R3.2-10	企业未制定各级管理人员和关键岗位员工定期轮岗制度，明确轮岗范围、轮岗周期、轮岗方式等，形成相关岗位员工的有序持续流动，全面提升员工素质，可能导致部分岗位容易滋生腐败	CT3.2-1 CT3.2-4	CA3.2-10	公司人事劳动部应制定关键岗位轮换机制，实行各级管理人员和关键岗位员工定期轮岗制度，明确轮岗范围、轮岗周期、轮岗方式等，并按照相关轮换制度执行	无	《关键岗位轮换制度》	人事劳动部	部长

续上表

风险编号	风险描述	对应控制目标编号	关键控制措施编号	控制措施	对应制度	控制痕迹	风险责任部门	风险责任岗位
R3.2-11	录用外部人员时，未获得对方单位开具的离职证明材料，录用后可能导致法律风险	CT3.2-1	CA3.2-11	员工办理入职手续时，应当递交前次单位的离职证明（解除劳动合同证明）	无	解除劳动合同证明	人事劳动部	部长
R3.2-12	关键岗位聘用人员未签订保密协议，如果拟录用人员属于工程技术人员，未签署职务发明和专利技术所有权归属协议，可能导致泄密或产生知识产权纠纷	CT3.2-1 CT3.2-4	CA3.2-12	人事劳动部应梳理工程技术及开发类的关键岗位，对涉及该类岗位的员工，人事劳动部除与员工签署保密协议外，还应签署相关职务发明和专利技术所有权归属协议	无	关键岗位清单、职务发明和专利技术所有权归属协议	人事劳动部	部长
R3.2-13	员工退出机制不当，员工岗位调动、离职（辞职、辞退）、退休等未能按照公司相关规定流程进行批准与审核，可能导致公司正常运营受干扰、薪酬计算不当和法律风险	CT3.2-1 CT3.2-4	CA3.2-13	员工岗位调动、离职（辞职、辞退）、退休应严格按照相关流程进行（参照相关流程图），并获得相关授权人员审核及审批。对于离职的人员，还应做好相关的工作交接（包括办公设备、物品、信息系统权限更改），并获得相关部门签字确认（如财务部、办公室、人事劳动部及所在部门）后才能离职	无	岗位调动审批表、员工离职审批表	人事劳动部	部长

3.3 员工培训

1)流程目标概述

本流程规定了公司的员工培训管理工作,旨在不断提高全体员工的业务素养与技能,避免或降低公司在员工培训业务环节中的风险。

2)适用范围

适用于公司及所属单位。

3)相关制度

(1)《员工培训管理暂行办法》

(2)《干部教育培训工作管理办法》

4)职责分工

(1)人事劳动部职责

①负责制订公司干部、员工培训计划,并贯彻落实。

②制定公司年度培训预算。

③组织实施管理类及素质类培训。

④监督、指导各类业务培训的实施及预算使用情况。

⑤跟踪、指导、管理员工学历进修。

⑥建立员工培训台账;

⑦进行日常培训费登记、政策解释及沟通工作。

⑧配合组织员工参训上级部门组织的各类培训工作。

(2)各部门及分(子)公司的职责

①拟定本部门、本单位的年度培训需求计划,报公司人事劳动部。

②配合人事劳动部落实本部门、本单位培训计划的实施、评估及考核工作。

③负责调查了解本部门、本单位员工培训的需求。

④负责跟踪评估本部门或本单位员工的培训效果。

⑤负责向上级单位反映培训人员或单位的可行性建议。

(3)员工的职责

①了解公司的培训计划,清楚与本人有关部分。

②积极参加公司的培训需求评估及培训工作。

③培养学习的心态,制订自己的学习计划。

④严格遵守培训纪律,不无故迟到、早退和旷课。

5)不相容职责——员工培训

如表3-7所示。

不相容职责 表3-7

岗位职责	编制计划	计划审核	执行计划	工作评估
编制计划		X		X
计划审核	X		X	X
执行计划		X		X
工作评估	X	X	X	

注:X表示不相容职责。

6）流程图

如图3-6所示。

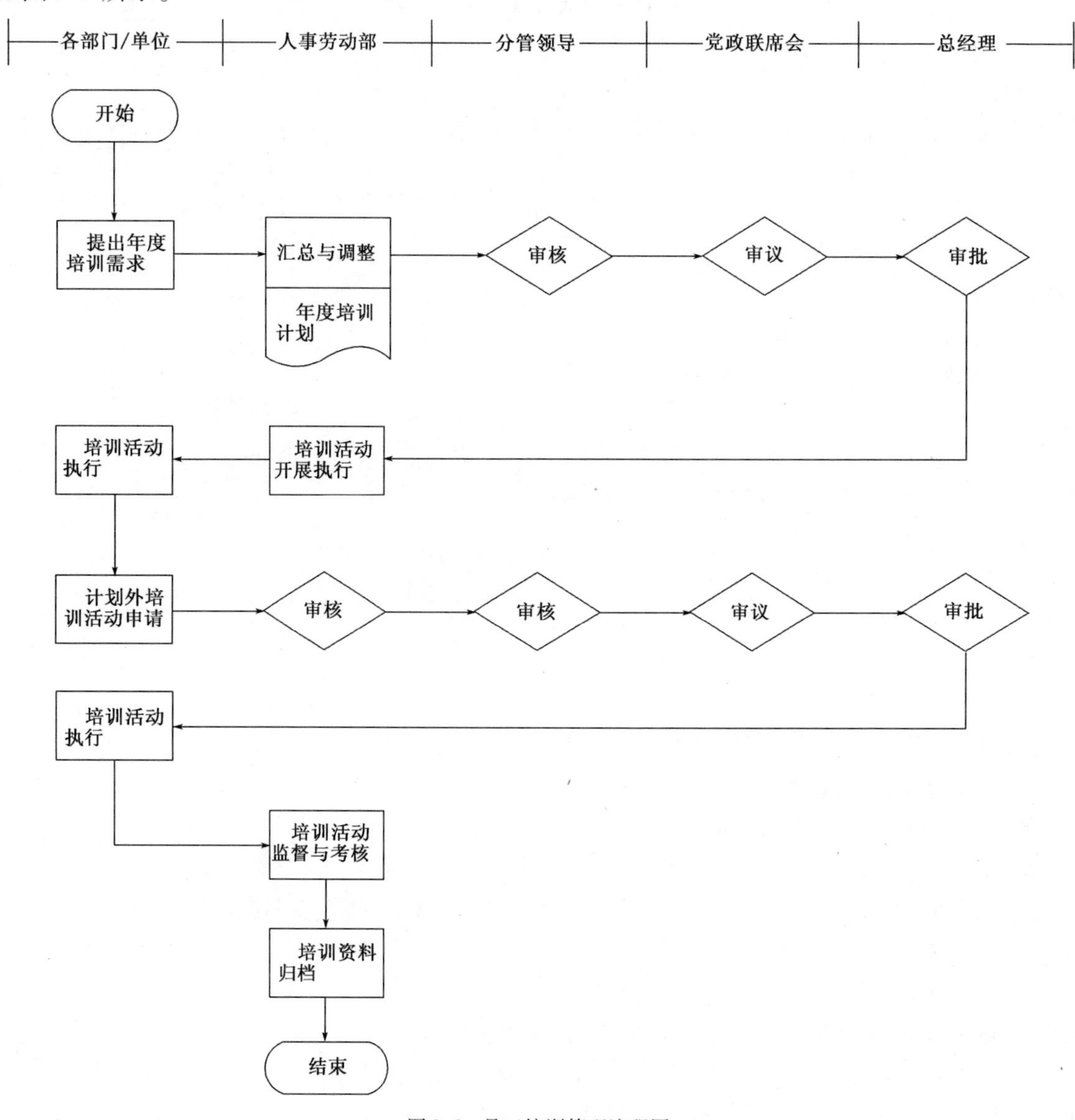

图3-6　员工培训管理流程图

7）控制目标

如表3-8所示。

控制目标　　表3-8

序号	《内部控制规范》具体控制目标编号	拟实现的内控目标	内控目标具体描述
1	CT3.3-1	合法合规性目标	保证员工培训管理符合国家有关法规和公司规章制度规定
2	CT3.3-2	财务报告目标	保证员工培训使财务公允
3	CT3.3-3	资产安全目标	保证员工培训管理所涉及的资金、资产的安全性
4	CT3.3-4	经营效率和效果目标	提升员工培训管理水平以促进公司经营效率与效果
5	CT3.3-5	发展战略目标	保证员工培训的管理符合公司发展战略目标

8）控制矩阵

如表3-9所示。

表 3-9

控制矩阵

风险编号	风险描述	对应控制目标编号	关键控制措施编号	控制措施	对应制度	控制痕迹	风险责任部门	风险责任岗位
R3.3-1	培训需求分析不准确，部门审核不严，可能致使培训计划无法与公司发展战略相吻合	CT3.3-4 CT3.3-5	CA3.3-1	人力资源职能部门要定期开展培训需求调查分析，通过发放调查问卷，分析筛选培训需求，提高教育培训工作的针对性、时效性和有效性	《干部教育培训工作管理办法》	培训需求调查表	人事劳动部	部长
R3.3-2	企业未建立选聘人员试用期和岗前培训制度，对试用人员进行严格考察，影响选聘员工全面了解岗位职责，掌握岗位基本技能，适应工作要求，不利于人员的筛选	CT3.3-1 CT3.3-4	CA3.3-2	公司新招员工必须按照“先培训，后上岗”的原则进行岗前培训。凡公司正式招用员工均应在报到后一周内参加培训，经培训考试合格者进入工作岗位，不合格者重新培训	《员工培训管理暂行办法》	培训考试试卷	人事劳动部	部长
R3.3-3	未结合公司实际情况及岗位设置制定员工培训计划和培训管理程序，可能导致员工培训管理混乱，流于形式，无法提高员工素质与操作技能	CT3.3-4	CA3.3-3	各部门根据培训需求调查结果，结合单位发展规划和重点工作，研究起草年度干部教育培训计划，报同级人力资源职能部门汇总审核	《干部教育培训工作管理办法》	培训计划	人事劳动部 各部门	部长
R3.3-4	公司培训计划及计划外培训未经公司领导审批，可能导致培训计划制定不合理	CT3.3-1 CT3.3-4	CA3.3-4	人力资源职能部门对各部门起草的年度教育培训计划进行初审，对符合办法规定及预算要求的教育培训项目进行汇总，报公司党政联席会研究通过后执行	《干部教育培训工作管理办法》	培训审核记录	人事劳动部	部长
R3.3-5	培训计划无预算或预算编制不合理，可能导致培训经费难以保障或控制、培训资金使用不合理	CT3.3-3	CA3.3-5	公司每年制定培训经费预算用于各项培训工作。培训经费实行专款专用，由公司人事劳动部按照年度业务培训计划负责管理。 列入公司年度培训计划内的培训经费，必须由人事劳动部门审核，主管领导批准签字后方可报销。计划外的培训，必须由人事劳动部审核，主管领导批准后，方可组织培训、报销	《员工培训管理暂行办法》	培训经费预算	人事劳动部	部长
R3.3-6	未规范培训单位选择的程序，可能难以保证培训单位资质和培训质量	CT3.3-1 CT3.3-4	CA3.3-6	在进行外部培训单位的选择时，应对培训单位、讲师的相关资质进行审核，至少选出三家具有相关培训资质的单位按相关审批流程提交相关领导进行审核审批。因特殊情况培训单位少于三家时，应在相关申请中进行情况说明，并进行特殊审批	无	培训单位选择审批记录	人事劳动部	部长

续上表

风险编号	风险描述	对应控制目标编号	关键控制措施编号	控制措施	对应制度	控制痕迹	风险责任部门	风险责任岗位
R3.3-7	培训未进行考核，可能导致培训达不到预期效果，培训流于形式	CT3.3-1 CT3.3-4	CA3.3-7	实行干部教育培训考核制度。培训组织部门要结合参训干部日常表现和申论成绩，初步评定参训人员的考核等次，报单位有关领导确定。考核优秀等次人员，要进行表彰，并推荐其文章在集团内部刊物公开发表；合格等次人员，要指出不足，促其改进；不合格等次人员，要给予通报批评并安排补训，直至合格	《干部教育培训工作管理办法》	员工培训考核登记表	人事劳动部	部长
R3.3-8	未对培训情况做好记录，可能导致无法反映培训计划执行情况	CT3.3-4	CA3.3-8	每项培训结束后一周内，主办部门应评定出参训人员成绩并填写《员工培训考核登记表》和《培训效果评估表》，交培训主管部门，列入公司员工业务培训档案，作为以后举办此类似培训的参考	《员工培训管理暂行办法》	员工培训考核登记表和培训工作评价表	人事劳动部	部长
R3.3-9	对新进员工未组织培训，可能导致新进员工对公司的规章制度及岗位的意识等缺乏认识，影响日常经营活动	CT3.3-4	CA3.3-9	公司新招员工必须按照“先培训，后上岗”的原则进行岗前培训。凡公司正式招用员工均应在报到后一周内参加培训，经培训考试合格者进入工作岗位，不合格者重新培训	《员工培训管理暂行办法》	培训考试试卷	人事劳动部	部长
R3.3-10	未能妥善保存教育培训材料，如：电子版文档、PPT及各项纸质资料，无法有效形成历史文档，可能影响员工对培训材料的再学习	CT3.3-4	CA3.3-10	人事劳动部对培训资料进行整理、归档保管，以便以后查阅	无	培训资料档案	人事劳动部	部长
R3.3-11	未按国家相关规定组织特种作业人员进行换证考试，可能导致操作人员未持证上岗，造成安全隐患	CT3.3-1 CT3.3-4	CA3.3-11	人事劳动部应识别并梳理相关特种作业岗位，对相关岗位的员工的持证情况进行台账统计，并定期进行评审。对无证人员或证件过期人员组织相关培训并要求参加相关考试，在取得证件或更换证件后才能上岗	无	特种作业岗位人员信息台账	人事劳动部	部长
R3.3-12	未对公司执行员工培训计划的情况进行监督审查，可能导致员工教育培训工作缺乏有效监督	CT3.3-4	CA3.3-12	各单位人力资源、纪检职能部门对干部教育培训工作情况进行监督检查，制止和纠正违反《干部教育培训工作管理办法》的行为，并对有关责任人员提出处理意见	《干部教育培训工作管理办法》	干部教育培训工作管理办法	人事劳动部、监察部	部长

3.4 薪酬、福利与社会保险管理

1)流程目标概述

本流程规定了公司薪酬、福利与社会保险的核算及发放的管理要求。旨在规范薪酬、福利及社会保险的具体工作,避免或降低公司在薪酬、福利与社会保险业务环节的风险。

2)适用范围

适用于公司及所属单位。

3)相关制度

(1)《所属单位薪酬管理办法》

(2)《法定保险管理办法(试行)》

(3)《管理公司劳保用品管理暂行办法》

4)职责分工

(1)人事劳动部

①负责编制薪酬计划,提出薪酬控制方案,申报工资总额和计划。

②负责审批薪酬发放,编报薪酬报表。

③负责公司日常工资、加班工资表的造册工作。

④负责测算绩效工资和工资性津补贴的分配办法并组织发放。

⑤负责年度工资及各种津贴、劳保福利预算工作。

⑥负责确定公司内退、病退、退职、各类聘用人员的工资及福利待遇。

⑦负责拟定职工各项福利管理办法。

⑧负责办理职工福利待遇。

⑨负责保障职工的各种福利和疗养工作,对生活特别困难的职工进行救济或补助。

⑩负责办理退休员工各种补贴和各类生活福利费用的统一发放报销工作。

⑪负责做好退休员工年度健康体检、探望住院病号及丧事处理等工作。

(2)财务资产部职责

复核薪资表并安排工资发放。

5)不相容职责——薪酬、福利与社会保险管理

如表3-10所示。

不相容职责 表3-10

岗位职责	薪资计算	薪资审核	薪资发放	薪资记录	评估
薪资计算		X			X
薪资审核	X		X		X
薪资发放		X		X	X
薪资记录			X		X
评估	X	X	X	X	

注:X表示不相容职责。

6)流程图

如图3-7所示。

7)控制目标

如表3-11所示。

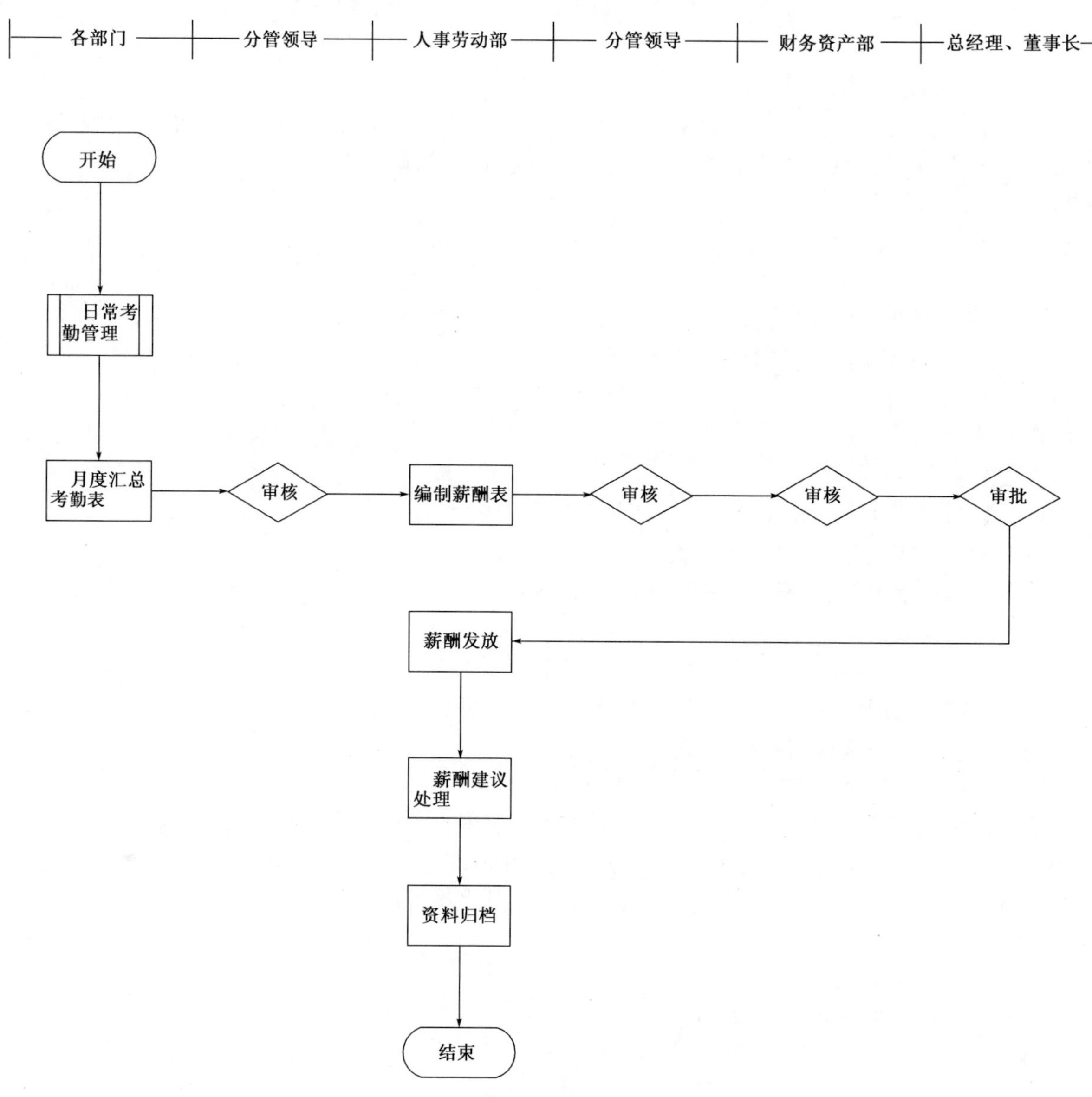

图 3-7　薪酬编制管理流程图

控 制 目 标　　表 3-11

序号	《内部控制规范》具体控制目标编号	拟实现的内控目标	内控目标具体描述
1	CT3.4-1	合法合规性目标	保证薪酬、福利与社会保险管理符合国家有关法规和公司规章制度规定
2	CT3.4-2	财务报告目标	保证薪酬、福利与社会保险管理使财务公允
3	CT3.4-3	资产安全目标	保证薪酬、福利与社会保险管理所涉及的资金、资产的安全性
4	CT3.4-4	经营效率和效果目标	提升薪酬、福利与社会保险管理水平以促进公司经营效率与效果
5	CT3.4-5	发展战略目标	保证薪酬、福利与社会保险管理符合公司发展战略目标

8）控制矩阵

如表 3-12 所示。

控制矩阵

表 3-12

风险编号	风险描述	对应控制目标编号	关键控制措施编号	控制措施	对应制度	控制痕迹	风险责任部门	风险责任岗位
R3.4-1	未根据岗位实际情况，制定合理的员工薪酬、保险标准和管理制度，可能导致薪酬、福利和保险等员工利益分配不合理，影响工作积极性	CT3.4-1	CA3.4-1	集团所属单位薪酬标准主要依据集团经营状况以及各单位经营规模、行业特点、管理难度、收益状况、人均工资水平等因素，由集团薪酬管理委员会每年核定一次。各单位可以在集团核定的预算薪酬标准内，结合自身情况确定员工薪酬。 根据管控对象不同，集团所属单位人员分为企业管理人员和生产经营人员。其中，非竞争性单位企业管理人员包括二级单位负责人及机关人员、三级单位负责人，其他人员为生产经营人员；竞争性单位企业管理人员包括二级单位负责人及机关人员，其他人员为生产经营人员。 企业管理各岗级人员预算薪酬标准由集团确定。其中，二级单位负责人及机关中层管理人员、三级单位负责人（非竞争性单位）按照任职岗级确定；二级单位机关普通职员，根据业务能力、工龄、职称、学历、考核等因素区分薪酬档次。 生产经营各岗级人员预算薪酬标准由所属单位确定，报集团核备后执行。 根据考核结果，集团核定所属单位年度绩效工资总额和二级单位负责人绩效工资；在此基础上，其他人员绩效工资由本单位依据年度考核结果确定	《所属单位薪酬管理办法》	《所属单位薪酬管理办法》	人事劳动部	部长
R3.4-2	薪酬的编制、审核、批准和发放等不相容岗位未做适当分离，可能导致薪酬计算、发放错误或舞弊	CT3.4-1 CT3.4-4	CA3.4-2	人事劳动部负责编制与汇总并初审薪资表，经财务资产部门审核再由分管人事副总经理审批后报总经理、董事长批准	无	薪资发放审批表	人事劳动部	部长
R3.4-3	员工薪酬福利项目、标准未经过相应的审批确认，可能导致滥发薪酬福利，损害公司利益，受到上级管理部门的处罚	CT3.4-1	CA3.4-3	福利项目主要包括法定福利和其他福利。法定福利包括基本养老保险、基本医疗保险、失业保险、工伤保险、生育保险、住房公积金以及其他法定员工权益保障项目，其标准按国家相关政策执行；其他福利必须在规定项目范围内，结合企业实际列支。 集团薪酬管理委员会组织相关部门适时对所属单位薪酬发放情况进行监督检查，对超标准发放薪酬，违规发放奖金、补贴、福利，挤占生产经营人员薪酬预算等问题，除责令单位收回违规发放部分外，对责任人及二级单位主要负责人予以处理	《所属单位薪酬管理办法》	《所属单位薪酬管理办法》	人事劳动部	部长

续上表

风险编号	风 险 描 述	对应控制目标编号	关键控制措施编号	控 制 措 施	对应制度	控制痕迹	风险责任部门	风险责任岗位
R3.4-4	员工薪酬变动未走正当的审核、审批程序，可能导致薪酬变动不合理或薪酬舞弊风险	CT3.4-1 CT3.4-4	CA3.4-4	各类薪酬方案的调整和各项薪酬发放，由人事劳动部根据薪酬调整工作会议精神和绩效考核结果会同财务部执行	无	制度文件	人事劳动部	部长
R3.4-5	未按劳动合同及相关法规条例要求，为职工及时、准确缴纳各种社会保险费，可能导致法律风险和财务报告信息不准确	CT3.4-1	CA3.4-5	根据国家及相关部门有关法律、法规要求，公司应为发生劳动关系的职工参保基本养老、工伤、医疗等法定社会保险	《法定保险管理办法》	薪资发放审批表	人事劳动部	部长
R3.4-6	员工退出后，未能及时办理注销手续，并及时通知相关部门进行停发工资，可能造成工资发放错误	CT3.4-1 CT3.4-4	CA3.4-6	人力资源内部建立包括劳动合同的变更、终止以及考勤台账，并以此作为工资核算的基础	无	退出人员考勤记录	人事劳动部	部长
R3.4-7	发放员工的工资、奖金、加班费，以及各种津贴和补贴，未经过员工本人签字认可，可能造成劳动纠纷或舞弊	CT3.4-1	CA3.4-7	职员应及时检查薪资到账情况，对核算及发放有疑义的，应于发薪日当月到相关部门或人事劳动部、财务资产部核实，经核实需要调整的薪资在次月薪资发放时予以补发。以现金发放薪资需得到本人签字	无	制度文件	人事劳动部	部长
R3.4-8	未能及时发放薪酬、福利，又未做合理解释，可能导致员工有意见或劳动纠纷	CT3.4-1	CA3.4-8	财务资产部应根据公司规定的工资发放日按时发放工资，由于公共假期无法按时发放的应根据公司领导指示顺延或提前，并通知各部门做好相关解释及通知	无	制度文件	人事劳动部	部长
R3.4-9	未定期对公司薪酬、福利和保险管理制度进行评估，可能导致薪酬、福利和保险管理制度已不符合实际情况，制约业务发展	CT3.4-4 CT3.4-5	CA3.4-9	公司在不违反国家相关法规的前提下，人事劳动部应定期每年对公司薪酬标准进行评估，并由公司总经理办公会议决定公司内部职员的工资关系和工资标准，决定职员调岗调薪及其奖惩方案，决定职员绩效奖金的发放以及制定相应的具体规章	无	员工薪酬评估报告	人事劳动部	部长

3.5 劳动关系与员工权益保护管理

1)流程目标概述

本流程规定了公司与员工订立劳动合同,构建劳动关系的管理要求。旨在完善公司劳动人事制度,规范劳动用工制度,明确员工和公司双方的合法权利和义务,努力规避或降低公司在劳动关系与员工权益保护业务环节中的风险。

2)适用范围

适用于公司及所属单位。

3)相关制度

(1)《劳务用工管理暂行办法》

(2)《临时用工管理暂行办法》

(3)《学校实习生管理试行规定》

(4)《借调人员管理暂行办法》

(5)《法定保险管理办法(试行)》

4)职责分工

(1)人事劳动部

①负责员工岗位核定。

②负责核定员工薪酬标准。

③负责公司职工劳动合同的签订、变更、解除、终止等日常管理工作。

(2)用人单位/部门

①提出用人申请。

②提出辞退员工申请。

③审核员工辞职申请。

(3)工会

①参与制定、修改有关生产劳动的政策、办法和规定,参加安全检查工作和伤亡事故的调查处理工作,维护职工的合法权益。

②参与重大劳动争议案件的调查处理。

5)不相容职责——劳动关系与员工权益保护管理

如表 3-13 所示。

不相容职责 表 3-13

岗位职责	岗位核定	薪酬核定	劳动合同签订	审核、审批
岗位核定		X	X	X
薪酬核定			X	X
劳动合同签订	X	X		X
审核、审批	X	X	X	

注:X 表示不相容职责。

6)控制目标

如表 3-14 所示。

控 制 目 标 表 3-14

序号	《内部控制规范》具体控制目标编号	拟实现的内控目标	内控目标具体描述
1	CT3.5-1	合法合规性目标	保证劳动关系与员工权益保护管理符合国家有关法规和公司规章制度规定
2	CT3.5-2	财务报告目标	保证劳动关系与员工权益保护管理使财务公允
3	CT3.5-3	资产安全目标	保证劳动关系与员工权益保护管理所涉及的资金、资产的安全性
4	CT3.5-4	经营效率和效果目标	提升劳动关系与员工权益保护管理水平以促进公司经营效率与效果
5	CT3.5-5	发展战略目标	保证劳动关系与员工权益保护管理支持公司发展战略目标

7)控制矩阵

如表 3-15 所示。

3.6 人事档案管理

1)流程目标概述

本流程规定了公司有关涉及公司员工人事档案调动、保存管理的程序。旨在规范公司员工人事档案调动、保存管理的各项具体工作,努力避免或降低公司在员工人事档案调动、保存管理过程中存在的风险。

2)适用范围

适用于公司及所属单位。

3)相关制度

(1)《档案管理办法》

(2)《档案借阅制度》

(3)《文书档案管理办法》

4)职责分工

(1)人事劳动部

①负责员工人事档案的接收登记管理。

②负责管理公司分管档案材料的接收、整理,档案的提供利用等工作。

③负责组织下发档案工作各项通知,传达上级下发的各项档案管理方针政策。

④认真做好公司分管档案的接收、保管和统计工作。

⑤负责指导、监督、检查公司所属各单位人事部门的档案业务工作,提供档案存放、服务、咨询工作。

⑥负责公司分管档案的接收、借阅、转出工作,严格履行交接手续。

⑦负责对公司档案设备及库房情况进行定期检查,掌握设备状况和库房安全,处理各种隐患。

⑧严格执行档案保密制度,自觉遵守档案管理的规章制度。

(2)相关部门

负责员工人事档案收集并提交人事劳动部。

5)不相容职责——人事档案管理

如表 3-16 所示。

6)流程图

如图 3-8 所示。

控 制 矩 阵

表 3-15

风险编号	风 险 描 述	对应控制目标编号	关键控制措施编号	控 制 措 施	对应制度	控制痕迹	风险责任部门	风险责任岗位
R3.5-1	未能及时与职工签订书面劳动合同，可能导致用工合规风险	CT3.5-1	CA3.5-1	公司根据用人机构情况与职员签订正式劳动合同，期限按相关法律法规由人事劳动部根据实际情况确定。劳动合同应当在员工正式入职一周内签订	无	《劳动合同书》	人事劳动部	劳动管理岗位
R3.5-2	劳动合同的各项条款未能满足国家相关法律条例规定，可能导致法律风险	CT3.5-1	CA3.5-2	劳动合同各项条款需满足国家相关法律条例规定，文本采用政府规定的文本	无	《劳动合同书》	人事劳动部	劳动管理岗位
R3.5-3	用人单位未能按照相关程序解除劳动关系或解除劳动合同的经济补偿不符合国家相关规定，可能导致法律风险	CT3.5-1	CA3.5-3	对于被辞退的职工，公司将按照《中华人民共和国劳动法》及《中华人民共和国劳动合同法》等法律法规的规定给予经济补偿	无	解除或者终止劳动合同证明书	人事劳动部	劳动管理岗位
R3.5-4	员工违反劳动合同规定时，未能进行相应处罚，可能造成不良影响	CT3.5-4	CA3.5-4	公司应制定员工奖惩制度以表彰职员在本职岗位中所做出的突出业绩及其他贡献，鼓励公司职员不断进取，奋发向上，惩戒公司职员的违法、违纪失职行为及其他过失错误行为	无	相应的处罚记录	人事劳动部	劳动管理岗位
R3.5-5	因违纪被辞退的员工，对公司的辞退决定提出异议时，公司未能做出有效应对，可能造成纠纷，引起法律风险	CT3.5-1	CA3.5-5	公司辞退员工时，应对相关违纪事项进行调查，由辞退员工签字确认调查结果后，由相关领导审批处理意见，如不能取得违纪员工签字确认，则通过通告的形式进行通告。辞退员工的相关依据需有制度条款支持，以免引起相关法律风险	无	辞退员工处理审核记录	人事劳动部	劳动管理岗位
R3.5-6	劳动用工管理处理不当，可能导致劳资纠纷和信访事件频发，对公司声誉和正常经营造成影响	CT3.5-1	CA3.5-6	公司加强员工权益保障工作，并积极培育发展人文关怀建设，并对劳动用工管理执行情况定期进行审查	无	劳动用工管理情况评估报告	工会	主席

不相容职责

表 3-16

岗位职责	接收	保管	审批
接收		X	X
保管	X		X
审批	X	X	

注:X 表示不相容职责。

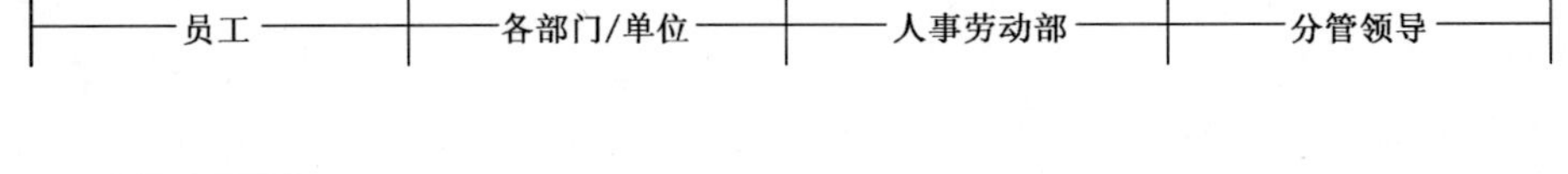

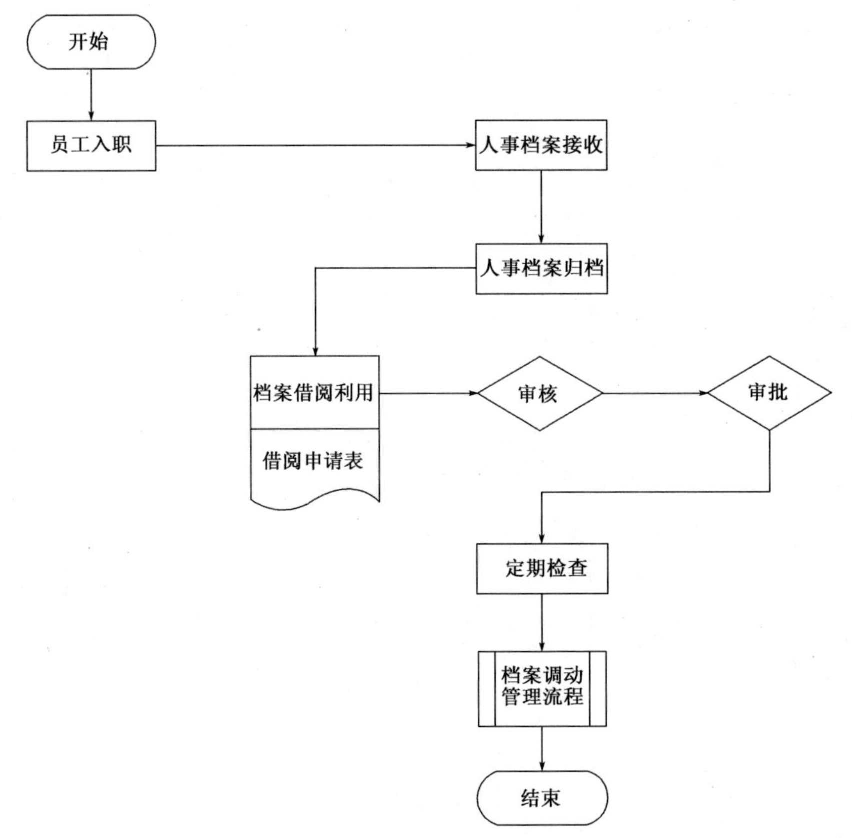

图 3-8　人事档案管理流程图

7)控制目标

如表 3-17 所示。

控制目标

表 3-17

序号	《内部控制规范》具体控制目标编号	拟实现的内控目标	内控目标具体描述
1	CT3.6-1	合法合规性目标	保证公司人事档案管理符合国家有关法规和公司规章制度规定
2	CT3.6-2	财务报告目标	保证公司人事档案的管理使财务公允
3	CT3.6-3	资产安全目标	保证公司人事档案管理所涉及的资金、资产的安全性
4	CT3.6-4	经营效率和效果目标	提升公司人事档案管理水平以促进公司经营效率与效果
5	CT3.6-5	发展战略目标	保证公司人事档案管理支持公司发展战略目标

8)控制矩阵

如表 3-18 所示。

控 制 矩 阵　　表 3-18

风险编号	风险描述	对应控制目标编号	关键控制措施编号	控制措施	对应制度	控制痕迹	风险责任部门	风险责任岗位
R3.6-1	干部和员工的档案转入、转出、借阅手续未齐全，未做好备案登记，可能导致资料遗失、泄密	CT3.6-1 CT3.6-4	CA3.6-1	公司人事档案，按照《干部档案工作条例》《企业职工档案管理工作规定》归档、管理 借阅档案必须严格履行登记手续，公司相关人员利用档案必须进行登记。利用部门档案，需要经过部门负责人审批同意；利用其他部门档案，需经过公司档案室负责人审批同意；利用公司档案中的绝密、机密级档案，需经过公司分管领导审批同意。归还的档案要进行检查、清点，并在登记簿上注销	《档案管理办法》	借阅登记表；档案借阅申请表	人事劳动部	档案管理岗位

3.7　绩效考核管理

1）流程目标概述

本流程规定了公司绩效考核的管理要求，旨在有效促进员工不断提高工作效率，以促进公司经营目标的实现，避免或降低公司在绩效考核管理中的风险。

2）适用范围

适用于公司及所属单位。

3）相关制度

（1）《干部年度综合考核办法》

（2）《绩效考核评价办法》

4）职责分工

（1）人事劳动部职责

①负责制定及定期修订《绩效考核方案》并报公司领导审批。

②测算绩效工资和工资性津补贴的分配办法并组织发放。

（2）考核督察办公室

①负责起草拟订考核评价办法。

②负责做好执行考核工作。

③负责做好考核结果汇总工作。

④负责起草考核情况通报。

⑤负责处理绩效考核过程中职员申诉工作。

⑥负责考核资料的归档工作。

（3）多种经营部职责

①负责拟定经营公司的绩效激励方案。

②组织安排各部门进行绩效考核。

5）不相容职责——绩效考核管理

如表 3-19 所示。

不相容职责　　表 3-19

岗位职责	绩效考核	审核	绩效结果执行	绩效体系评估
绩效考核		X		X
审核	X		X	X
绩效结果执行		X		X
绩效体系评估	X	X	X	

注:X 表示不相容职责。

6)流程图

(1)管理公司、项目公司及经营公司考核目标制订流程

如图 3-9 所示。

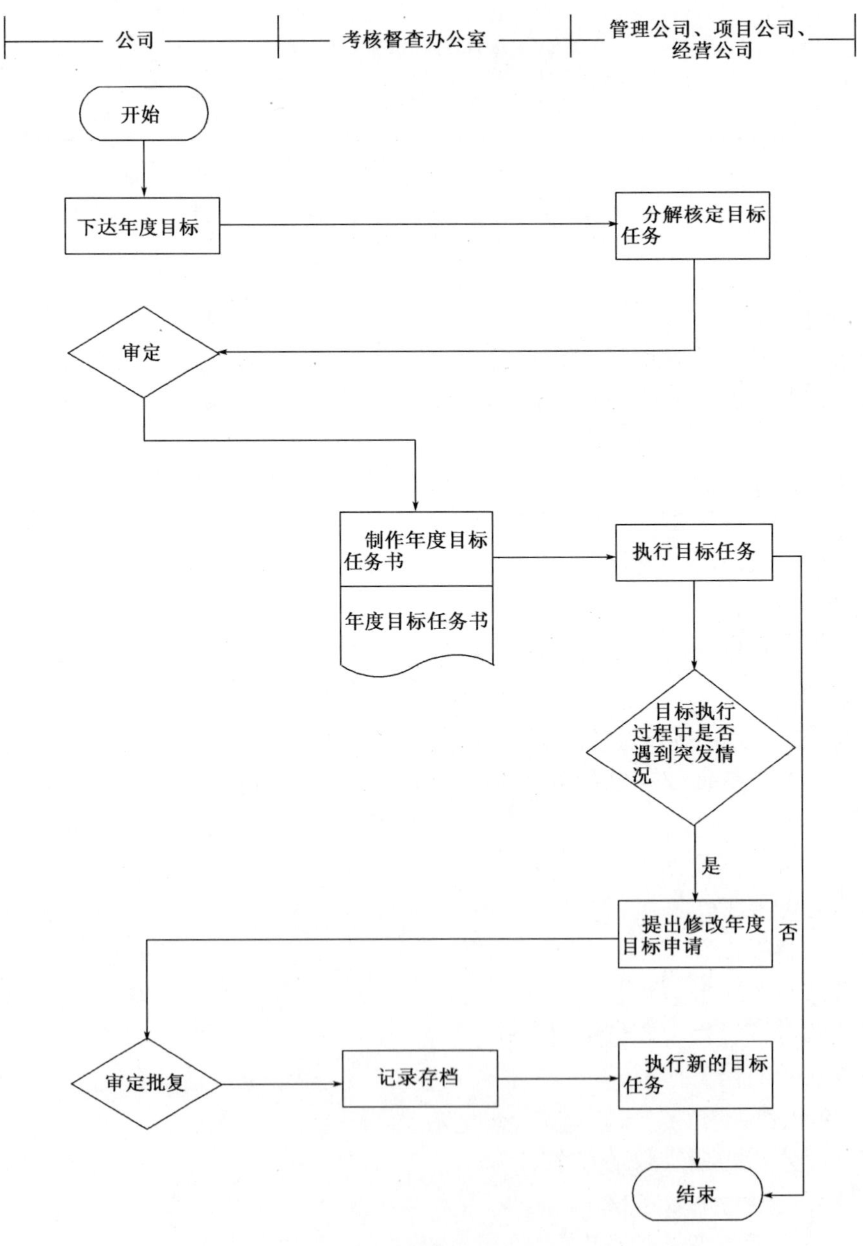

图 3-9　管理公司、项目公司及经营公司考核目标制订流程

(2)绩效考核管理流程

如图 3-10 所示。

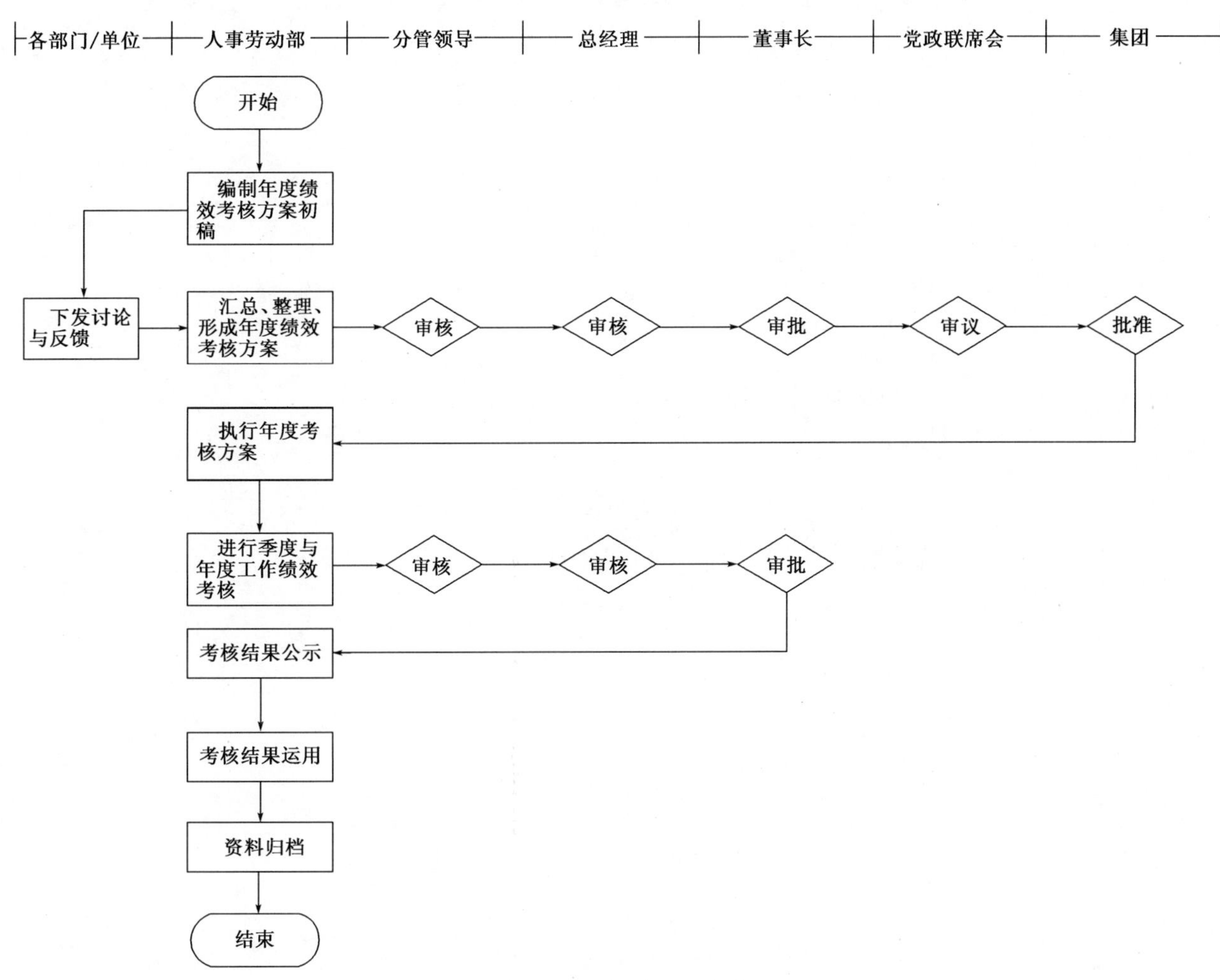

图 3-10 绩效考核管理流程

(3)考核实施流程

如图 3-11 所示。

(4)考核结果复议流程

如图 3-12 所示。

7)控制目标

如表 3-20 所示。

控 制 目 标 表 3-20

序号	《内部控制规范》具体控制目标编号	拟实现的内控目标	内控目标具体描述
1	CT3.7-1	合法合规性目标	保证公司绩效考核管理符合国家有关法规和公司规章制度规定
2	CT3.7-2	财务报告目标	保证公司绩效考核管理使财务公允
3	CT3.7-3	资产安全目标	保证公司绩效考核管理所涉及的资金、资产的安全性
4	CT3.7-4	经营效率和效果目标	提升公司绩效考核管理水平以促进公司经营效率与效果
5	CT3.7-5	发展战略目标	保证公司绩效考核管理支持公司发展战略目标

8)控制矩阵

如表 3-21 所示。

考核督查办公室
各考核单位
各考核管理部门
开始
开会确定各管理分公司、项目公司、经营公司的考核方案、重点和部门考核分组
考核通知
积极配合考核小组工作
记录考核中发现的问题、并签字确认
考核记录表
单位负责人签字确认考核记录登记的问题
考核结果公示
是否提出异议
否
审核
印发考核通报
考核通报
整改通知书
根据整改通知书、整改工作中的问题
检查、记录
存档
结束

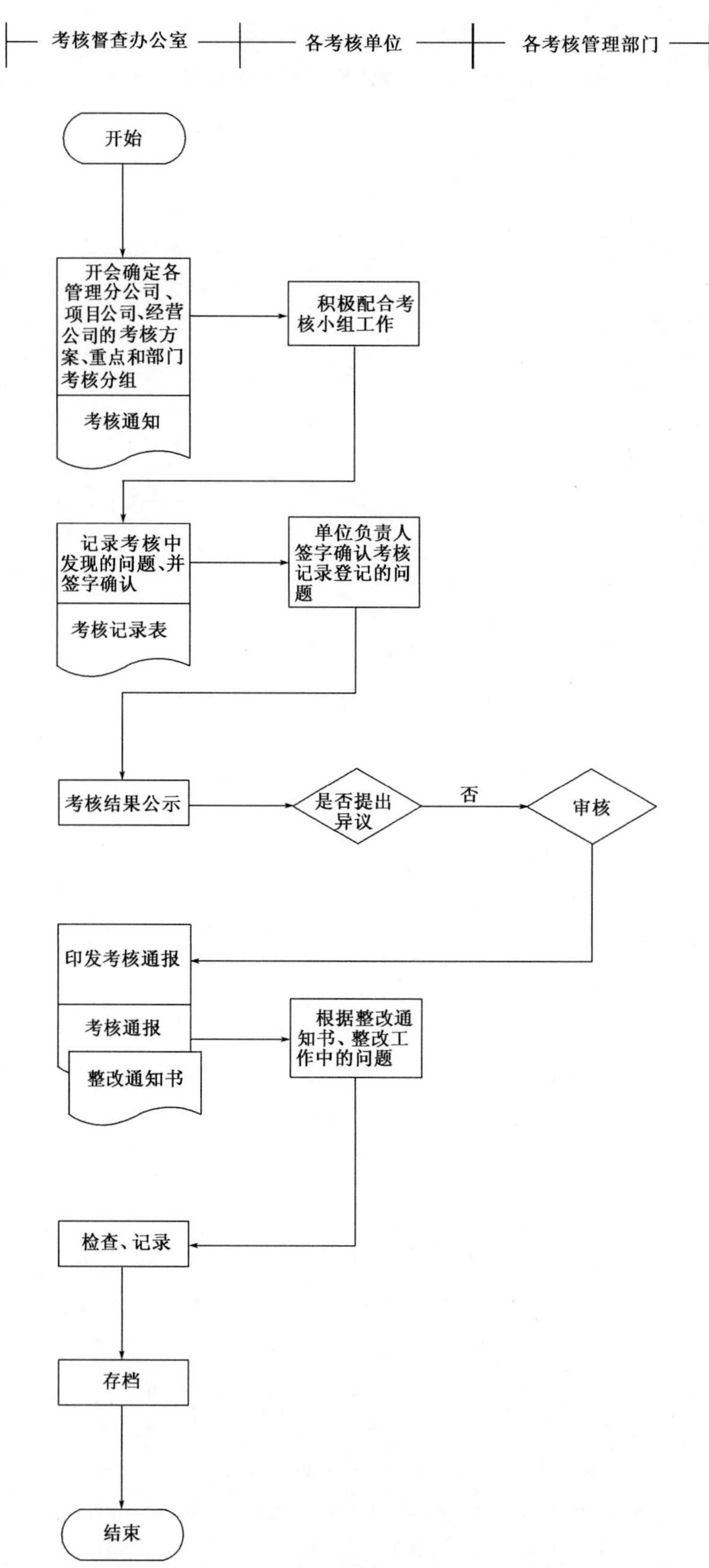

图 3-11　考核实施流程

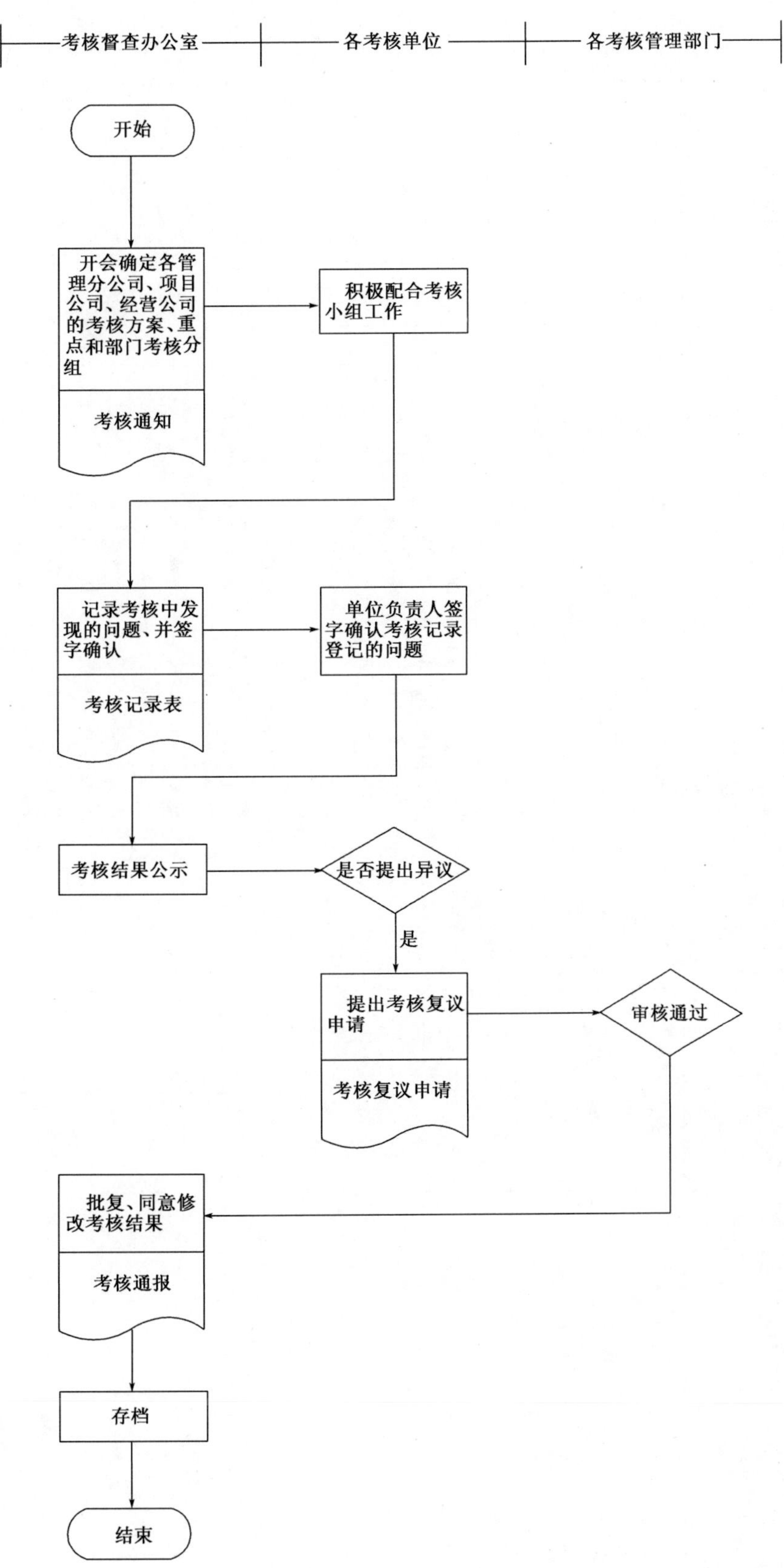

图 3-12　考核结果复议流程

控制矩阵 表3-21

风险编号	风险描述	对应控制目标编号	关键控制措施编号	控制措施	对应制度	控制痕迹	风险责任部门	风险责任岗位
R3.7-1	公司未制定或未实施绩效考核制度及考核办法、指标，可能导致员工工作缺乏积极性，影响工作绩效	CT3.7-4	CA3.7-1	为进一步规范公司对所属单位及单位负责人的考核评价工作，建立科学有效的激励约束机制，根据《集团所属单位及负责人年度考核评价办法(试行)》，结合公司实际情况，制定绩效考核评价办法	《绩效考核评价办法》	绩效考核评价办法	考核督察办公室	主任
R3.7-2	绩效考核制度和考核指标设置不合理，未经过充分讨论，可能导致绩效考核脱离实际，影响考核效果，达不到绩效考核的预期目标	CT3.7-4	CA3.7-2	公司的考核评价工作，遵循定量与定性相结合、结果考核与过程评价相统一、考核结果与奖惩相挂钩的原则。 为建立健全全员考核体系，结合公司点多线长、情况复杂的特点，实行三级考核。 公司考核督察办公室负责公司所属单位全面考核工作的实施，为一级考核；各管理分公司、经营公司、项目公司下设考核督察办公室，负责本单位全面考核工作的实施，为二级考核；各管理分公司、经营公司、项目公司所属基层单位成立考核小组，负责本单位全面考核工作的实施，为三级考核。 年初上级下达公司年度目标任务后，由各相关业务管理部门对目标任务进行分解核定，报送公司绩效考核管理委员会审定，下达所属各单位。 考核主要分单位考核和单位负责人考核。所属单位考核主要从经营业绩、党群工作和反腐倡廉工作三个方面进行考核。所属单位负责人年度考核主要从经营业绩、个人贡献、素质和能力四个方面进行考核。所属基层单位考核主要从工作业绩、党群工作和反腐倡廉工作三个方面进行考核。所属基层单位负责人年度考核主要从工作业绩、个人贡献、素质和能力四个方面进行考核。 考核工作以公司与所属单位签订的目标责任书和公司下达的目标值，以及阶段性或重大特殊性任务指标为依据，并参照集团、公司有关管理规定进行	《绩效考核评价办法》	绩效考核评价办法	考核督察办公室	主任

续上表

风险编号	风险描述	对应控制目标编号	关键控制措施编号	控制措施	对应制度	控制痕迹	风险责任部门	风险责任岗位
R3.7-3	考核标准、考核材料传递不及时、不真实，考核要求不明确，可能导致被考核人员资料提交不全、不及时，影响考核结果	CT3.7-4	CA3.7-3	考核人员收集各类数据信息要实事求是、准确完整。所属单位要高度重视、积极配合考核工作，提供资料要真实有效，不得弄虚作假	《绩效考核评价办法》	绩效考核评价办法	考核督察办公室	主任
R3.7-4	考核过程未按照制度规定的程序，未就考核结果与被考核者及时沟通、或者考核显失公允，可能导致被考核者不认可考核结果，影响正常工作开展，达不到提升绩效的考核目标	CT3.7-4	CA3.7-4	对单位考核结束后，公司考核督察办公室将考核结果形成考核报告，报公司绩效考核管理委员会审定后公示或反馈。 在考核结果公示期间，被考核单位和个人对考核结果有异议时，向原考核单位提出复议申请，并提交相关材料，由原考核单位针对申诉内容5日内予以答复，仍有异议的，向上级单位申诉。公司绩效管理委员会有最终仲裁权	《绩效考核评价办法》	复议申请	考核督察办公室	主任
R3.7-5	未能对绩效考核体系进行定期或不定期评估工作，未能结合实际进一步完善，可能导致绩效考核脱离实际或流于形式，无法有效发挥激励和凝聚作用，执行力不强	CT3.7-4	CA3.7-5	公司应定期对绩效考核体系进行评估，提高绩效考核在公司运营中的效果	无	年度绩效考核体系评估报告	考核督察办公室	主任

4 企 业 文 化

4.1 企业文化管理

1)流程目标概述

本流程规定了公司有关涉及公司企业文化的制定、培育、评估的流程。旨在规范公司企业文化管理的各项具体工作,避免或降低公司在企业文化管理中存在的风险。

2)适用范围

适用于公司及所属单位。

3)相关制度

无。

4)职责分工

(1)相关部门职责

①审议确定企业文化核心内容。

②审批各项企业文化管理制度。

③审批企业文化发展规划和企业文化工作计划。

④审批企业文化的重大事项。

(2)人事劳动部职责

①组织全体员工的企业文化培训。

②发挥部门领导带头作用,督促并帮助本部门员工学习企业文化。

5)不相容职责——企业文化管理

如表4-1所示。

不相容职责 表4-1

岗位职责	活动申请	活动审批	活动执行	考核/评估
活动申请		X		X
活动审批	X		X	X
活动执行		X		X
考核/评估	X	X	X	

注:X表示不相容职责。

6)流程图

如图4-1所示。

7)控制目标

如表4-2所示。

8)控制矩阵

如表4-3所示。

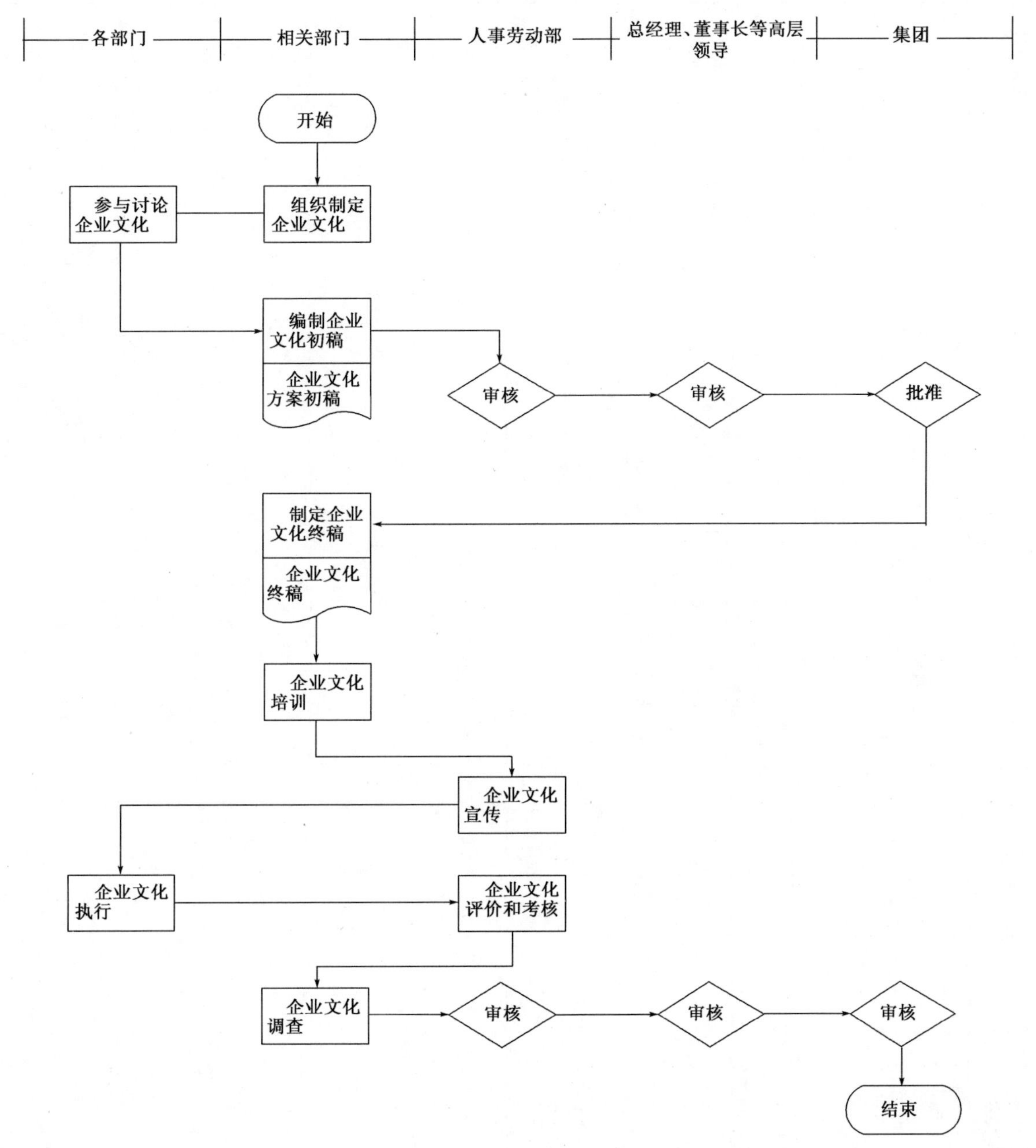

图4-1 企业文化方案管理

控制目标 表4-2

序号	《内部控制规范》具体控制目标编号	拟实现的内控目标	内控目标具体描述
1	CT4.1-1	合法合规性目标	保证公司企业文化管理符合国家有关法规和公司规章制度规定
2	CT4.1-2	财务报告目标	保证公司企业文化使财务公允
3	CT4.1-3	资产安全目标	保证公司企业文化管理所涉及的资金、资产的安全性
4	CT4.1-4	经营效率和效果目标	提升公司企业文化管理水平以促进公司经营效率与效果
5	CT4.1-5	发展战略目标	保证公司企业文化管理支持公司发展战略目标

控制矩阵

表 4-3

风险编号	风险描述	对应控制目标编号	关键控制措施编号	控制措施	对应制度	控制痕迹	风险责任部门	风险责任岗位
R4.1-1	公司缺乏积极向上的价值观和为社会创造财富并积极履行社会责任的企业精神和经营理念，可能导致员工丧失对企业的信心和认同感、缺乏凝聚力和竞争力，影响企业整体发展和高效管理	CT4.1-1 CT4.1-3	CA4.1-1	企业文化是企业在长期发展中形成的共同理想、价值观、管理理念、工作作风和行为规范，公司应建立以企业价值观为核心的企业文化体系	无	企业文化管理制度文件	相关部门	部门负责人
R4.1-2	企业未采取切实有效的措施，积极培育具有自身特色的企业文化，引导和规范员工行为，打造以主业为核心的企业品牌，影响企业长远发展	CT4.1-1 CT4.1-3	CA4.1-2	公司应结合实际情况拟定企业文化： （1）企业文化是全体员工的文化。文化与制度的确立过程中，公司应倾听员工心声，去粗存精，去伪存真，提炼、升华为优质的企业文化。 （2）公司应提供有效的信息搜集渠道，组织各部门负责人或员工参与讨论，设置专员接收员工反馈的信息	无	企业文化规范	相关部门	部门负责人
R4.1-3	缺乏开拓创新、团队协作和风险意识，可能导致企业发展目标难以实现，影响可持续发展。	CT4.1-1 CT4.1-3	CA4.1-3	企业文化的培育应包括继承与创新相结合，共性和个性相结合的原则。企业文化应展现团结、务实、进取、开拓的核心精神	无	企业文化规范	相关部门	部门负责人
R4.1-4	缺乏诚实守信的经营理念，可能导致舞弊事件的发生，造成企业损失，影响企业信誉	CT4.1-1 CT4.1-3	CA4.1-4	公司提炼以企业价值观为核心的企业文化体系，企业价值观包括了社会信誉和资信的评价标准，是企业文化的核心。 强化“责任文化”，企业每个个体都有责任感、责任心，勇于并主动承担责任	无	企业文化规范	相关部门	部门负责人
R4.1-5	企业未结合企业战略积极培养向上的价值观、诚实守信的经营理念、履行社会责任和开拓创新的企业精神，确定文化建设的目标和内容，形成企业文化规范，可能导致企业文化不符合公司发展需求	CT4.1-1 CT4.1-3	CA4.1-5	公司应建立全面深刻的企业文化： 企业文化的制定应建立在多方面因素的综合考虑之上，包括企业战略性发展目标、企业价值观与道德规范等	无	企业文化规范	相关部门	部门负责人
R4.1-6	忽视企业并购重组中的文化差异和理念冲突，可能导致并购重组失败，背离企业的战略发展目标	CT4.1-1 CT4.1-3	CA4.1-6	公司在提出相关并购重组的提案中，应包含相关的企业文化分析，须调查并评估并购重组中的文化差异和理念冲突	无	企业文化分析记录	相关部门	部门负责人

续上表

风险编号	风险描述	对应控制目标编号	关键控制措施编号	控制措施	对应制度	控制痕迹	风险责任部门	风险责任岗位
R4.1-7	高级管理人员未能带头营造良好的企业文化环境,可能导致企业文化未能在日常经营管理活动中得到有效贯彻	CT4.1-1 CT4.1-3	CA4.1-7	管理人员在企业文化建设中起带头作用。 公司董事、监事、经理及其他高级管理人员应当以身作则,积极发挥在企业文化建设中的领导作用,与员工积极沟通,促进企业员工以企业文化为共同遵守的行为守则	无	企业文化活动记录	相关部门	部门负责人
R4.1-8	风险管理文化理念未能融入企业文化建设中,可能导致公司风险管理意识淡薄,影响经营目标的实现	CT4.1-1 CT4.1-3	CA4.1-8	公司应将风险管理融入企业文化建设。 企业文化体系建设应包括风险管理理念,以增强公司风险管理意识,促进风险管理体系的建立	无	企业文化活动记录	相关部门	部门负责人
R4.1-9	未对员工进行企业文化培训,可能影响员工对公司企业文化、核心价值的认知和个人价值的实现	CT4.1-1 CT4.1-3	CA4.1-9	公司应进行专项的企业文化培训: (1)人事劳动部为文化培育实施的执行部门,负责制定文化培育的具体方案; (2)文化培育采用多方式、全方位、深层次地引导员工学习认知企业文化; (3)人事劳动部组织全体员工的企业文化培训。在培训中,人事劳动部明确各部门领导的职责,使其发挥带头作用,督促并帮助本部门员工学习企业文化; (4)总经理办公室负责加强企业文化宣传,可以以内部刊物、网站、快讯、宣传栏或其他形式的活动加强员工对企业文化的理解	无	企业文化活动培训	人事劳动部	部长
R4.1-10	企业未对企业文化进行评估,针对评估过程中发现的问题,研究影响企业文化建设的不利因素,分析深层次的原因,可能导致企业文化工作流于形式	CT4.1-1 CT4.1-3	CA4.1-10	建立企业文化评估机制。 工会属于内部监督,不参与公司的经营管理,但要负责企业文化的评估工作。每年对文化培育及管理程序的执行情况进行监督和评估; 工会进行企业文化评估时,应当关注以下几个方面: (1)董事、监事、经理及其他高层管理人员,在企业文化建设中的责任履行情况; (2)全体员工对企业核心价值观的认同感; (3)企业经营管理者行为与企业文化的一致性; (4)员工对企业未来发展的信心; (5)公司企业文化建设年度工作计划的执行情况	无	企业文化评估记录	相关部门	部门负责人

5 安 全 管 理

5.1 安全生产管理

1)流程目标概述

本流程规定了公司有关涉及公司安全生产方面的工作程序。旨在规范公司安全生产的各项具体工作,努力避免或降低公司在安全生产管理中存在的风险。

2)适用范围

适用于公司及所属单位。

3)相关制度

(1)《消防安全管理制度》

(2)《养护管理办法—安全生产及现场管理》

(3)《路政管理—高速公路安全设施管理办法》

(4)《收费管理—安全工作管理规范》

(5)《收费管理保通应急预案》

4)职责分工

(1)办公室职责

①制订公司安全管理指导方针。

②负责组织公司的安全保卫和消防工作。

(2)工程管理部职责

①负责监管建设项目的工程质量、进度安全管理工作。

②负责配合上级管理部门、集团和公司组织的项目建设阶段性检查和考核,全面掌握工程进展和质量动态,促进安全生产和文明施工。

③配合并参与上级管理部门质量安全大检查、集团半年度考核、公司月度考核等各项检查和考核工作,通过一系列阶段性检查和考核,全面掌握工程进展和质量动态,积极推动项目安全生产、文明施工和标准化建设。

(3)各企业董事长/总经理职责

①制定本企业安全管理工作制度、管理方法,执行国家、地方和行业有关安全管理的法律、法规和规章。

②按照公司《安全生产事故应急预案》建立相应的组织体系、安全预警预防机制和保障措施,明确相关机构职责,结合本企业具体业务情况,确定专门的安全管理机构和专职安全员或兼管机构和兼职安全员,明确安全管理机构和人员的职责。

③部署并落实施工或生产安全、人身安全和财产安全的管理工作,做到有计划、有落实、有检查、有总结。

④处理安全事故,承担安全事故的相应管理责任。

5)不相容职责——安全生产管理

如表5-1所示。

不 相 容 职 责 表 5-1

岗位职责	计划提出	审批	工作执行	安全工作监察
计划提出		X		X
审批	X		X	X
工作执行		X		X
安全工作监察	X	X	X	

注:X 表示不相容职责。

6)流程图

如图 5-1 所示。

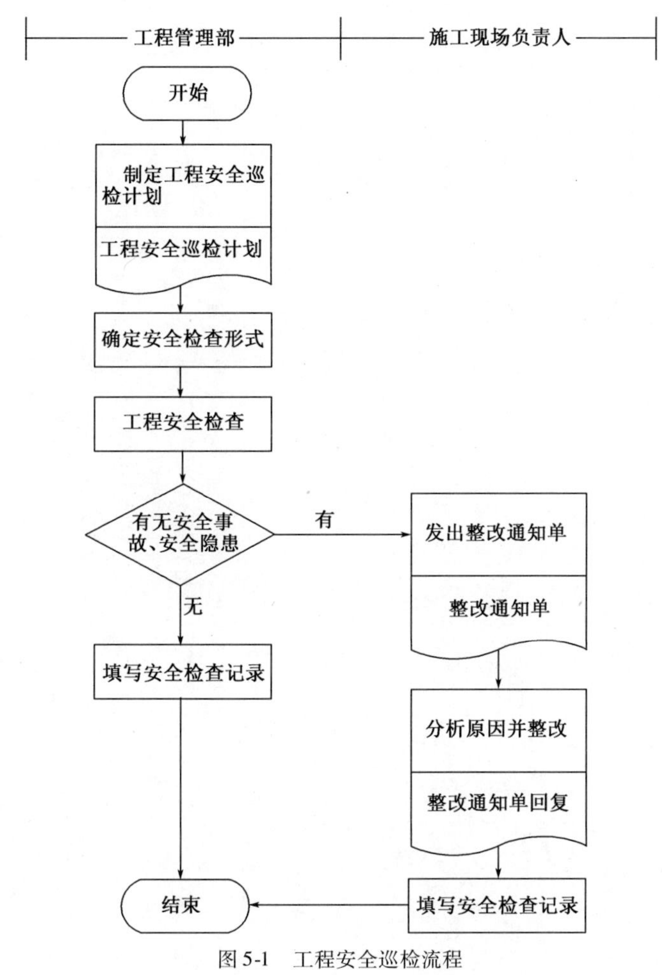

图 5-1 工程安全巡检流程

7)控制目标

如表 5-2 所示。

控 制 目 标 表 5-2

序号	《内部控制规范》具体控制目标编号	拟实现的内控目标	内控目标具体描述
1	CT5.1-1	合法合规性目标	保证公司安全生产管理符合国家有关法规和公司规章制度规定
2	CT5.1-2	财务报告目标	保证公司安全生产管理使财务公允
3	CT5.1-3	资产安全目标	保证公司安全生产管理所涉及的资金、资产的安全性
4	CT5.1-4	经营效率和效果目标	提升公司安全生产管理水平以促进公司经营效率与效果
5	CT5.1-5	发展战略目标	保证公司安全生产管理支持公司发展战略目标

8)控制矩阵

如表 5-3 所示。

控 制 矩 阵

表 5-3

风险编号	风险描述	对应控制目标编号	关键控制措施编号	控制措施	对应制度	控制痕迹	风险责任部门	风险责任岗位
R5.1-1	安全生产方针与目标设定不明确、不对等，可能导致公司安全生产工作的开展缺乏系统性和有效性	CT5.1-1 CT5.1-3	CA5.1-1	公司安全生产管理部门每年应设定明确的安全生产工作指导方针和安全生产目标，根据安全生产方针和目标制定年度安全生产工作计划及方案	无	年度安全生产工作方案及计划	基层单位、分公司办公室、公司办公室	基层单位负责人、各级办公室主任
R5.1-2	安全生产规程违反国家安全生产法律法规与相关要求，可能使企业受到相关监管部门的通报和查处，给企业造成经济及名誉损失	CT5.1-1 CT5.1-3	CA5.1-2	从事高速公路养护工程的监理、施工、监测等单位，必须切实树立“安全第一”的思想，全面、认真按照《公路养护安全作业规程》做好安全生产和现场管理	《养护管理办法—安全生产及现场管理》	制度文件	养护施工单位、基层单位养护科、公司养护部	施工单位负责人、基层单位养护科长、养护部长
R5.1-3	安全生产措施不到位、存在漏洞，责任不落实（比如安全设备设施管理不到位），可能导致生产安全事故发生，影响企业生产经营的顺利进行	CT5.1-1 CT5.1-3	CA5.1-3	项目开工前，相关责任部门应进行全面的安全检查，确保相关安全生产措施符合国家相关要求及标准； 项目施工过程中，相关责任部门应采取定期与不定期的施工安全检查，并对相关安全隐患提出整改措施	无	安全措施检查表	基层单位、施工单位、公司工程部	基层单位负责人、施工单位负责人、工程部长
R5.1-4	安全措施经费的投入不到位及该经费使用不当，可能致使安全隐患得不到及时有效地排除或控制	CT5.1-1 CT5.1-3	CA5.1-4	审计部每年应针对生产安全（包括施工、消防等）进行专项审计，其中对安全措施经费的使用进行审查，对不符合公司相关规定的事项进行上报，并要求及时整改	无	生产安全审计报告	审计部	部长
R5.1-5	安全生产缺乏组织保障，未明确岗位职责，可能导致安全管控不落实	CT5.1-1 CT5.1-3	CA5.1-5	施工安全由项目责任部门负责，其中部门负责人，施工现场负责人对施工安全措施的实施，施工安全检查及施工安全隐患整改负主要责任。 消防设施日常使用管理由专职管理员负责，专职管理员每日检查消防设施的使用状况，保持设施整洁、卫生、完好	《消防安全管理制度》	管理制度文件，岗位职责	基层单位、公司工程部、养护部、办公室	基层单位负责人、部长、主任
R5.1-6	未能定期或不定期对设施、装置等进行安全检查监督工作，可能无法排查安全生产隐患，影响日常生产安全	CT5.1-1 CT5.1-3	CA5.1-6	项目施工过程中，相关责任部门应采取定期与不定期的施工安全检查，并对相关安全隐患提出整改措施。 定期与消防工作归口管理部门联系，对消防设施及消防设备的技术性能进行技术检测，听取相关部门的意见建议，不断改进设备，并使设备保持完好的技术状态。 坚持预防为主的方针，定期分析安全工作形势，查找不安全因素和隐患，制定改进措施	《消防安全管理制度》	消防检测	基层单位、公司工程部、养护部、办公室	基层单位负责人、部长、主任

续上表

风险编号	风险描述	对应控制目标编号	关键控制措施编号	控制措施	对应制度	控制痕迹	风险责任部门	风险责任岗位
R5.1-7	未进行系统的安全教育与培训，可能造成人员安全意识淡薄、缺乏安全技能	CT5.1-1 CT5.1-3	CA5.1-7	公司应定期对项目施工管理人员（包括工程、养护及路产等涉及安全管理的部门员工）进行施工安全管理培训，加强施工安全意识，提升施工安全管理。 定期组织员工学习消防法规和各项规章制度，如消防知识问答等，做到依法治火。 对消防设施维护保养和使用人员应进行实地演示和培训。 定期进行安全教育，增强全体人员的安全意识	《消防安全管理制度》；《收费管理—安全工作管理规范》	培训记录	基层单位、公司工程、养护、通行费管理、机电运维、多经、路产、办公室	基层单位负责人、部长、主任
R5.1-8	对事故处理无应急管理机制，可能导致对事故无应急处理，造成损失的扩大	CT5.1-1 CT5.1-3	CA5.1-8	依据《中华人民共和国公路法》、《中华人民共和国收费公路管理条例》、《××省高速公路条例》、《××省高速公路车辆通行费管理办法》及公司有关收费管理规定，制定《收费管理保通应急预案》。 依据《中华人民共和国安全生产法》制定《施工安全应急预案》	《收费管理保通应急预案》《高速公路紧急事件应急救援预案》	应急预案	基层站队、分公司路产科和通行费管理科、公司路产部和通行费管理部	站队长、科长、部长
R5.1-9	因迟报、漏报、谎报或者瞒报生产安全事故被投诉，影响统计数据的真实性和准确性，无法满足信息统计和管理的需求，导致未对事故进行调查，无法获知事故信息，可能引起公共关系风险	CT5.1-1 CT5.1-3	CA5.1-9	发生事故案件必须如实、及时上报、查明原因，正确处理。对避重就轻、弄虚作假、不及时报告或隐瞒不报者，追究有关人员的责任	无	安全事故通知	基层单位、分公司路产科、公司路产部	基层单位负责人、科长、部长
R5.1-10	未形成事故总结书面记录，可能导致无历史参考文件，影响后续的事故防范	CT5.1-1 CT5.1-3	CA5.1-10	安全事故发生后及时对安全事故的发生原因进行整理及分析，并对相关安全制度进行修订，对安全隐患进行限期整改	无	安全事故分析	基层单位、分公司路产科、公司路产部	基层单位负责人、科长、部长
R5.1-11	公司未制定消防安全工作管理制度或程序，可能导致消防工作不能有序开展	CT5.1-1 CT5.1-3	CA5.1-11	根据国家颁布的《消防法》，为贯彻“以防为主，防消结合”的消防方针，保障公司的生产、财物和人身安全，制定《消防安全管理制度》	《消防安全管理制度》	制度文件	基层单位、分公司办公室、公司办公室	基层单位负责人、各级办公室主任
R5.1-12	公司每年末（在全公司范围）定期举办消防演练，造成相关岗位员工消防安全意识薄弱，可能影响对灾害事故的应急处理效果	CT5.1-1 CT5.1-3	CA5.1-12	定期组织员工学习消防法规和各项规章制度，如消防知识问答等，做到依法治火。对消防设施维护保养和使用人员应进行实地演示和培训	《消防安全管理制度》	消防演练计划	基层单位、分公司办公室、公司办公室	基层单位负责人、各级办公室主任

5.2 环 境 保 护

1)流程目标概述

本流程规定了公司社会责任管理当中的环境保护工作。旨在不断提高公司的环境管理,避免或降低公司在环境管理过程当中的风险。

2)适用范围

适用于公司及所属单位。

3)相关制度

无。

4)职责分工

(1)工程部

①负责对可能造成环境影响的风险源进行识别并编制环境保护办法。

②负责对下属项目施工过程中的环境问题进行汇总识别,并进行有效处理。

(2)下属项目公司

①负责严格执行公司环境管理办法,施工过程中对施工周边环境进行保护。

②负责结合上级单位要求,编制各自路段相应的环境管理指导办法。

5)不相容职责——环境保护

如表5-4所示。

不 相 容 职 表 表5-4

岗位职责	环境管理体系制度建立	环境管理体系制度审批	环境管理体系制度执行	监督检查
环境管理体系制度建立		X		
环境管理体系制度审批	X			
环境管理体系制度执行				X
监督检查			X	

注:X表示不相容职责。

6)控制目标

如表5-5所示。

序号	《内部控制规范》具体控制目标编号	拟实现的内控目标	内控目标具体描述
1	CT5.2-1	合法合规性目标	保证公司环境保护管理符合国家有关法规和公司规章制度规定
2	CT5.2-2	财务报告目标	保证公司环境保护管理使财务公允
3	CT5.2-3	资产安全目标	保证公司环境保护管理所涉及的资金、资产的安全性
4	CT5.2-4	经营效率和效果目标	提升公司环境保护管理水平以促进公司经营效率与效果
5	CT5.2-5	发展战略目标	保证公司环境保护管理支持公司发展战略目标

7)控制矩阵

如表5-6所示。

控制矩阵

表 5-6

风险编号	风险描述	对应控制目标编号	关键控制措施编号	控制措施	对应制度	控制痕迹	风险责任部门	风险责任岗位
R5.2-1	工程施工期间的高填深挖使沿线的植被遭到破坏，地表裸露，容易造成水土流失，影响生态系统的稳定性	CT5.2-1	CA5.2-1	在工程项目验收前，相关责任部门应检查工程沿线因施工被破坏的植被是否重新种植，相关生态环境是否已修复到可自然恢复的状态。对植被破坏严重的，施工沿线环境破坏恶劣的工程，一律不能通过验收	无	环境验收文件	工程管理部、养护管理部、路产管理部	部长
R5.2-2	施工时产生的施工废水和生活污水没有经过处理就排入河流中，可能造成水环境污染	CT5.2-1	CA5.2-2	公司相关责任部门应定期对施工现场进行检查，必须严格要求施工方在施工时产生的施工废水和生活污水均按国家要求排放。对无法达到要求的需要下发相关整改通知	无	环境检查记录、整改通知单	工程管理部、养护管理部、路产管理部	部长
R5.2-3	工程施工时产生的弃土弃渣没有很好的处理，可能导致处理不当，造成环境污染	CT5.2-1	CA5.2-3	施工前，公司相关责任部门应该审核施工方提交的施工方案中是否有对施工渣土填埋的相关方案，并审核其可行性； 施工中，公司相关责任部门在做例行检查时，应关注渣土填埋是否符合国家相关标准及要求。 验收前，公司相关责任部门应检查相关渣土填埋是否合规合法，施工现场是否清理完毕，方能进行验收程序	无	施工方案、检查记录、验收记录	工程管理部、养护管理部、路产管理部	部长
R5.2-4	公路施工和运营期间没有注重噪声、扬尘的影响，影响周边居民的正常休息和生活，可能导致居民投诉	CT5.2-1	CA5.2-4	公司应要求施工队施工和运营期间避免在正常休息时间工作，及时洒水减少扬尘。 公司相关部门在进行例行检查时(特别是停工期间)，应对沙土的遮盖措施进行检查，对违规现象要求即时整改	无	施工检查记录	工程管理部、养护管理部、路产管理部	部长
R5.2-5	在工程设计审核时没有经过充分的论证，可能导致设计不合理，造成大量占用耕地和土地资源的浪费	CT5.2-1	CA5.2-5	通过对拟建项目评价范围内的物理环境、生态环境、社会环境和生活环境质量现状的调查、监测及分析，对拟建项目在建设期和营运期给周围环境的影响进行预测和评价。根据拟建项目对环境的影响程度，从环境角度论证拟建项目选址及建设的可行性，并提出切实可行的环保措施及建议，使工程对环境造成的不利影响减至最低程度，达到项目建设与环境保护协调发展的目的	无	工程可行性研究报告	工程管理部、养护管理部、路产管理部	部长

6 财 务 管 理

6.1 银行账户与印鉴管理

1)流程目标概述

本流程规定了公司资金活动中的银行账户与印鉴管理,旨在完善公司银行账户的管理工作,规范银行账户的开立、变更、注销的具体要求,提高账户管理水平,加强财务监督,努力避免或降低公司在银行账户与印鉴管理环节中的风险。

2)适用范围

适用于公司及所属单位。

3)相关制度

(1)《资金拨付、报销程序和规定》

(2)《财务结算中心网上支付及资金结算管理办法》

(3)《关于加强现金、票据开支管理的有关规定》

4)职责分工

(1)财务结算中心—资金结算组

①负责资金结算、会计核算、资金归集、资金监控、账户管理、头寸管理。

②负责成员单位内部账户的开立、变更和撤销。

③负责中心银行结算账户的开立、变更和撤销。

④负责成员单位银行账户开立的审批工作。

(2)财务结算中心—结算组出纳

通过网上银行系统,每天定时查询中心账户的余额及收款情况,可以确认付款方资料的收款须填写预先入账通知书,并及时向银行索取回单。

(3)财务结算中心主任

①审核资金系统权限的规划。

②审核资金系统权限的申请或变更。

5)不相容职责——银行账户与印鉴管理

如表6-1所示。

不相容职责　　表6-1

岗位职责	账户业务申请	账户业务经办	账户业务审批	账户单据保管	账户检查
账户业务申请			X		
账户业务经办			X	X	X
账户业务审批	X	X		X	
账户单据保管		X	X		X
账户检查		X		X	

注:X表示不相容职责。

6)流程图

(1)公司银行账户开、销户及变更流程

如图6-1所示。

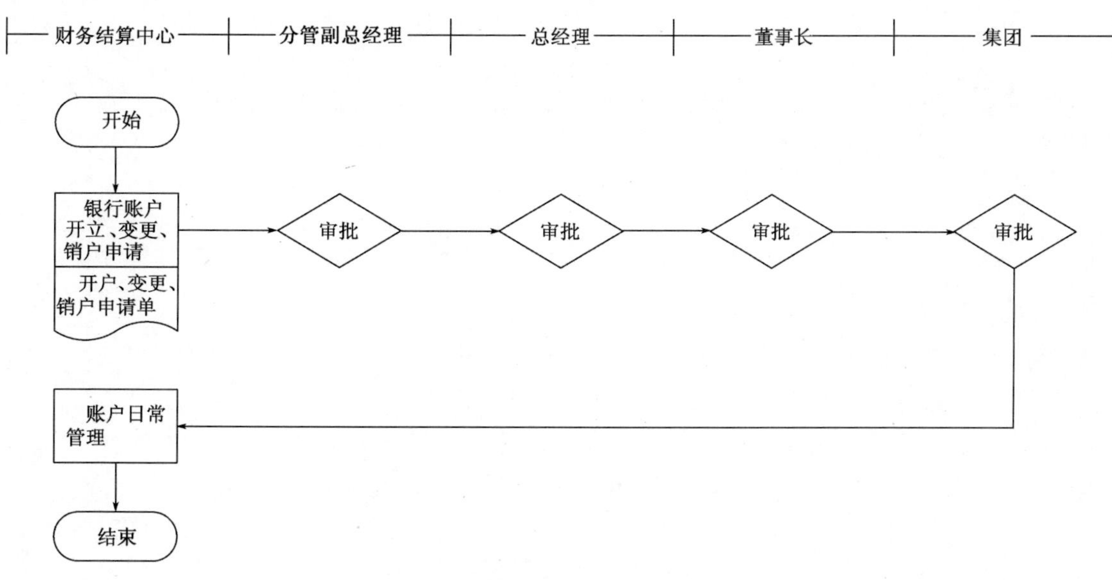

图6-1 公司银行账户开、销户及变更流程

(2)管理公司银行账户开、销户及变更流程

如图6-2所示。

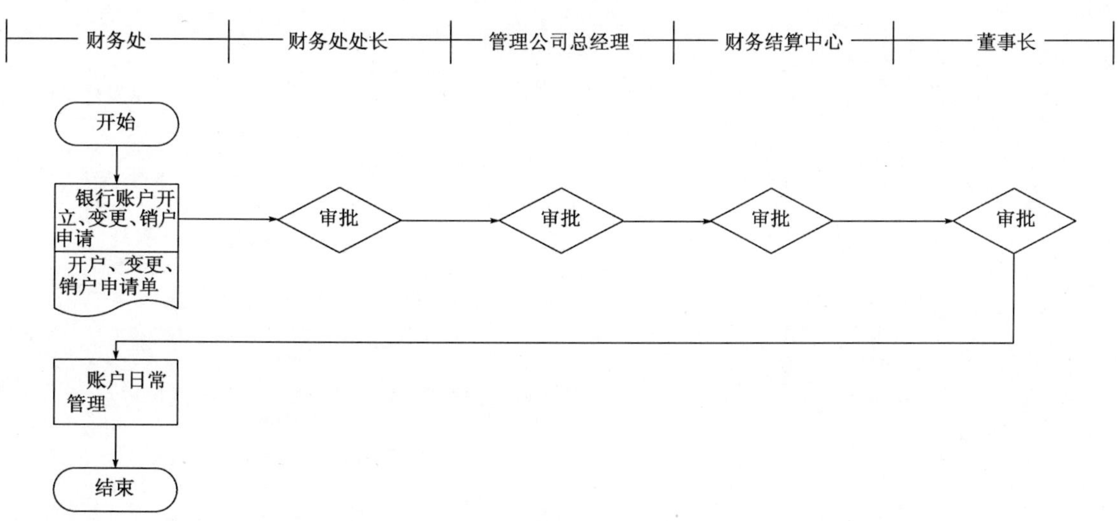

图6-2 管理公司银行账户开、销户及变更流程

(3)经营公司银行账户开、销户及变更流程

如图6-3所示。

(4)银行对账流程

如图6-4所示。

7)控制目标

如表6-2所示。

8)控制矩阵

如表6-3所示。

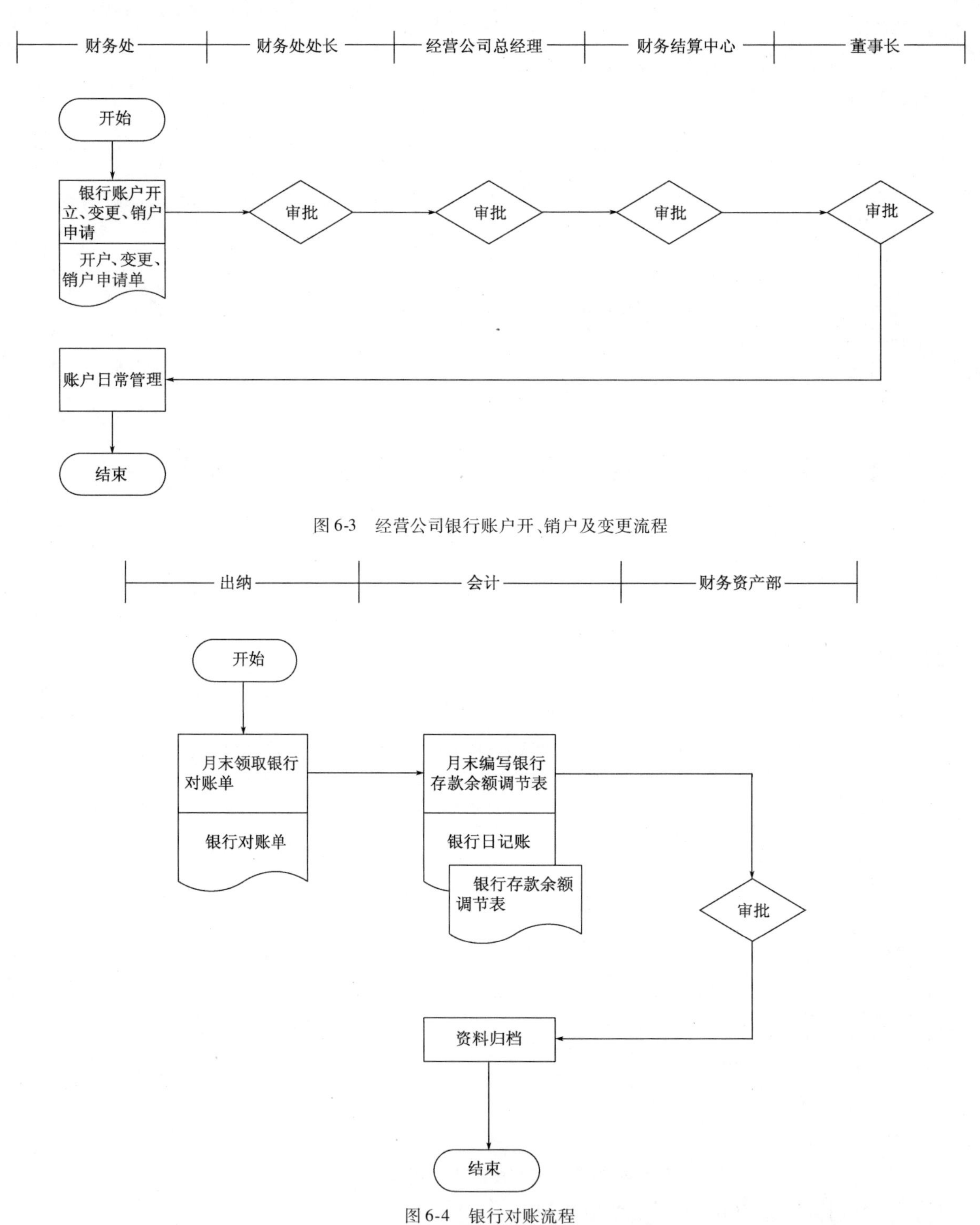

图 6-3　经营公司银行账户开、销户及变更流程

图 6-4　银行对账流程

控 制 目 标　　表 6-2

序号	《内部控制规范》具体控制目标编号	拟实现的内控目标	内控目标具体描述
1	CT6.1-1	合法合规性目标	保证公司银行账户与印鉴管理管理符合国家有关法规和公司规章制度规定
2	CT6.1-2	财务报告目标	保证公司银行账户与印鉴管理使财务公允
3	CT6.1-3	资产安全目标	保证公司银行账户与印鉴管理管理所涉及的资金、资产的安全性
4	CT6.1-4	经营效率和效果目标	提升公司银行账户与印鉴管理水平以促进公司经营效率与效果
5	CT6.1-5	发展战略目标	保证公司银行账户与印鉴管理管理支持公司发展战略目标

控制矩阵

表 6-3

风险编号	风险描述	对应控制目标编号	关键控制措施编号	关键控制措施	对应制度	控制痕迹	风险责任部门	风险责任岗位
R6.1-1	公司尚未建立系统的银行账户及印鉴管理制度或条款，可能导致银行账户及印鉴管理混乱	CT6.1-1 CT6.1-3	CA6.1-1	财务结算中心是在公司财务资产部内设置的，办理公司及所属各项目公司（部）、管理公司、经营公司等单位的资金收付、资金结算和存贷款业务管理的专门机构。 各成员单位资金通过财务结算中心账户体系存储、支付和清算。 各成员单位的资金，必须存入财务结算中心账户体系内的账户中。 财务结算中心在银行开立的收入专户作为各单位上解的通行费收入及其他收入账户；开设的贷款账户作为从银行获得统贷资金的账户；开设的结算账户作为各成员单位上存资金及集中支付的账户。 财务结算中心根据各成员单位的申请，为各成员单位在财务结算中心开设的内部账户，用于记录和反映其在财务结算中心的存款、贷款及资本金情况。 各成员单位在当地银行开设的备用金账户，主要用于支取现金、日常的小额管理费开支等，其账户存款余额低于核定的数额时，由成员单位提出委托支付申请，财务结算中心核实其内部账户上有足够的资金后，给予补足。 各成员单位在当地银行开设的收入专户主要指经营公司的经营收入、管理公司的路产赔偿收入及其他收入、管理公司所属收费站的通行费收入。 各成员单位在当地银行开设的零余额账户主要用于直接支付使用。 项目公司（部）与各施工单位签订合同后，施工单位开设用于工程款结算的银行账户需经项目公司（部）批准，并报财务结算中心备案。如发生变更、撤销应经项目公司（部）的批准，并及时通知财务结算中心	《财务结算中心网上支付及资金结算管理办法》	银行开户申请单和销户申请表	财务结算中心	主任

续上表

风险编号	风险描述	对应控制目标编号	关键控制措施编号	关键控制措施	对应制度	控制痕迹	风险责任部门	风险责任岗位
R6.1-2	违反公司规定出租出借银行账户,可能导致被国家银行监管部门处罚	CT6.1-1	CA6.1-2	公司应加强银行账户的管理,不得出租出借账户,不得通过本公司的账户为其他单位或个人办理与本公司经营业务无关的资金收付业务	无	银行账户清单、银行日记账	财务结算中心、财务资产部	部门负责人
R6.1-3	设立、变更或撤销银行账户未按规定审批,可能导致账户管理混乱,造成资金截留风险	CT6.1-3	CA6.1-3	财务结算中心是管理账户体系的职能部门,任何单位不得擅自设立、变更或撤销财务结算中心账户体系中的各类银行账户	《财务结算中心网上支付及资金结算管理办法》	已颁布的《财务结算中心网上支付及资金结算管理办法》	财务结算中心	主任
R6.1-4	公司未对下属各直属单位银行账户进行集中管控,可能导致下属单位银行账户管理混乱,产生资金风险	CT6.1-3 CT6.1-4	CA6.1-4	财务结算中心账户体系内的账户管理实行分级管理的原则: 财务结算中心在银行开立的账户和各成员单位在财务结算中心开立的内部账户由财务结算中心管理。 各成员单位在当地银行开立的备用金账户、收入专户由各成员单位管理,并报财务结算中心审批、备案,接受财务结算中心的监管。财务结算中心应定期对各成员单位的备用金账户进行梳理及检查。 各成员单位在当地银行开设的零余额账户由成员单位授权给财务结算中心管理	《财务结算中心网上支付及资金结算管理办法》	银行账户台账、银行账户检查记录	财务结算中心	主任
R6.1-5	银行存款的收支业务全程由一人负责办理,无他人审核、检查,可能导致银行存款被截留风险	CT6.1-1 CT6.1-4	CA6.1-5	银行支付工作流程: 审核、复核人员核对出纳人员填制的支付凭证与报销人经办人提交的信息,无误后加盖银行预留印鉴或经电子签名确认后提交银行付款,否则,退回上一级人员重审	银行支付工作流程	银行调节表编制及审批签字	财务资产部	部长
R6.1-6	银行存款管理违反国家法律、法规及企业内部规章制度要求,可能使企业遭受外部处罚,造成经济损失和信誉损失	CT6.1-1	CA6.1-6	审计部应定期对公司结算中心进行专项审计,检查公司银行存款的使用是否严格执行法律、法规及企业内部规章制度	无	审计报告	审计部	部长

续上表

风险编号	风险描述	对应控制目标编号	关键控制措施编号	关键控制措施	对应制度	控制痕迹	风险责任部门	风险责任岗位
R6.1-7	银行存款管理不善，可能导致资金被非法挪用，资金存放分散、不能统一集中使用，造成资金使用效率低下	CT6.1-4	CA6.1-7	公司银行存款、现金、其他货币资金管理工作流程，必须严格按《资金管理制度》《票据管理规定》和《关于报销与付款的规定》等相关规定执行	无	银行账户信息明细表	财务结算中心财务资产部	部门负责人
R6.1-8	资金使用及其支付手续违反公司内部规章制度，可能导致舞弊行为，给企业造成资产损失或使股东权益受损	CT6.1-1	CA6.1-8	财务结算中心资金调拨坚持专人密码操作、权限设定原则，即对于每一笔资金的划拨应在额度上设定权限，操作员必须有其专用密码，并与特定额度资金的调拨权限相呼应	《财务结算中心网上支付及资金结算管理办法》	资金支付相关会计凭证	财务结算中心	主任
R6.1-9	无用或失效的银行账户未及时办理销户，可能导致账户管理混乱	CT6.1-3 CT6.1-4	CA6.1-9	公司将每星期检查一次银行账户的资金存量（每个周一各项目公司将其账存资金额报公司财务资产部）。 结算中心每年对公司及下属单位银行账户进行审核及梳理，对长期不用的账户，结算中心应根据账户撤销流程对银行账户进行销户	《资金拨付、报销程序和规定》	银行账户信息明细表、账户撤销审批记录	财务资产部 财务结算中心	部门负责人
R6.1-10	出纳领取银行对账单并编制银行存款余额调节表，可能导致出纳违规调账，可能造成银行存款账实不符或舞弊	CT6.1-2 CT6.1-3	CA6.1-10	每月由会计人员编制银行存款余额调节表，并由财务资产部部长签字审核	会计核算工作流程	银行调节表编制及审批签字	财务资产部	部长
R6.1-11	每月末未核对银行存款日记账及银行对账单余额并及时调整银行存款未达账项，可能导致银行存款账实不符	CT6.1-2 CT6.1-3	CA6.1-11	出纳按月将银行日记账与银行对账单对账。每月由会计人员编制银行存款余额调节表，并由会计主管人员签字审核	会计核算工作流程	银行存款余额调节表	财务资产部	部长
R6.1-12	公司及下属单位未设置账户台账，公司及下属单位的开户行、账号、账户性质、开销户时间等记录不清晰，账户信息和管理混乱，未定期与银行核对账户信息，可能导致账户被非法使用或挪用账户资金	CT6.1-1	CA6.1-12	公司将每星期检查一次银行账户的资金存量（每个周一各项目公司将其账存资金额报公司财务资产部）。 项目公司和项目施工单位应以正式文件（或函件）的方式向公司报备所有银行账户（含基本户，注明收款单位、开户银行名称、银行地址、银行账号），公司向项目公司和项目施工单位支付工程用款时只向基本账户支付；账户变更时应及时书面报公司备案。 管理公司应以正式文件的方式向公司报备所有银行账户（含基本户，注明收款单位、开户银行名称、银行地址、银行账号），公司支付费用时只向基本账户支付；账户变更时应及时书面报公司备案	《资金拨付、报销程序和规定》	银行账户信息明细表	财务资产部 财务结算中心	部门负责人

续上表

风险编号	风险描述	对应控制目标编号	关键控制措施编号	关键控制措施	对应制度	控制痕迹	风险责任部门	风险责任岗位
R6.1-13	公司未规定现金使用限额，可能导致公司现金使用频繁，现金资金安全得不到保障；超过公司制度规定现金使用范围，受到金融监管部门的行政处罚	CT6.1-3	CA6.1-13	根据国务院《现金管理条例》的规定，属下列范围内的开支可使用现金支付，特殊原因超出规定范围使用现金的，需写出书面理由经分管领导和财务部门负责人批准后可用现金支付；否则一律使用转账支付。 （1）职工工资、各种工资性津贴。 （2）个人劳务报酬，包括稿费和讲课费及其他专门工作报酬。 （3）支付个人的各种资金，包括根据国家规定颁发给个人的各种科学技术、文化、艺术体育等各种奖金。 （4）各种劳保、福利费用以及国家规定的对个人的其他现金支出。 （5）出差人员必须随身携带的差旅费。 （6）非上述五项支出，结算金额在1000元以下的也可以使用现金支付。 （7）凡需要用现金20000元以上者，应提前半天通知财务部门	《关于加强现金、票据开支管理的有关规定》	现金日记账、相关会计凭证	财务资产部	部长
R6.1-14	网上银行密钥未分级保管，未按指定的网上银行交易范围进行交易，可能导致公司资金管理风险	CT6.1-1 CT6.1-3	CA6.1-14	网上结算操作程序根据不同的业务采取不同的操作流程。 财务结算中心账户及各成员单位备用金账户网上银行业务原则上设制单员、审核员、复核员三级审核制，如受银行网银操作系统功能限制不能设三级审核的，可设两级审核。 各成员单位网上结算业务设四级审核制，即成员单位设制单、复核两级，财务结算中心设审核、复核两级。 各成员单位的网上结算操作人员必须与要求报备的相一致，且财务部门负责人必须是操作人员	《财务结算中心网上支付及资金结算管理办法》	《财务结算中心网上支付及资金结算管理办法》	财务结算中心	主任
R6.1-15	网银密码、银行账户等信息保管不当被盗取或修改，造成资金被盗风险	CT6.1-3	CA6.1-15	为防止网上结算系统被盗用和阻止计算机病毒的侵入，公司网上结算系统的登录采用密码保护系统，公司资金支付、调拨实行密码及金额权限设定相结合的原则。 所有实行网上结算的单位，其操作计算机必须按规定安装杀毒软件	《财务结算中心网上支付及资金结算管理办法》	《财务结算中心网上支付及资金结算管理办法》	财务结算中心	主任

6.2 资金收支计划管理

1)流程目标概述

本流程规定了公司有关资金收支计划及结算的管理要求,旨在规范公司资金收支计划及结算的具体工作,避免或降低公司在资金管理过程中存在的风险。

2)适用范围

适用于公司及所属单位。

3)相关制度

(1)《资金拨付、报销程序和规定》

(2)《财务结算中心网上支付及资金结算管理办法》

4)职责分工

(1)财务资产部

依照公司年度计划,负责拟定相应的资金需求、预测计划和各种财务预算计划。

(2)财务资产部——资金管理岗位

①负责拟定资金管理制度和资金使用计划。

②负责公司收入资料的归集和收入核算工作。

③负责公司投资资金、负债及往来款的管理工作。

④负责结算和支付时对往来款的核对和抵减。

⑤负责资金的筹措、调度、控制和监督。

(3)财务结算中心——资金结算组工作

及时收集成员单位的大额资金收支计划,加强与资金计划组的信息沟通,密切注意开户银行存款余额变化情况,编制头寸预测表,在确保满足日常支付结算的同时尽量减少备付资金沉淀,提高资金周转效率。

(4)财务资产部——资金计划信贷组工作

①根据中心资金头寸和成员单位的资金需求,调剂资金余缺,办理内部流动资金贷款业务。

②根据总公司的授权,办理票据代理贴现业务。

③认真核算资金成本和效益,负责筹资方案的制定和比较,供领导决策。

(5)财务结算中心主任

①审批各单位报送的资金预算。

②审核分子公司之间内部资金调拨。

③审核资金预算范围外的资金调拨。

④审核筹资、投资计划。

(6)董事长

①审批分子公司之间大额的内部资金调拨。

②审批资金预算范围外的资金调拨。

③审批筹资、投资计划。

5)不相容职责——资金收支计划管理

如表6-4所示。

6)流程图

如图6-5所示。

不相容职责 表 6-4

岗位职责	申请	审批	资金支付	账簿登记	稽核
申请		X			X
审批	X		X		X
资金支付		X		X	X
账簿登记			X		X
稽核	X	X	X	X	

注:X 表示不相容职责。

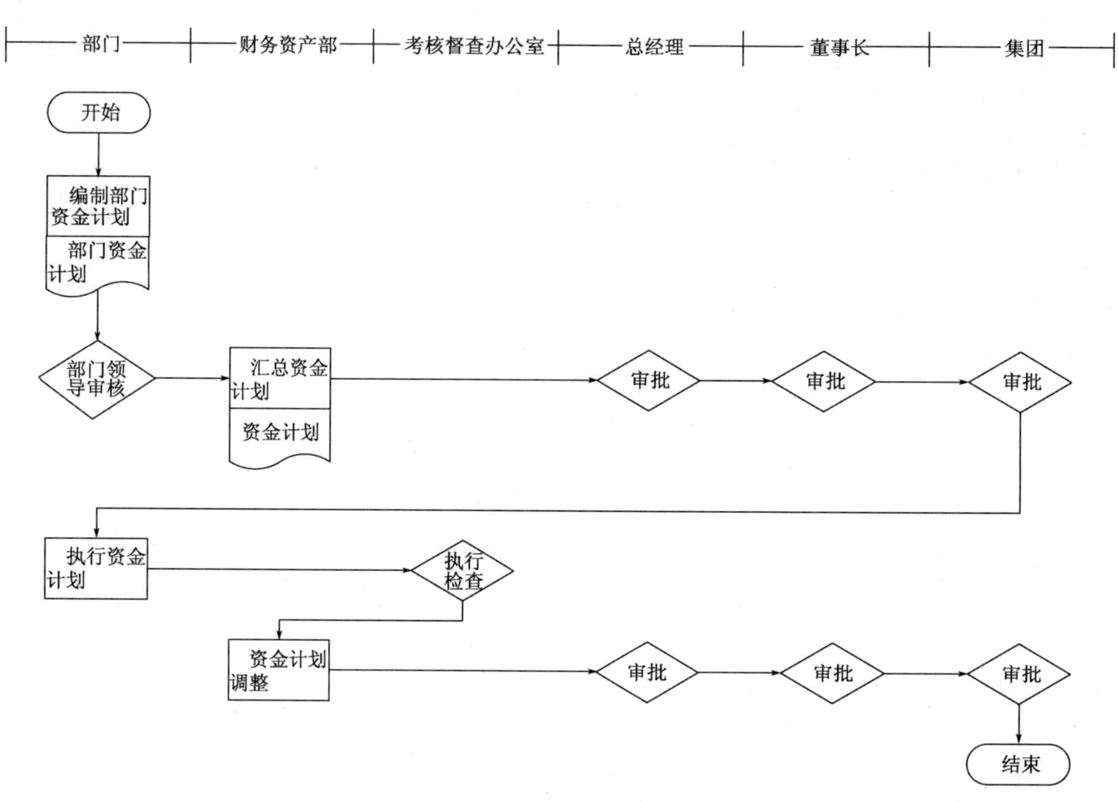

图 6-5 资金收支计划编制流程

7)控制目标

如表 6-5 所示。

控制目标 表 6-5

序号	《内部控制规范》具体控制目标编号	拟实现的内控目标	内控目标具体描述
1	CT6.2-1	合法合规性目标	保证公司资金收支计划管理符合国家有关法规和公司规章制度规定
2	CT6.2-2	财务报告目标	保证公司资金收支计划管理使财务公允
3	CT6.2-3	资产安全目标	保证公司资金收支计划管理所涉及的资金、资产的安全性
4	CT6.2-4	经营效率和效果目标	提升公司资金收支计划管理水平以促进公司经营效率与效果
5	CT6.2-5	发展战略目标	保证公司资金收支计划管理支持公司发展战略目标

8)控制矩阵

如表 6-6 所示。

控制矩阵

表6-6

风险编号	风险描述	对应控制目标编号	关键控制措施编号	关键控制措施	对应制度	控制痕迹	风险责任部门	风险责任岗位
R6.2-1	各单位未按公司制度规定，及时报送资金收款计划和付款计划，可能导致公司资金收付与合同不一致，影响公司利益和信誉	CT6.2-1 CT6.2-4	CA6.2-1	建设项目公司资金拨付程序及规定： 每年最迟10月底将经财务总监签后的下年度投资预算和全年各月的用款计划报公司批准。 管理公司(或内设分支机构，下同)资金拨付的程序和规定： 每年最迟10月底将下年度财务预算和全年各月的用款计划报公司。 公司机关本部资金拨付、报销的程序及规定： 预算内专项工程、大修工程、固定资产构建支出，年度预算下达后10天内业务部门需向财务资产部报全年的用款计划，实际执行中资金需求有变动的需提前10天向财务资产部提出调整计划的方案，财务资产部按用款计划准备资金；不属于以上范围用途的资金可不报用款计划。 各成员单位应于每年10月30日前将下年用款计划报送公司财务资产部，同时抄报财务结算中心。于每月20日前报送下月用款计划。每月10日前按照当月实际用款需求报送用款申请，经批准后作为拨款或贷款依据	《资金拨付、报销程序和规定》《财务结算中心网上支付及资金结算管理办法》	各单位报送的年度用款计划、月度用款计划	各单位、部门	负责人
R6.2-2	各单位经办人操作失误或责任心不强，审核人员审核不严格，可能导致所提交的资金收支计划不准确，导致资金收支计划与业务合同不符，影响公司利益和信誉	CT6.2-1 CT6.2-4	CA6.2-2	资金计划分为年度资金计划、月资金计划及特殊期间资金预算。相关编制资金计划单位应于每年10月31日前、每月指定日将上述资金计划/预算报公司财务资产部，财务资产部根据公司的收支情况与各单位报的资金计划/预算，编制公司资金计划/预算，并报财务资产部和总经理核准后执行	无	各单位报送收支计划及单位领导审批文件	各单位、部门	负责人
R6.2-3	资金收支计划未经公司规定的程序审核、审批，可能导致资金收支计划缺乏执行效力	CT6.2-1 CT6.2-4	CA6.2-3	建设项目公司资金拨付程序及规定： 根据批准的投资预算及用款计划，每月20日前向公司财务资产部报下月用款计划。月初按实际需要向公司报当月资金使用计划(分资本金和银行贷款并简要说明支付款项的分项内容和金额)，先由工程管理部、财务资产部审核同意，然后再报总经理批准，用款计划文件存财务资产部作为当月筹款、拨款和贷款的依据	《资金拨付、报销程序和规定》	公司资金预算及相关审批文件	财务资产部 财务结算中心	部门负责人

续上表

风险编号	风 险 描 述	对应控制目标编号	关键控制措施编号	关键控制措施	对应制度	控制痕迹	风险责任部门	风险责任岗位
R6.2-3	资金收支计划未经公司规定的程序审核、审批,可能导致资金收支计划缺乏执行效力	CT6.2-1 CT6.2-4	CA6.2-3	管理公司(或内设分支机构,下同)资金拨付的程序和规定: 根据公司下达的财务预算或省控预算资金拨付的相关批文,每月5日前根据当月实际需用资金量向公司报送资金使用计划(注明资金的分项用途),先由财务资产部和相关业务部门审核会签再报总经理批准,然后存财务资产部作为当月筹款、拨付款的依据。 公司机关本部资金拨付、报销的程序及规定: 预算内财务开支将严格控制,年度预算批准后,将分解下达到各部门,以部门作为预算控制的责任主体。预算内财务开支实际付款、结算、报销时,按预算的责任主体先由预算责任业务部门、部门分管领导和财务资产部会签,然后按预算的类别和金额大小分别呈送领导签字	《资金拨付、报销程序和规定》	公司资金预算及相关审批文件	财务资产部 财务结算中心	部门负责人
R6.2-4	资金付款未按资金付款计划执行或计划外付款未经特别审批,可能削弱资金计划的刚性和扰乱公司正常资金安排	CT6.2-1 CT6.2-4	CA6.2-4	建设项目公司资金拨付程序及规定: 计划外专项用款,需向公司提交专项用款请示,经相关业务部门审定和总经理批准后,该请示作为专项用款的拨款依据。 公司机关本部资金拨付、报销的程序及规定: 预算外开支原则上不批,确实需要的分类处理;经批准后做预算调整处理,其资金支付程序和规定与预算内资金相同	《资金拨付、报销程序和规定》	预算内/外付款申请单、审批单	财务资产部 财务结算中心	部门负责人
R6.2-5	资金调度计划不合理、营运不畅,可能导致企业陷入财务困境或资金冗余	CT6.2-1 CT6.2-4	CA6.2-5	财务结算中心应每月进行资金计划执行情况分析,对资金计划的准确性做相关分析及后续预测,特别针对款项未能及时回收的,应该分析相关原因并进行跟踪,保证公司资金有效调度,合理保证公司正常运营	无	资金计划执行情况分析报告	财务结算中心	主任

6.3 税费及票据管理

1)流程目标概述

本流程规定了公司资金活动中的税费管理和票据管理的工作,旨在保证税务相关事项会计核算完整及时准确,费用支付正确且记录真实有效,相关票据、单据资料妥善保管,保证税费工作的合法合规,努力避免或降低公司在税费及票据管理环节中的风险。

2)适用范围

适用于公司及所属单位。

3)相关制度

(1)《税务风险管理制度》

(2)《税务发票及财务专用票据管理规定》

4)职责分工

(1)财务资产部部长职责

①对税务申报表进行审批。

②定期举办办税人员税收知识培训班,安排财务人员参加培训。

(2)财务资产部——出纳岗位职责

①认真执行公司支票、汇票管理制度。

②负责办理贷款、开信用证等相关事宜。

③负责保管各种有价证券、有关印章、空白支票和汇票。

④负责及时清查支票、汇票领用人报销情况并作登记。

(3)财务资产部——会计岗位职责

①正确及时进行各项税种的具体计算、申报、审核、缴纳(含代扣代缴)等管理工作。

②负责与税务机关和上级主管部门的接洽、协调和沟通工作。

③按照规定进行税务登记、变更及年检的管理工作。

5)不相容职责——税费与票据管理

如表6-7所示。

不相容职责　　表6-7

岗位职责	核算与申报	开具发票	稽核与审核	记账	监察
核算与申报			X		X
开具发票			X		X
稽核与审核		X			X
记账			X		X
监察	X	X	X	X	

注:X表示不相容职责。

6)流程图

(1)发票管理流程。

如图6-6所示。

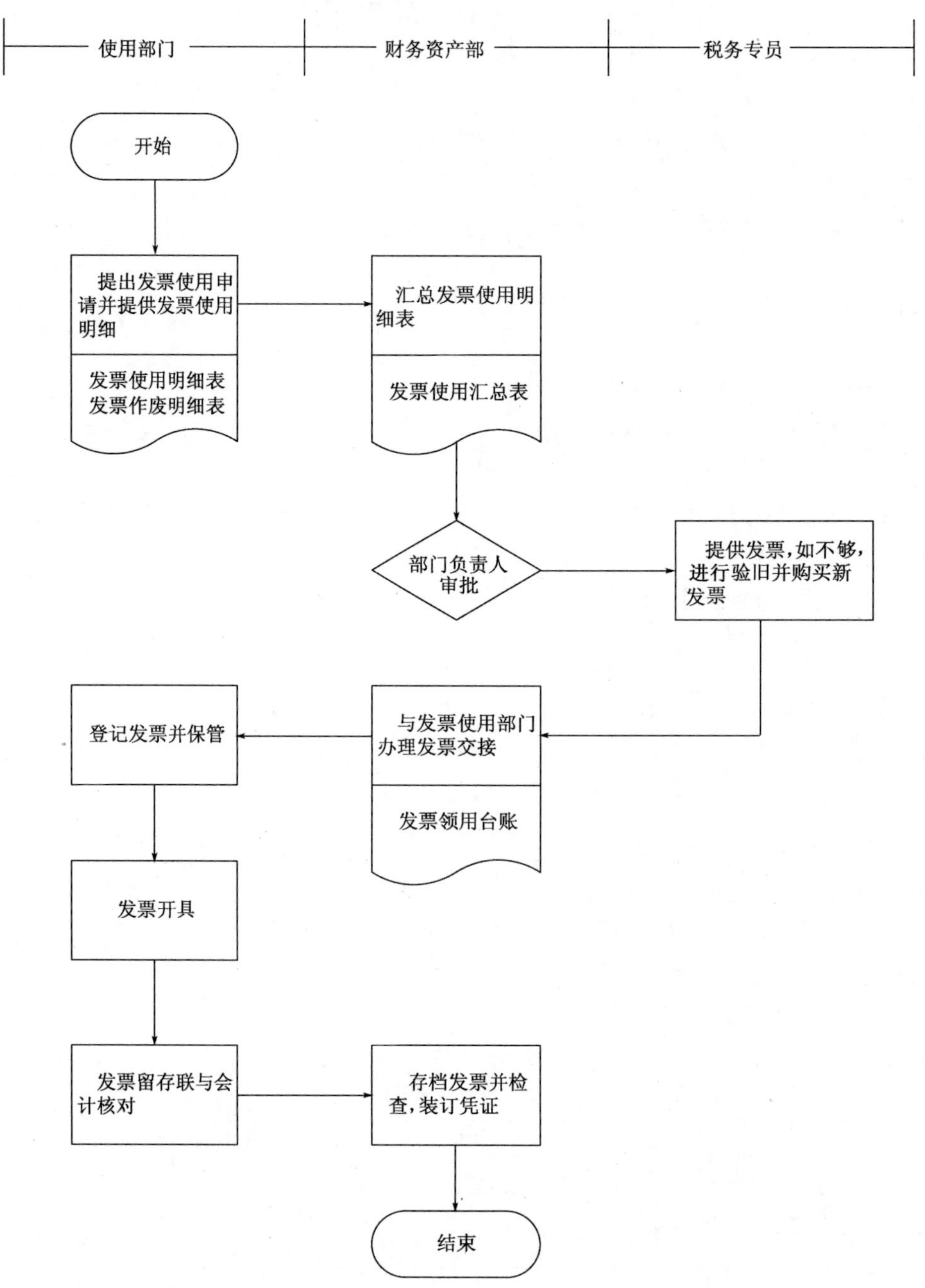

图 6-6 发票管理流程

(2)支票管理流程

如图 6-7 所示。

7)控制目标

如表 6-8 所示。

8)内部控制矩阵

如表 6-9 所示。

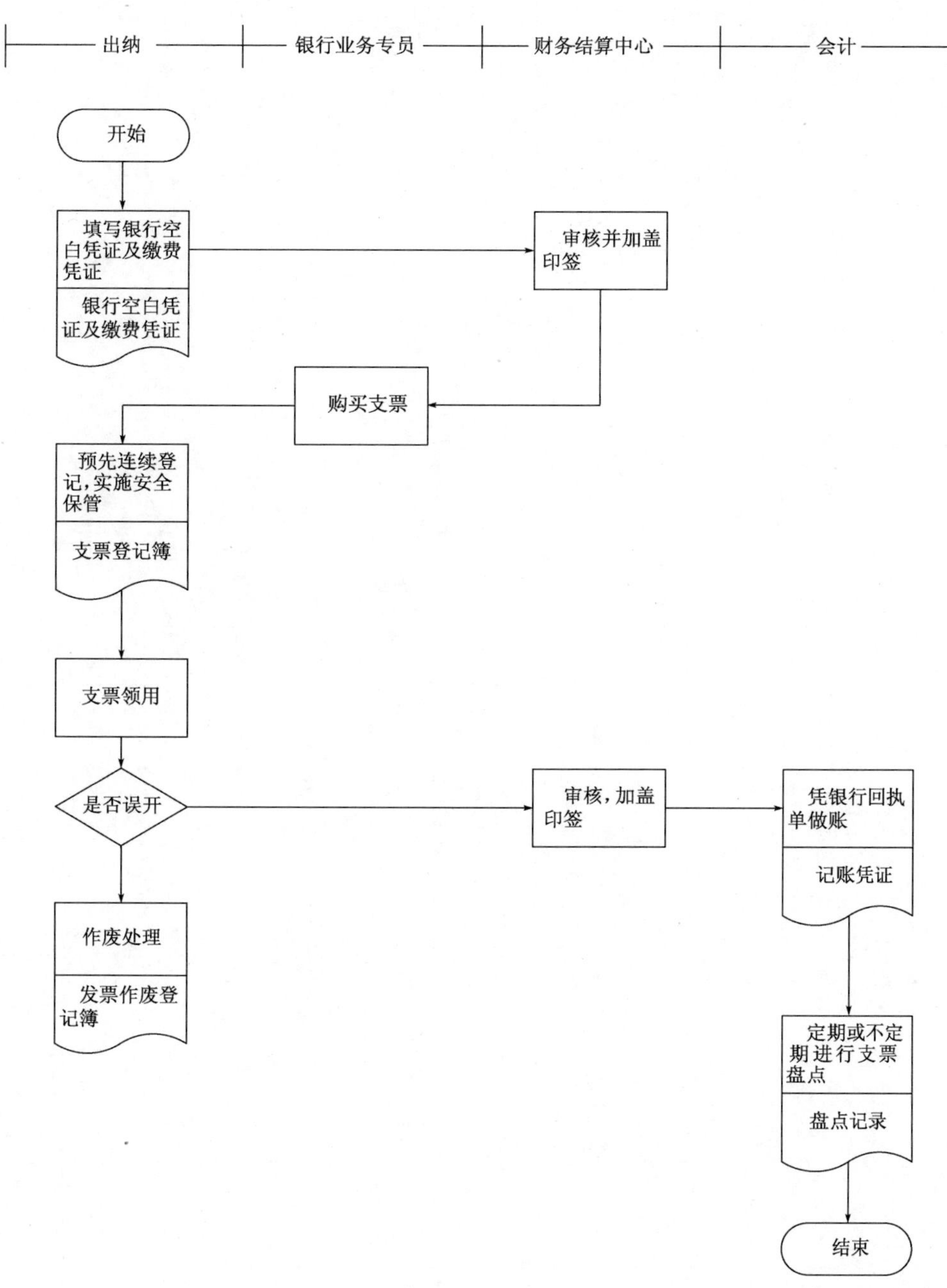

图6-7 支票管理流程

控制目标 表6-8

序号	《内部控制规范》具体控制目标编号	拟实现的内控目标	内控目标具体描述
1	CT6.3-1	合法合规性目标	保证税费与票据管理符合国家有关法规和公司规章制度规定
2	CT6.3-2	财务报告目标	保证税费与票据管理使财务公允
3	CT6.3-3	资产安全目标	保证税费与票据管理所涉及的资金、资产的安全性
4	CT6.3-4	经营效率和效果目标	提升税费与票据管理水平以促进公司经营效率与效果
5	CT6.3-5	发展战略目标	保证税费与票据管理支持公司发展战略目标

表 6-9

内部控制矩阵

风险编号	风险描述	对应控制目标编号	关键控制措施编号	控制措施	对应制度	控制痕迹	风险责任部门	风险责任岗位
R6.3-1	未按照相关税法规定的期限，及时、准确进行纳税申报，可能导致补缴税款及滞纳金，造成公司经济损失	CT6.3-1 CT6.3-2 CT6.3-4	CA6.3-1	财务资产部副部长主管税务管理组工作，组织公司日常纳税管理工作： （1）依据公司经营活动纳税环节进行税务制度化建设与监督，按照授权审批流程开展工作； （2）组织经办人员办理纳税申报、税款缴纳以及相关税务管理报表的报送工作，对税务信息的真实性和及时性承担直接责任； （3）及时做好各项税务资料的准备和报备，使涉税事项的具体操作符合税法规定。 （4）负责组织税务会计核算，并使税务事项的会计处理符合会计准则以及相关法律法规； （5）组织税务档案管理工作，保证税务资料和财会原始资料的归档资源共享和安全、完整；	《税务风险管理制度》	纳税申报表	财务资产部	部长
R6.3-2	伪造、修改、毁损记账凭证、完税凭证及其他有关涉税资料，可能导致税务机关查处	CT6.3-1 CT6.3-3 CT6.3-4	CA6.3-2	填写票据时，应按票据号码顺序使用，填写必须真实、准确、完整、清晰。填写项目必须齐全，包括开票日期、付款方名称、收款项目、金额大小写、开票人和发票专用章加盖等。不得涂改、挖补、撕毁、划写或填写与票据无关内容；如填写错误，应加注作废字样整套保存，以备查验。 税务凭证和记账凭证需及时完整归档，并妥善保管	《税务发票及财务专用票据管理规定》	记账凭证、完税凭证及相关资料	财务资产部	部长
R6.3-3	未按国家有关税收法律法规正确计提、核算各种税金并进行账务处理，可能导致税务核算不准确	CT6.3-1 CT6.3-2 CT6.3-4	CA6.3-3	公司树立遵纪守法、诚信纳税的税务风险管理理念，增强员工的税务风险管理意识，将其作为企业文化建设的一个重要组成部分。对可能引起公司涉税风险的行为，任何单位和个人可以举报。公司为检举人保密，并酌情给予奖励	《税务风险管理制度》	纳税申报文件记录	财务资产部	部长
R6.3-4	各类资产损失经审批后未及时向主管税务机关部门审批备案，可能导致资产损失无法在税法规定的范围内进行税前扣除，造成公司多缴税款	CT6.3-1 CT6.3-2 CT6.3-4	CA6.3-4	做好企业所得税汇算清缴工作，建立资产损失税前扣除、以前年度亏损弥补、纳税调整事项台账，做好资产损失税前扣除审批、规范税前扣除、调整有关纳税项目，认真核实确认并正确填写报送年度申报表、财务报表汇算资料等相关资料	无	资产损失审批文件及相关账务处理记录	财务资产部	部长

续上表

风险编号	风险描述	对应控制目标编号	关键控制措施编号	控制措施	对应制度	控制痕迹	风险责任部门	风险责任岗位
R6.3-5	违反国家税收法律、法规的要求，可能使企业遭受外部处罚，造成经济及名誉受损	CT6.3-1	CA6.3-6	公司树立遵纪守法、诚信纳税的税务风险管理理念，增强员工的税务风险管理意识，将其作为企业文化建设的一个重要组成部分。对可能引起公司涉税风险的行为，任何单位和个人可以举报。公司为检举人保密，并酌情给予奖励	《税务风险管理制度》	纳税申报文件资料及相关审核文件	财务资产部	部长
R6.3-6	税务核算不及时、不准确，可能导致财务报表错报和税务信息披露不真实、不完整	CT6.3-1	CA6.6-7	财务资产部副部长主管税务管理组工作，组织公司日常纳税管理工作： （1）依据公司经营活动纳税环节进行税务制度化建设与监督，按照授权审批流程开展工作； （2）组织经办人员办理纳税申报、税款缴纳以及相关税务管理报表的报送工作，对税务信息的真实性和及时性承担直接责任； （3）及时做好各项税务资料的准备和报备，使涉税事项的具体操作符合税法规定； （4）负责组织税务会计核算，并使税务事项的会计处理符合会计准则以及相关法律法规； （5）组织税务档案管理工作，保证税务资料和财会原始资料的归档资源共享和安全完整	《税务风险管理制度》	纳税申报文件资料及相关审核文件	财务资产部	部长
R6.3-7	在合理利用税法实施税务筹划来降低整体税负方面，公司未形成有效规划和措施，可能无法提高公司税务效益	CT6.3-1 CT6.3-4 CT6.3-5	CA6.3-8	资产财务部内设税务管理组，组织实施公司税务风险的识别、评估，监测日常税务风险并采取应对措施，以降低公司纳税成本，合理管控税务风险，保证公司依法履行纳税义务，避免发生因未遵循税法而遭受法律制裁、出现财务损失及声誉伤害	《税务风险管理制度》	税务筹划分析报告	财务资产部	部长
R6.3-8	未按公司制度规定及时领用发票，可能导致开票不及时，造成公司收款被延迟	CT6.3-4	CA6.3-9	公司各业务部门有对外收款业务且属应税收入，需使用发票时，应将预计收款金额及收取款项的内容提前3天通知财务资产部，并提前1天到财务资产部办理领取票据手续	《税务发票及财务专用票据管理规定》	发票领购簿	财务资产部	部长

续上表

风险编号	风险描述	对应控制目标编号	关键控制措施编号	控制措施	对应制度	控制痕迹	风险责任部门	风险责任岗位
R6.3-9	未对发票的领用进行登记，发票管理混乱，可能导致发票丢失、盗开等，受到税务部门处罚，公司遭受经济损失	CT6.3-1 CT6.3-3	CA6.3-10	各公司财务部门要指定专人负责票据的领取、发放、保管、登记和缴销工作。票据管理人员报财务资产部备案。各单位要按票据种类分别建立票据使用备查账，对票据的领用、发放、缴销进行逐笔登记。各公司的票据由票据管理员领取。初次领用，各公司根据实际票据耗用及周转情况，向公司财务资产部领取票据。再次领用按照缴旧换新的原则。持已使用发票的存根联到财务资产部办理登记、签字缴销后方可领用新的票据	《税务发票及财务专用票据管理规定》	《发票领用登记簿》	财务资产部	部长
R6.3-10	未按国家法律规定开具、保管发票，可能导致受到税务部门的处罚	CT6.3-1	CA6.3-11	票据只准公司及各下属单位使用，严禁借用、转让、转售、代开票据；严禁携带空白票据到非管理辖区外使用，不得邮寄空白票据	《税务发票及财务专用票据管理规定》	罚款记录	财务资产部	部长
R6.3-11	未按公司制度规定定期盘点发票，可能导致发票被盗开、丢失未被发现	CT6.3-1 CT6.3-3	CA6.3-12	票据归口管理部门为公司财务资产部。其负责上述票据的印制、领取、发放、保管、登记和缴销工作，每年不定期对各下属单位票据使用情况进行抽查	《税务发票及财务专用票据管理规定》	发票盘点表	财务资产部	部长

6.4 资金使用和费用支出管理

1)流程目标概述

本流程规定了公司有关资金使用的费用支出的管理要求,旨在规范公司资金使用和费用支出的工作流程,努力避免或降低公司在资金使用和费用支出管理中的风险。

2)适用范围

适用于公司及所属单位。

3)相关制度

(1)《关于加强现金、票据开支管理的有关规定》

(2)《关于加强现金、支票管理的补充规定》

(3)《资金拨付、报销程序和规定》

(4)《差旅费管理办法》

4)职责分工

(1)用款经办人职责

①填写付款申请单、费用报销单,注明款项的用途、金额、预算、支付方式等。

②附相关附件:计划、发票、入库单等原始凭证,粘贴要规范、工整。

(2)申请部门主管职责

核实该付款事项的真实性,对该项付款金额合理性提出初步意见。

(3)财务资产部长职责

①在自己核决权限范围内进行审批。

②对超过核决权限范围的付款事项审核后转上一级核决人审批。

(4)财务资产部——费用管理职责

①负责制定费用管理的相关办法。

②负责公司各种费用资料的归集和费用核算工作。

③负责公司费用分析工作。

④负责对派出财务总监和委派会计提出的费用开支问题进行处理。

⑤负责对所属公司的费用核算工作进行指导。

⑥对费用科目的设置和核算提出改进意见。

⑦负责公司发票的领取和管理。

5)不相容职责——资金使用与费用支出管理

如表6-10所示。

不相容职责 表6-10

岗位职责	申请	审批	付款	记账	稽核
申请		X		X	X
审批	X		X	X	X
付款		X		X	X
记账	X	X	X		X
稽核	X	X	X	X	

注:X表示不相容职责。

6)流程图

(1)费用报销流程

如图 6-8 所示。

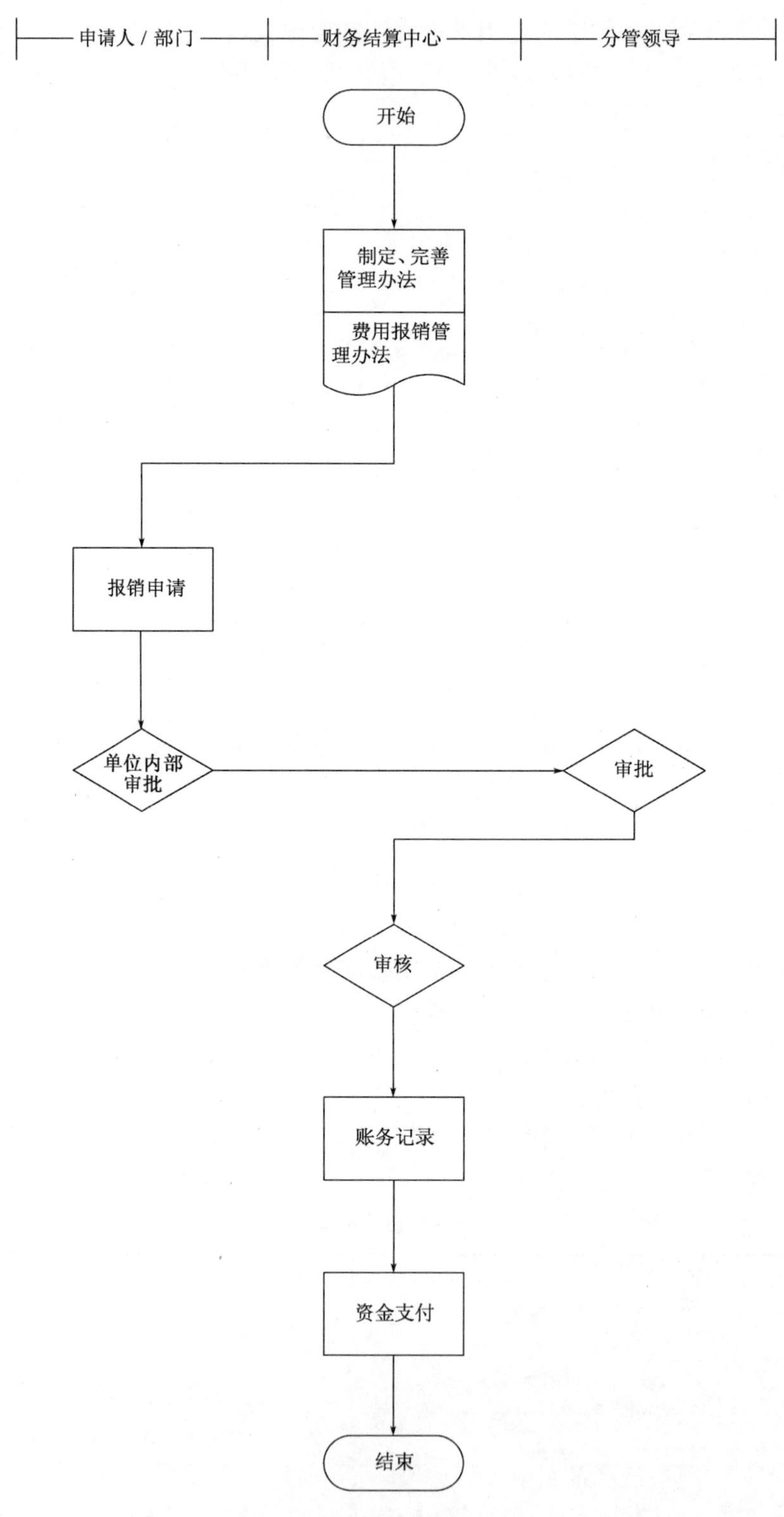

图 6-8　费用报销流程

(2)备用金申请流程。

如图6-9所示。

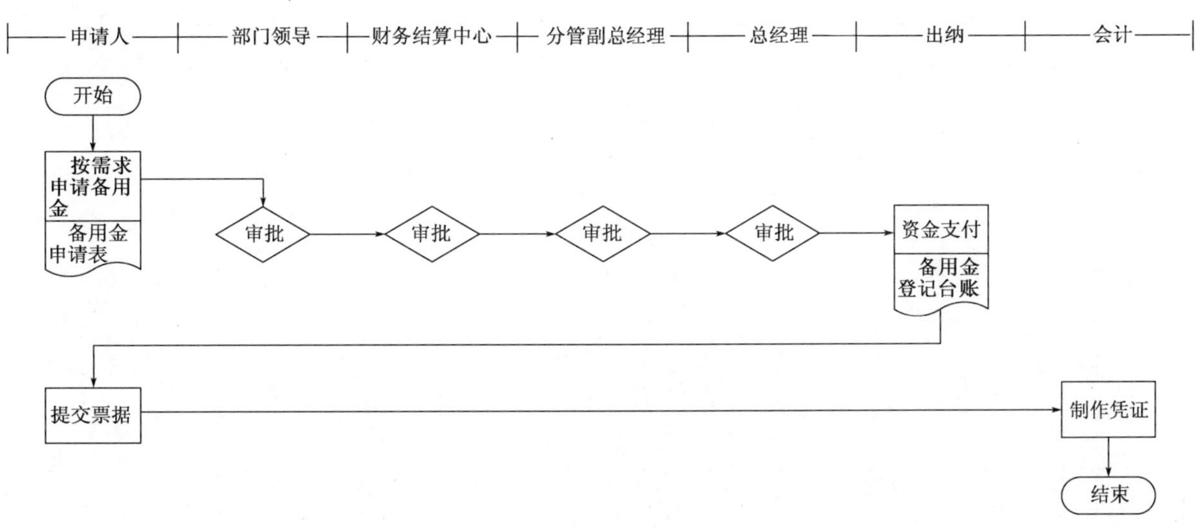

图6-9 备用金申请流程

7)控制目标

如表6-11所示。

控制目标 表6-11

序号	《内部控制规范》具体控制目标编号	拟实现的内控目标	内控目标具体描述
1	CT6.4-1	合法合规性目标	保证资金使用与费用支出管理符合国家有关法规和公司规章制度规定
2	CT6.4-2	财务报告目标	保证资金使用与费用支出管理使财务公允
3	CT6.4-3	资产安全目标	保证资金使用与费用支出管理所涉及的资金、资产的安全性
4	CT6.4-4	经营效率和效果目标	提升资金使用与费用支出管理以促进公司经营效率与效果
5	CT6.4-5	发展战略目标	保证资金使用与费用支出管理支持公司发展战略目标

8)内部控制矩阵

如表6-12所示。

控 制 矩 阵

表 6-12

风险编号	风 险 描 述	对应控制目标编号	关键控制措施编号	关键控制措施	对应制度	控制痕迹	风险责任部门	风险责任岗位
R6.4-1	出纳人员办理资金收支业务依据的原始凭证有瑕疵,如不合规、未经恰当审核、审批,可能导致付款错误或虚假报销	CT6.4-1 CT6.4-2 CT6.4-3 CT6.4-4	CA6.4-1	(1)办妥报销或支付手续后,经办人员(或客户)须提供书面的收款单位全称、开户银行及银行账号(格式另附)。 (2)严格控制办理委托付款,因特殊原因确需办理委托付款的,必须征得公司领导和财务部门负责人同意,并办妥合法的授权书后方可办理,授权书作为重要支付凭证。 (3)办理报销或支付手续时,除需按规定由相关领导和部门负责人签字外,经办人还须提供相应的原始单据(发票、收据等)、签呈、合同、支付证书等支付依据。 (4)原始单据应完好无损,凡有奖发票应保留有奖单据联。 (5)从外单位取得的原始单据必须真实、合法、完整,发票抬头必须为付款单位全称,单位、数量、金额、合计必须相符,大小写金额一致,且印章清晰(印章必须是财务专用章或发票专用章,且盖在发票正面)。购买非固定资产的物品,如发票未注明具体数量、单价的,应附有购物清单。 (6)报销差旅费时应使用公司统一规格的差旅费报销单并按表格要求填写。 (7)原始凭证要分类、整理后粘贴,粘贴单上的报销经办人员必须是本单位人员签字,写明附件张数和金额。报销金额不得涂改,其验收或证明人员应由各部门主要负责人签字确认。 (8)粘贴单必须使用公司统一规格的粘贴单分类粘贴,且粘贴的原始单据不应超出粘贴单	《关于加强现金、票据开支管理的有关规定》	相关会计凭证	财务资产部	部长
R6.4-2	超过规定标准的大额现金支付未凭相关文件提前向财务管理部预约,可能导致现金短缺,影响工作开展	CT6.4-1 CT6.4-3 CT6.4-4	CA6.4-2	根据国务院《现金管理条例》的规定,属可开支范围的可使用现金支付,特殊原因超出规定范围使用现金的,需写出书面理由经分管领导和财务部门负责人批准后可用现金支付;否则一律使用转账支付。 凡需要用现金 20000 元以上者,应提前半天通知财务部门	《关于加强现金、票据开支管理的有关规定》	相关会计凭证	经办部门	经办人

续上表

风险编号	风险描述	对应控制目标编号	关键控制措施编号	关键控制措施	对应制度	控制痕迹	风险责任部门	风险责任岗位
R6.4-3	现金管理违反国家相关法律、法规，可能使企业遭受外部处罚，给企业带来经济及名誉损失	CT6.4-1 CT6.4-2 CT6.4-3 CT6.4-4	CA6.4-3	为规范公司日常报销开支行为，强化现金、票据（含支票、汇票等支付手段）支付的管理，制定《关于加强现金、票据开支管理的有关规定》。 根据《公司资金拨付、报销程序和规定》，为强化现金、票据（含支票、汇票等其他支付手段）的支付管理，确保公司利益，杜绝呆账、坏账的发生，制定《关于加强现金、支票管理的补充规定》	《关于加强现金、票据开支管理的有关规定》《关于加强现金、支票管理管理的补充规定》	相关会计凭证	财务资产部	部长
R6.4-4	现金管理制度不健全或管理存在漏洞，可能导致舞弊事件的发生，威胁企业现金资产安全	CT6.4-1 CT6.4-3 CT6.4-4	CA6.4-4	根据《公司资金拨付、报销程序和规定》，为强化现金、票据（含支票、汇票等其他支付手段，下同）的支付管理，确保公司利益、杜绝呆账、坏账的发生，制定《关于加强现金、支票管理的补充规定》	《关于加强现金、支票管理管理的补充规定》	相关会计凭证	财务资产部	部长
R6.4-5	公司制度尚未明确库存现金限额的具体金额，可能导致公司库存现金过多，容易造成现金丢失，现金安全得不到保障	CT6.4-1 CT6.4-3 CT6.4-4	CA6.4-5	现金保管必须按照《现金管理条例》的规定，库存现金限额不得超过5000元。每一工作日结束后应及时结清账目、清点现金，对超限额部分应及时送存银行	《关于加强财务安全管理的通知》	现金盘点表	财务资产部	部长
R6.4-6	公司现金支付额度大于制度规定，可能导致公司需使用大量现金，现金安全得不到保障	CT6.4-1 CT6.4-3 CT6.4-4	CA6.4-6	根据国务院《现金管理条例》的规定，属可开支范围的可使用现金支付，特殊原因超出规定范围使用现金的，需写出书面理由经分管领导和财务部门负责人批准后可用现金支付；否则一律使用转账支付。 凡需要用现金20000元以上者，应提前半天通知财务部门	《关于加强现金、票据开支管理的有关规定》	相关会计凭证	财务资产部	部长
R6.4-7	提取现金未按规定程序审批，可能导致现金安全得不到保障或现金被挪用	CT6.4-1 CT6.4-3 CT6.4-4	CA6.4-7	财务资产部出纳去银行取库存现金前，应经过适当审批；在相关权限范围内，应由财务资产部部长审批，如果需大额取现的，应报总经理进行审批，并且需有公司其他人员陪同至银行取现	《关于加强现金、支票管理管理的补充规定》	库存现金取现审批表	财务资产部	部长

续上表

风险编号	风险描述	对应控制目标编号	关键控制措施编号	关键控制措施	对应制度	控制痕迹	风险责任部门	风险责任岗位
R6.4-8	备用金超额使用或未经规定程序审批，可能导致项目备用金过多或违规使用，造成公司损失	CT6.4-1 CT6.4-2 CT6.4-3 CT6.4-4	CA6.4-8	对建设项目的资金管理实行备用金制。大建设项目(总投资大于等于50亿元)核定备用金2000万元；中等建设项目(总投资大于等于25亿元，小于50亿元)核定备用金1500万元；小建项目(总投资小于25亿元)核定备用金1000万元。银行账户资金余额(所有银行账户之和)不得连续5天超过核定备用金额度。账存资金超出核定备用金额规定的资金应上缴公司存储。 备用金账户资金主要用于项目管理费、计量工程款和提取现金等开支，备用金不足时可按《资金管理结算制度》提取贷款向公司申请现金补充。公司将每星期检查一次银行账户的资金存量(每周一各项目公司将其账存资金额报公司财务资产部)。 对管理公司的资金管理实行备用金制。各管理公司核定备用金200万元，即银行账户资金余额(所有银行账户之和)不得连续5天超过核定备用金额度。账存资金超出核定备用金额规定的资金应上缴公司存储。 备用金用于管理公司日常费用的支付和提取现金，备用金不足时向公司申请补充。同时，每周一各公司将其账存资金额报公司财务资产部	《资金拨付、报销程序和规定》	相关会计凭证	财务资产部	部长
R6.4-9	职工借款未设立限额或未经恰当审批，可能导致公司资金被挪用或使用效率低下	CT6.4-1 CT6.4-2 CT6.4-3 CT6.4-4	CA6.4-9	因公需借现金或支票时必须严格按照先由经办人本人亲自签字(经办人必须是公司正式员工，且工资在公司发放的人员)，并经相关业务部门、公司分管领导和财务部门审查同意签字后，呈董事长或总经理批准后执行。 个人借支票或借现金时，必须在领(借)用票据单上注明借支票(现金)日期，借支票(现金)用途，借支票(现金)金额(如无法明确借支票的金额，须写明最高限额)，借支票张数，然后按上述借款程序办理	《关于加强现金、支票管理管理的补充规》	职工借款范围与标准、职工借款申请与审批	财务资产部	部长

续上表

风险编号	风险描述	对应控制目标编号	关键控制措施编号	关键控制措施	对应制度	控制痕迹	风险责任部门	风险责任岗位
R6.4-10	各单项费用与费用总额的支出未受费用预算控制或预算刚性不强，可能导致费用开支过大，铺张浪费，或假公济私，影响公司经营效益	CT6.4-1 CT6.4-4	CA6.4-10	项目公司应加强各项财务开支的管理，制定计量支付或财务开支的程序和规定，加强概预算控制，严格审查各项开支，确保财务开支合规、真实、完整，并符合国家及公司的有关规定。 管理公司应加强财务管理，建立健全内部控制制度和责任预算制度，各项开支严格控制在预算以内；超预算项目和金额未经规定程序批准，不得擅自开支，公司财务资产部也不拨付资金	《资金拨付、报销程序和规定》	公司内部借款预算标准文件，相关费用审批文件	经办部门	经办人
R6.4-11	费用审批未设定相应权限，费用审批管理混乱，可能导致费用失控或经营效率低下	CT6.4-1 CT6.4-2 CT6.4-3 CT6.4-4	CA6.4-11	签字报销的基本程序为：经办人签字—经办部门负责人和预算责任部门（验收人或证明人）签字—财务部门票据、预算审核—预算责任部门分管领导签字—财务部门负责人签字—批准报销领导签字—报销	《关于加强现金、票据开支管理的有关规定》	费用报销审批记录	财务资产部	部长
R6.4-12	费用支出性质及核算不符合国家有关法律、法规和公司内部规章制度的规定，可能导致公司受到处罚或经济损失	CT6.4-1 CT6.4-2 CT6.4-3 CT6.4-4	CA6.4-12	为保证出差人员工作和生活的需要，规范差旅费管理，完善公务活动接待制度，参照交通运输部转发财政部《中央国家机关和事业单位差旅费管理办法》，结合公司实际情况，制定《差旅费管理办法》	《差旅费管理办法》	相关会计凭证	财务资产部	部长
R6.4-13	费用报销单据无经办人、证明人签字，或物资采购费用报销无验收人、验收单等必要信息，费用单据真实性无法确定，可能导致虚假报销	CT6.4-1 CT6.4-2 CT6.4-3 CT6.4-4	CA6.4-13	（1）办妥报销或支付手续后，经办人员（或客户）须提供书面的收款单位全称、开户银行及银行账号（格式另附）。 （2）严格控制办理委托付款，因特殊原因确需办理委托付款的，必须征得公司领导和财务部门负责人同意，并办妥合法的授权书后方可办理，授权书作为重要支付凭证。 （3）办理报销或支付手续时，除需按规定由相关领导和部门负责人签字外，经办人还须提供相应的原始单据（发票、收据等）、签呈、合同、支付证书等支付依据。 （4）原始单据应完好无损，凡有奖发票应保留有奖单据联。	《关于加强现金、票据开支管理的有关规定》	相关会计凭证	财务资产部	出纳

续上表

风险编号	风险描述	对应控制目标编号	关键控制措施编号	关键控制措施	对应制度	控制痕迹	风险责任部门	风险责任岗位
R6.4-13	费用报销单据无经办人、证明人签字，或物资采购费用报销无验收人、验收单等必要信息，费用单据真实性无法确定，可能导致虚假报销	CT6.4-1 CT6.4-2 CT6.4-3 CT6.4-4	CA6.4-13	（5）从外单位取得的原始单据必须真实、合法、完整，发票抬头必须为付款单位全称，单位、数量、金额、合计必须相符，大小写金额一致，且印章清晰（印章必须是财务专用章或发票专用章，且盖在发票正面）。购买非固定资产的物品，如发票未注明具体数量、单价的，应附有购物清单。 （6）报销差旅费时应使用公司统一规格的差旅费报销单并按表格要求填写。 （7）原始凭证要分类、整理后粘贴，粘贴单上的报销经办人员必须是本单位人员签字，写明附件张数和金额。报销金额不得涂改，其验收或证明人员应由各部门主要负责人签字确认。 （8）粘贴单必须使用公司统一规格的粘贴单分类粘贴，且粘贴的原始单据不应超出粘贴单	《关于加强现金、票据开支管理的有关规定》	相关会计凭证	财务资产部	出纳
R6.4-14	费用报销后，未加盖付讫戳记、无收款人签字，可能导致重复报销或舞弊	CT6.4-1 CT6.4-4	CA6.4-14	财务人员受理报销业务处理时，编制会计凭证时对报销付款的单据上应加盖“现金付讫”或“转账付讫”的戳记，现金支付的收款人签字确认	无	相关会计凭证	财务资产部	出纳
R6.4-15	资金管控活动中，内部管理制度漏洞导致监控不力和人员舞弊，可能造成资金被挪用、侵占、抽逃或遭受欺诈	CT6.4-1 CT6.4-3 CT6.4-4	CA6.4-15	公司应实行关键岗位轮岗制度，定期对关键岗位进行轮岗，防止舞弊事项的发生；同时，公司应每年定期对内部控制进行评价，对发现的管控漏洞及时通过修订相关制度进行弥补	无	轮岗记录、自评报告	财务资产部	部长

6.5 财务核算与财务报告管理

1)流程目标概述

本流程规定了公司有关财务核算与财务报告管理的要求,旨在规范公司财务核算与财务报告管理的工作流程,努力避免或降低公司在财务核算与财务报告管理中的风险。

2)适用范围

适用于公司及所属单位。

3)相关制度

(1)《财务资产部部门职责》

(2)《会计管理制度》

(3)《会计人员管理办法》

4)职责分工

(1)财务资产部部长职责

①授权或指定相关会计人员审核会计凭证和账务结账工作。

②负责规范计算机和财务软件的使用和管理。

③负责向主管领导及上级领导报告工作信息,完成公司及上级部门布置的工作。

(2)会计职责

①录入记账凭证,按电算化的管理规定进行工作。

②负责核算单位银行存款余额调节表的编制工作。

③负责编制核算单位的年度财务预算,并将执行情况进行调查及时汇报。

④负责编制各种会计报表、预算报表和决算报表,并对报表的真实性负责;对财务状况进行财务分析,编制分析报告。

⑤负责计算机和财务软件的维护工作,确保安全运作。

⑥负责会计年度内保管会计档案资料。

(3)出纳职责

①复核收付款原始凭证,办理好现金收付和银行结算业务。

②登记现金日记账,做到日清月结,账款相符。

5)不相容职责——财务核算与财务报告管理

如表6-13所示。

不相容职责　　表6-13

岗位职责	编制与制证	稽核与审核	记账	监察
编制与制证		X		X
稽核与审核	X		X	X
记账		X		X
监察	X	X	X	

注:X表示不相容职责。

6)流程图

如图6-10所示。

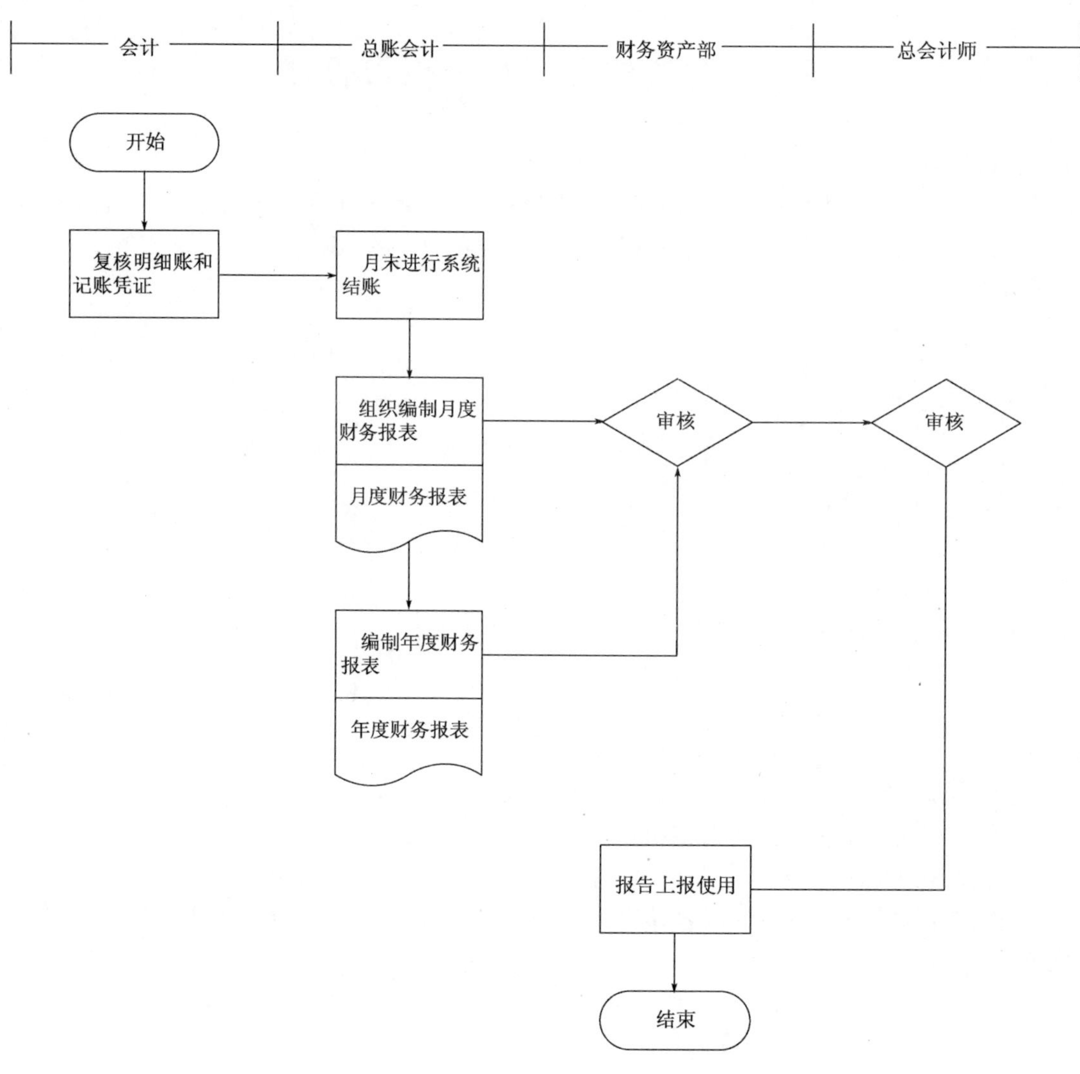

图 6-10　财务报告编制流程

7）控制目标

如表 6-14 所示。

控　制　目　标　　表 6-14

序号	《内部控制规范》具体控制目标编号	拟实现的内控目标	内控目标具体描述
1	CT6.5-1	合法合规性目标	保证公司财务核算与财务报告符合国家有关法规和公司规章制度规定
2	CT6.5-2	财务报告目标	保证公司财务核算与财务报告使财务公允
3	CT6.5-3	资产安全目标	保证公司财务核算与财务报告管理所涉及的资金、资产的安全性
4	CT6.5-4	经营效率和效果目标	提升公司财务核算与财务报告管理水平以促进公司经营效率与效果
5	CT6.5-5	发展战略目标	保证公司财务核算与财务报告管理支持公司发展战略目标

8）控制矩阵

如表 6-15 所示。

控制矩阵

表 6-15

风险编号	风险描述	对应控制目标编号	关键控制措施编号	控制措施	对应制度	控制痕迹	风险责任部门	风险责任岗位
R6.5-1	会计人员未持证上岗，会计工作质量无法得到保证，可能导致公司会计核算不准确及遭受国家有关部门处罚	CT6.5-1 CT6.5-4	CA6.5-1	会计人员应具备的基本条件：具有会计从业资格证，熟悉财务软件操作和熟悉计算机操作的公司正式员工	《会计人员管理办法》	会计花名册及相关会计人员会计证	财务资产部	部长
R6.5-2	公司未制订财务管理制度，或财务管理制度制定不合规，可能导致会计核算不合理，影响公司财务报表的真实性、可靠性	CT6.5-1 CT6.5-4	CA6.5-2	财务资产部职责：依照国家财务、税收相关法律、法规要求，结合本单位行业特征，科学合理地组织财务活动，制定健全的财务规章体系	《财务资产部部门职责》	公司已颁布的《财务与会计管理制度》	财务资产部	部长
R6.5-3	公司发生经济活动业务时未及时进行会计核算，可能导致会计核算不及时	CT6.5-1 CT6.5-4	CA6.5-3	会计核算工作重点：原始凭证应当天编制记账凭证，处理完毕	会计核算流程	合同书、相关会计凭证	财务资产部	部长
R6.5-4	会计核算未按照财务管理制度要求开展，会计核算不规范，可能导致会计信息不准确、不完整	CT6.5-1 CT6.5-4	CA6.5-4	财务资产部部门职责：遵照公司财务通则、会计准则，合理组织会计核算工作，实行会计监督，对各种款项的收付，财物的收发、增减和使用发生的核算，资金的增减和经营收支、费用成本的计算，要按会计核算程序，正确办理会计手续，如实登记入账，并做到账账相符，账款相符，账物相符	《财务资产部部门职责》	相关会计核算资料	财务资产部	部长
R6.5-5	存在财务记账凭证内容与附件不一致的现象，可能导致会计核算错误	CT6.5-1 CT6.5-4	CA6.5-5	财务资产部部门职责：遵照公司财务通则、会计准则，合理组织会计核算工作，实行会计监督，对各种款项的收付，财物的收发、增减和使用发生的核算，资金的增减和经营收支、费用成本的计算，要按会计核算程序，正确办理会计手续，如实登记入账，并做到账账相符，账款相符，账物相符	《财务资产部部门职责》	相关会计凭证	财务资产部	部长
R6.5-6	会计核算人员未定期将会计账簿记录与库存实物、货币资金、有价证券、往来单位等相互核对，可能导致账证不符、账账不符、账实不符	CT6.5-2 CT6.5-3 CT6.5-4	CA6.5-6	财务资产部定期组织对现金、票据、固定资产、存货进行盘点。 出纳人员应当根据收付款凭证逐笔登记现金及银行日记账，每日终了，将日记账的结余数与实际库存数核对，做到账款相符。每月终了，会计人员应会同出纳盘点库存现金一次，并登记现金盘点表	《财务资产部部门职责》《出纳岗位职责》	核对标记及盘点表	财务资产部	部长

续上表

风险编号	风险描述	对应控制目标编号	关键控制措施编号	控制措施	对应制度	控制痕迹	风险责任部门	风险责任岗位
R6.5-7	编制报告违反会计法律法规和国家统一的会计准则制度，可能导致企业承担法律责任和声誉受损	CT6.5-1 CT6.5-4	CA6.5-7	公司的对外报表，统一采用财政部2006年2月15日颁布的《企业会计准则》和其他各项具体会计准则中规定的格式	无	财务报告及相关编报资料	财务资产部	部长
R6.5-8	提供虚假报告，可能误导报告使用者，造成决策失误，干扰市场秩序	CT6.5-1 CT6.5-2 CT6.5-4	CA6.5-8	对于会计报表各项目需要说明的，须详细在会计报表附注中做出逐条详细说明并进行认真检查核对，保证真实、完整、可靠	无	财务报告及相关编报资料	财务资产部	部长
R6.5-9	公司会计政策不统一、未对各下属单位上报的财务报告进行技术复核，可能造成各下属单位财务报告的不准确、不完整、不可靠	CT6.5-1 CT6.5-2 CT6.5-4	CA6.5-9	公司统一分(子)公司所采用的会计政策及会计期间，使分、子公司采用的会计政策、会计期间与公司保持一致。 财务资产部不定期对分(子)公司财务报表及相关凭证进行抽查	无	财务报告及相关编报资料	财务资产部	部长
R6.5-10	财务报告未按公司财务管理制度规定时间完成，可能影响公司管理决策或外部审计	CT6.5-1 CT6.5-2 CT6.5-4	CA6.5-10	对外的季度报表，应在次月20日前提交公司财务资产部、审计部及相关部门，年度报表提交日期不应迟于次年的2月20日	无	已完成财务报告	财务资产部	部长
R6.5-11	企业未对会计档案进行归档管理，可能导致资料遗失，不利于会计档案管理	CT6.5-1 CT6.5-4	CA6.5-11	公司财务部门每年形成的会计档案，应按照归档要求，设置归档登记簿，档案目录登记簿，档案借阅登记簿，整理立卷，装订成册，并编制会计档案保管清册	《会计档案管理办法》	档案目录登记簿；会计档案保管清册	财务资产部	部长
R6.5-12	财务报告审核不严或审计不当，出现报告虚假或重大遗漏，可能误导投资人等报告使用者，造成决策失误，干扰市场秩序	CT6.5-1 CT6.5-4	CA6.5-12	公司应选取具有相关资质的会计师事务所对公司财务报表进行审计，且在财务报表发布前，应经过财务部门、财务分管领导、公司相关领导进行审核审批	无	已完成财务报告	财务资产部	部长
R6.5-13	不能有效利用财务报告及相关财务分析，难以及时发现企业经营管理中存在的问题，可能导致企业和经营风险失控	CT6.5-4	CA6.5-13	财务资产部门定期对财务报告进行分析，并通过定期召开财务分析会等形式对分析报告的内容予以完善，以充分利用财务报告反映的综合信息，全面分析公司的经营管理状况和存在的问题，不断提高经营管理水平	无	内部分析报表	财务资产部	部长

7 全 面 预 算

7.1 全面预算管理

1)流程目标概述

本流程规定了公司全面预算管理的工作,旨在建立、健全内部约束机制,规范财务管理行为,加强预算管理,确保企业各项经营活动符合企业发展战略和目标的要求。

2)适用范围

适用于公司及所属单位。

3)相关制度

(1)《集团预算管理办法》

(2)《预算管理办法》

4)职责分工

(1)各单位/各部门

①负责制定各自部门的年度预算。

②负责落实年度预算的执行。

③负责预算外事项的申请工作。

(2)财务资产部

①负责公司财务预算的编制工作。

②负责公司财务预算的控制工作。

③负责对各单位的预算执行情况进行检查,并撰写检查报告。

④对预算外支出项目提出审核意见。

(3)预算管理委员会、董事会

①审核全面预算方案。

②负责审核预算调整方案。

(4)集团

①审批全面预算方案。

②负责审批预算调整方案。

5)不相容职责——全面预算管理

如表 7-1 所示。

6)流程图

(1)预算编制流程

如图 7-1 所示。

(2)子公司预算编制流程

如图 7-2 所示。

不相容职责 表7-1

岗位职责	预算编制	预算审批	预算执行	预算调整申请	预算调整审批	预算执行监督	预算考核
预算编制		X					
预算审批	X		X				
预算执行		X				X	X
预算调整申请					X	X	X
预算调整审批				X			
预算执行监督				X			X
预算考核			X	X		X	

注:X 表示不相容职责。

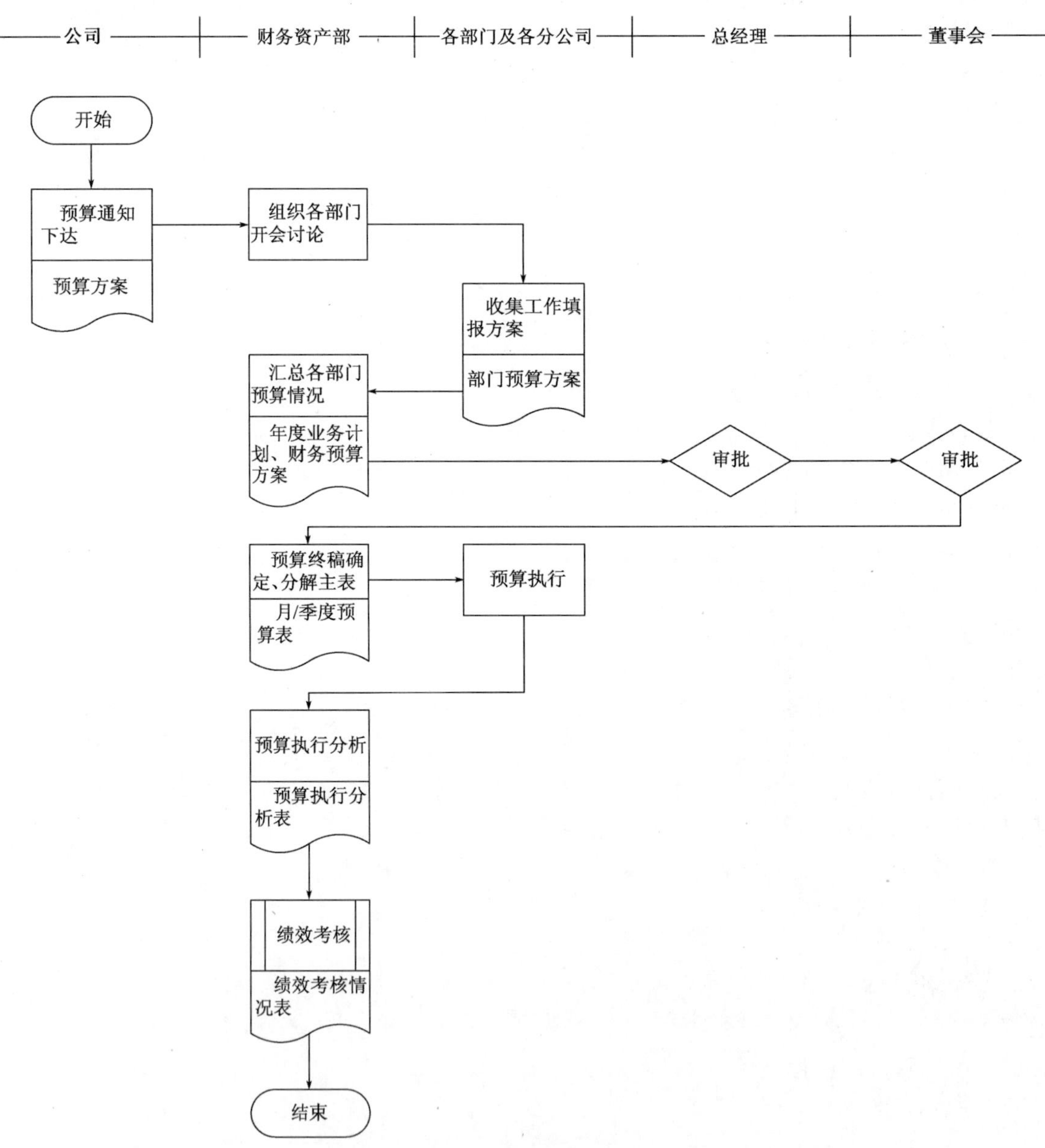

图7-1 预算编制流程

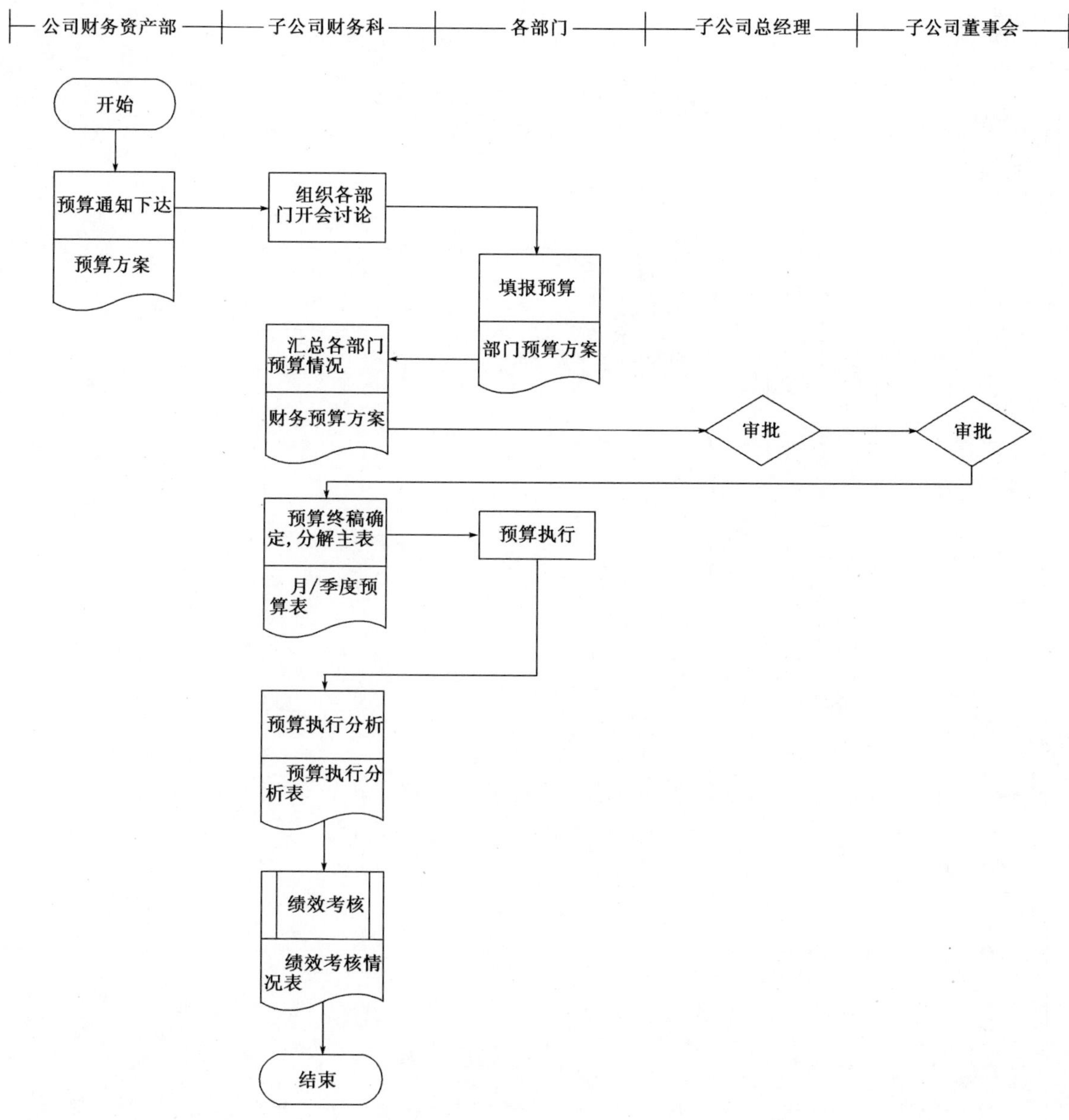

图 7-2　子公司预算编制流程

(3)预算调整流程

如图 7-3 所示。

(4)子公司预算调整流程

如图 7-4 所示。

7)控制目标

如表 7-2 所示。

8)控制矩阵

如表 7-3 所示。

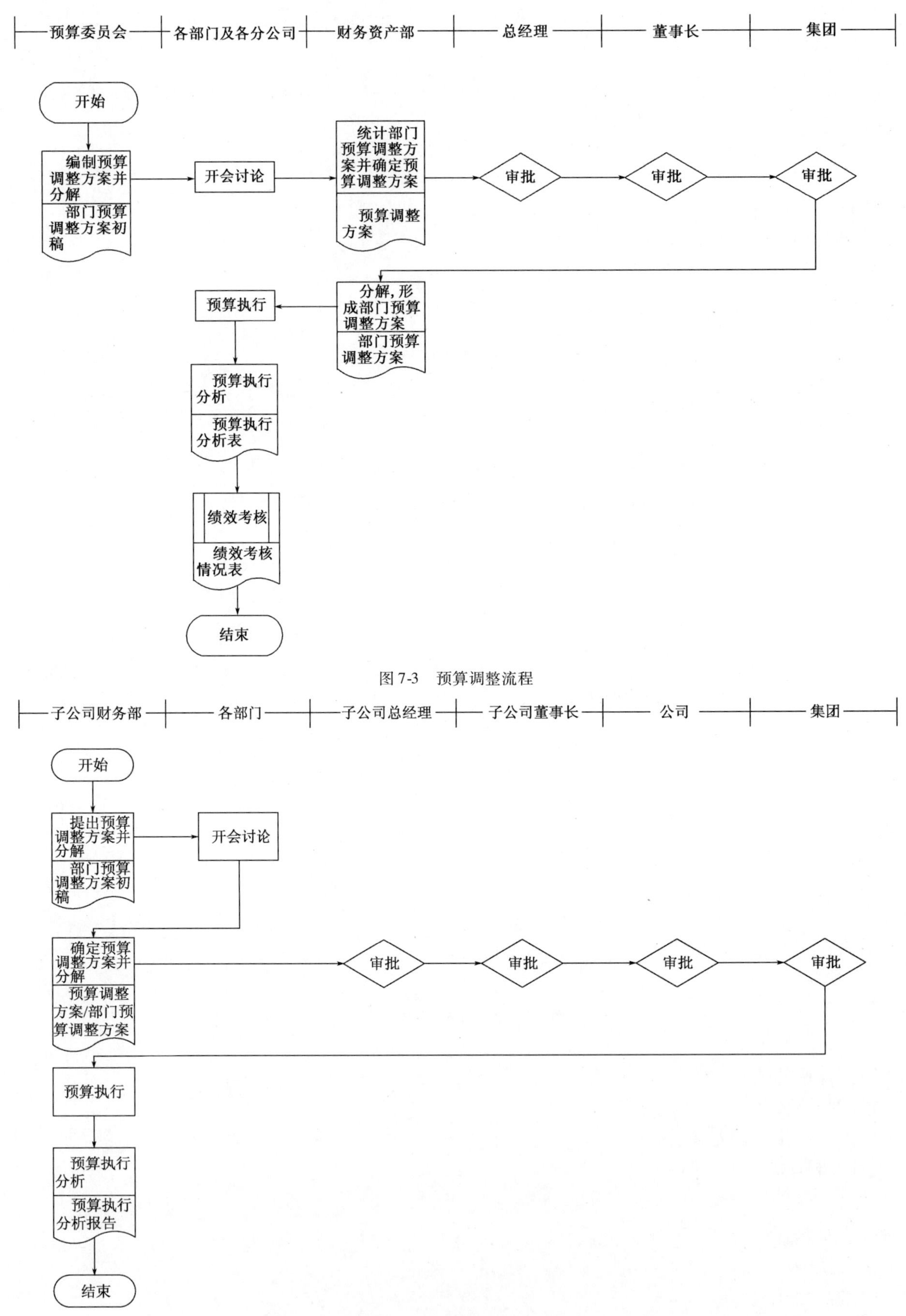

图 7-3　预算调整流程

图 7-4　子公司预算调整流程

控制目标

表 7-2

序号	《内部控制规范》具体控制目标编号	拟实现的内控目标	内控目标具体描述
1	CT7.1-1	合法合规性目标	保证公司全面预算管理符合国家有关法规和公司规章制度规定
2	CT7.1-2	财务报告目标	保证公司全面预算管理使财务公允
3	CT7.1-3	资产安全目标	保证公司全面预算管理所涉及的资金、资产的安全性
4	CT7.1-4	经营效率和效果目标	提升公司全面预算管理水平以促进公司经营效率与效果
5	CT7.1-5	发展战略目标	保证公司全面预算管理符合公司发展战略目标

控制矩阵

表 7-3

风险编号	风险描述	对应控制目标编号	关键控制措施编号	控制措施	对应制度	控制痕迹	风险责任部门	风险责任岗位
R7.1-1	不编制预算或预算不健全,可能导致企业经营缺乏约束或盲目经营	CT7.1-1 CT7.1-4	CA7.1-1	集团实行全面预算管理。集团预算方案是对集团在一定时期内的全部生产、经营活动及财务状况等方面的总体预测,包括业务预算(如收入预算、成本费用预算、投资支出预算)和财务预算(如筹资预算、收益分配预算、损益预算、现金流量预算、资产负债预算等)	《集团预算管理办法》	已颁发的《预算管理制度》文件	财务资产部	部长
R7.1-2	公司未制订预算管理制度,不编制预算或预算管理不健全,可能导致企业经营缺乏约束或盲目经营	CT7.1-1 CT7.1-4	CA7.1-2	为发挥集团预算管理作用,促进集团发展战略实现,进一步提升集团预算管理工作规范化、标准化水平,根据《中华人民共和国公司法》、《企业财务通则》《关于企业实行财务预算管理的指导意见》《企业内部控制基本规范》及上级管理部门《××省属企业财务预算管理暂行办法》等相关财经法律法规,结合集团实际情况和集团对所属单位管理要求,制定《集团预算管理办法》	《集团预算管理办法》	已颁发的《预算管理制度》文件	财务资产部	部长
R7.1-3	预算目标不合理、编制不科学,可能导致企业资源浪费或发展战略难以实现	CT7.1-1 CT7.1-4	CA7.1-3	集团预算管理是根据集团及所属各单位围绕战略规划、经营目标的要求,全面综合协调、规划集团内部各部门、所属各单位的经济关系。通过合理分配人、财、物等战略资源协助集团实现既定的战略、经营目标,并与相应的绩效管理配合以监控战略、经营目标的实施进度,控制成本费用支出,避免盲目经营、资源浪费,防范经营风险。是集团战略规划的一种正式、量化的表述形式,是对有关单位部门、人员业绩考核的重要依据,是实行经营目标管理的重要手段。	《集团预算管理办法》	预算目标的指导意见、预算审议报告	财务资产部	部长

续上表

风险编号	风险描述	对应控制目标编号	关键控制措施编号	控制措施	对应制度	控制痕迹	风险责任部门	风险责任岗位
R7.1-3	预算目标不合理、编制不科学，可能导致企业资源浪费或发展战略难以实现	CT7.1-1 CT7.1-4	CA7.1-3	集团预算是全员、全过程、全方位预算，集团及所属单位要作到凡涉及资金活动的行为都要有预算，应将预算指标分解到最基层的责任单位或岗位，每一个环节、每一个层面都实行预算控制，横向到边，纵向到底，使预算无死角、无遗漏。 集团预算编制要切实可行，符合客观实际，遵循“当省不用、当用不省、量入为出”的全员财务开支观念，并遵循以下基本原则和要求： （1）坚持效益优先原则，实行总量平衡，进行全面预算管理； （2）坚持积极稳健原则，确保以入定出，加强财务风险控制； （3）坚持权责对等原则，确保切实可行，围绕经营战略实施	《集团预算管理办法》	预算目标的指导意见、预算审议报告	财务资产部	部长
R7.1-4	企业未设立预算管理委员会及相应管理监督机构，可能导致预算汇总表编制错误或预算数据管理混乱	CT7.1-1 CT7.1-3 CT7.1-4	CA7.1-4	公司董事会设立预算管理委员会负责预算管理事宜，并对公司法定代表人负责。 公司财务管理部门在公司法定代表人、预算管理委员会和总经理领导下，具体负责组织公司预算的编制、审查、汇总、上报、下达等具体工作，跟踪监督预算的执行情况，分析预算与实际执行的差异及原因，提出改进管理的措施和建议	《预算管理办法》	制度文件	财务资产部	部长
R7.1-5	业务部门提交的预算数据不合理，部门负责人未严格审核，可能导致公司预算不合理，削弱预算控制的作用	CT7.1-1 CT7.1-3 CT7.1-4	CA7.1-5	公司编制预算，按照上下结合、分级编制、逐级汇总的程序进行。 （1）下达目标。 （2）编制上报。各预算执行单位按照公司预算委员会下达的财务预算目标和政策，结合自身特点以及预测的执行条件，提出详细的本单位预算方案，于11月中旬前上报公司财务资产部。 （3）审查平衡。公司财务资产部对各预算执行单位上报的预算方案进行审查、汇总，提出综合平衡的建议。在审查、平衡的过程中，预算管理委员会应当进行充分协调，对发现的问题提出初步调整的意见，并反馈给有关预算执行单位予以修正。 （4）审议批准。 （5）下达执行	《预算管理办法》	预算草案、预算审查意见	财务资产部	部长

续上表

风险编号	风险描述	对应控制目标编号	关键控制措施编号	控制措施	对应制度	控制痕迹	风险责任部门	风险责任岗位
R7.1-6	企业未根据发展战略和年度生产经营计划,综合考虑预算期内经济政策、市场环境等因素,按照上下结合、分级编制、逐级汇总的程序,编制年度全面预算,可能导致预算编制不合理,不利于预算的执行	CT7.1-1 CT7.1-3 CT7.1-4	CA7.1-6	公司编制预算,按照上下结合、分级编制、逐级汇总的程序进行。 (1)下达目标。公司董事会根据公司发展战略和预算期经济形势的初步预测,在决策的基础上一般于每年10月底以前提出下一年度公司财务预算初步目标,包括收入目标、成本费用目标、利润目标和现金流量目标,并确定财务预算编制的政策,由预算管理委员会下达各预算执行单位,一般以会议形式下达。 (2)编制上报。 (3)审查平衡。 (4)审议批准。 (5)下达执行	《预算管理办法》	预算草案、预算审议报告	财务资产部	部长
R7.1-7	全面预算未按公司规定的程序审核、审批,可能导致全面预算缺乏效力,造成全面预算执行困难	CT7.1-1 CT7.1-4	CA7.1-7	公司编制预算,按照上下结合、分级编制、逐级汇总的程序进行。 (1)下达目标。 (2)编制上报。 (3)审查平衡。 (4)审议批准。公司财务资产部在有关预算执行单位修正调整的基础上,编制出公司预算方案,报预算管理委员会讨论。对于不符合公司发展战略或者预算目标的事项,公司预算委员会应当责成有关预算执行单位进一步修订、调整。在讨论、调整的基础上,公司财务资产部正式编制公司年度财务预算案,提交董事会审议批准。 (5)下达执行	《集团预算管理办法》	预算草案及审批文件	财务资产部	部长
R7.1-8	公司各部门及各所属单位未能获得公司全面预算的相关培训,可能导致编制人员缺乏相应的预算编制能力,影响全面预算工作开展的效率和效果	CT7.1-1 CT7.1-4	CA7.1-8	财务资产部可根据年度预算情况、预算编制人员整体素质情况,组织预算会议,下达预算要求并对相关人员进行培训,确保预算质量	无	培训记录	财务资产部	部长

续上表

风险编号	风险描述	对应控制目标编号	关键控制措施编号	控制措施	对应制度	控制痕迹	风险责任部门	风险责任岗位
R7.1-9	预算缺乏刚性、执行不力、考核不严，可能导致预算管理流于形式	CT7.1-1 CT7.1-4	CA7.1-9	公司预算一经批复下达，各预算执行单位就必须认真组织实施，将预算指标层层分解，从横向和纵向落实到内部各部门、各单位、各环节和各岗位，形成全方位的财务预算执行责任体系。 公司所属基层单位是公司主要的预算执行单位。其主要负责人对本单位预算的执行结果承担责任	《预算管理办法》	预算执行情况分析、预算考核记录	财务资产部	部长
R7.1-10	预算目标分解不到位，无法及时反映预算执行情况，可能会造成预算控制流于形式	CT7.1-1 CT7.1-4	CA7.1-10	根据集团下发的年度预算，财务资产部将其分解至所属运营单位。 所属运营单位依据年度预算，结合自身实际情况和上一年度的执行情况进行二次分解，将全年预算按月分解，列出本单位当年每个月详细的预算资金计划，上报公司财务资产部，财务资产部汇总后上报集团。 所属建设单位根据项目概算及建设工期，于年末上报下一年建设单位管理费预算，公司财务资产部审核汇总后报集团审批。 根据集团审批的当年管理费预算，各所属建设单位按月分解资金使用计划，上报公司财务资产部	《集团预算管理办法》	分解后季度、半年度、月预算资金计划	财务资产部	部长
R7.1-11	运营分析与预算调整违反规章制度要求，影响分析与调整的准确性，可能造成企业经济损失或预算流于形式	CT7.1-1 CT7.1-4	CA7.1-11	公司正式下达执行的预算，一般不予调整。预算执行单位在执行中由于市场环境、经营条件、政策法规等发生重大变化，致使预算的编制基础不成立，或者导致预算执行结果产生重大偏差的，可以调整预算。 公司调整预算，应当由预算执行单位逐级向公司提出书面报告，阐述预算执行的具体情况、客观因素变化情况及其对预算执行造成的影响程度，提出预算的调整幅度。 公司财务管理部门对预算执行单位的预算调整报告进行审核分析，集中编制公司年度预算调整方案，提交公司上级财务资产部门或预算管理委员会以致公司董事会审议批准，然后下达执行	《集团预算管理办法》	预算调整申请报告	财务资产部	预算单位负责人 部长

续上表

风险编号	风险描述	对应控制目标编号	关键控制措施编号	控制措施	对应制度	控制痕迹	风险责任部门	风险责任岗位
R7.1-12	重大差异确需调整预算的，未经过相应的领导审核审批，导致预算执行不力，影响全面预算工作开展的效率和效果	CT7.1-3 CT7.1-4	CA7.1-12	公司调整预算，应当由预算执行单位逐级向公司提出书面报告，阐述预算执行的具体情况、客观因素变化情况及其对预算执行造成的影响程度，提出预算的调整幅度。公司财务管理部门将对预算执行单位的预算调整报告进行审核分析，集中编制公司年度预算调整方案，提交公司上级财务资产部门或预算管理委员会以致公司董事会审议批准，然后下达执行	《集团预算管理办法》	预算调整审批文件	财务资产部	预算单位负责人 部长
R7.1-13	预算执行过程未进行有效监控，可能导致预算控制流于形式	CT7.1-1 CT7.1-4	CA7.1-13	公司将严格执行收入、成本费用预算，努力完成利润指标。在日常控制中，公司健全凭证记录，完善各项管理规章制度，严格执行经营月度计划和成本费用的定额、定率标准，加强适时监控。对预算执行中出现的异常情况，公司有关部门应及时查明原因，提出解决办法。 公司将建立预算报告制度，各预算执行单位应于每月结束后5天，年度结束后30天报告预算的执行情况。 公司财务管理部门将利用财务报表监控预算的执行情况，及时向预算执行单位、公司预算管理委员会以至董事会或总经理办公会提供预算的执行进度、执行差异及其对公司预算目标的影响等财务信息，促进公司完成预算目标	《预算管理办法》	预算执行情况报告	财务资产部	部长
R7.1-14	预算考核力度和严肃性尚不能满足公司预算管理要求，削弱了预算在公司经营管理的重要作用	CT7.1-1 CT7.1-3 CT7.1-4	CA7.1-14	公司预算执行考核是公司绩效评价的主要内容，将结合年度内部经济责任制考核进行，与预算执行单位负责人的奖惩挂钩，并作为公司内部人力资源管理的参考	《预算管理办法》	年度考核表	财务资产部	部长

续上表

风险编号	风险描述	对应控制目标编号	关键控制措施编号	控制措施	对应制度	控制痕迹	风险责任部门	风险责任岗位
R7.1-15	未设置预算考核机制，可能导致预算控制流于形式	CT7.1-1 CT7.1-4	CA7.1-15	集团所属单位的预算考核结果与集团所属单位薪酬直接挂钩，具体办法由集团人力资源部会同集团所属单位考核机构、集团预算牵头管理机构制定	《集团预算管理办法》	年度考核表	财务资产部	部长
R7.1-16	企业预算执行情况考核工作，未坚持公开、公平、公正的原则，考核过程及结果记录不完整	CT7.1-1 CT7.1-3	CA7.1-16	集团预算考核原则： （1）战略符合性原则。考核结果应与企业发展战略目标相吻合，与发展规划相一致。 （2）公平与公正原则。考核以客观事实为依据，减少主观判断成分，做到公平公正。 （3）综合考核原则。注重预算指标考核与预算质量考核相结合。 （4）可控性原则。根据分级分权管理原则，按照责权划分，合理剔除不可控因素，对责任单位的可控事件与可控成本、收入等可控要素进行考核。 （5）协调性原则。预算考核注重评价体系与评价指标间的协调关系，预算考核与集团年度综合考核评价及其他工作考核相协调，避免重复考核	《集团预算管理办法》	预算考核记录	财务资产部	部长

8 投融资和担保管理

8.1 投资管理

1)流程目标概述

本流程规定了公司投融资管理中的投资管理的工作,旨在健全公司投资管理,避免或降低投资过程中的风险。

2)适用范围

适用于公司及所属单位。

3)相关制度

无。

4)职责分工

(1)董事会

审批决定对外投资事宜。

(2)事业发展部

①负责对高速公路相关产业的投资项目进行可行性论证分析研究工作。

②参与高速公路投资项目相关协议的谈判、起草、审核工作。

③负责投资项目市场开发及投资项目财务分析论证工作。

④负责搜集了解境外投资项目信息资料,为公司走向国外做好基础工作。

⑤负责投资项目前期分析论证,并全过程跟踪,及时撰写进度报告,供领导参考。

(3)财务资产部门

负责筹措资金,协同有关方面办理出资、工商登记、税务登记、银行开户等手续,并实行严格的借款、审批与付款制度。

(4)工程管理部

①负责配合相关部门,拟订交通基础设施投资项目的近、中、长期投资规划。

②负责拟定公司高速公路建设项目年度投资计划。

③负责公司工程建设项目立项、审批过程中的协调指导,协助项目公司完善前期手续。

④负责建设项目前期立项、投资估算、初步设计、概算的审查。

⑤负责基建类固定资产投资项目施工图设计审批工作。

⑥负责基建类固定资产改扩建设计变更审批工作。

⑦负责参与指导基建类固定资产投资项目的管理工作。

(5)法律事务部

审核投资项目相关合同。

(6)审计部

①负责拟定投资、融资审计管理办法。

②负责编制投资、融资审计计划、开展审前调查、拟定审计方案、审计通知。

③负责对投资、融资项目可行性决策进行审计评价。

④负责对投资、融资项目资金使用的合法性、真实性和效益性进行审计监督。

⑤负责对投资、融资项目实现的经济效益进行评价认定。

5)不相容职责——投资管理

如表8-1所示。

不相容职责 表8-1

岗位职责	项目策划	项目调研、咨询、分析	编制可行性分析报告	审核可行性分析报告	起草相关文件，通过内部审核	项目审批	评估、审计、验资
项目策划				X		X	X
项目调研、咨询、分析				X		X	X
编制可行性分析报告				X		X	X
审核可行性分析报告	X	X	X			X	X
起草相关文件，通过内部审核						X	X
项目审批	X	X	X	X	X		X
评估、审计、验资	X	X	X	X	X	X	

注：X表示不相容职责。

6)流程图

(1)公司对外投资管理流程

如图8-1所示。

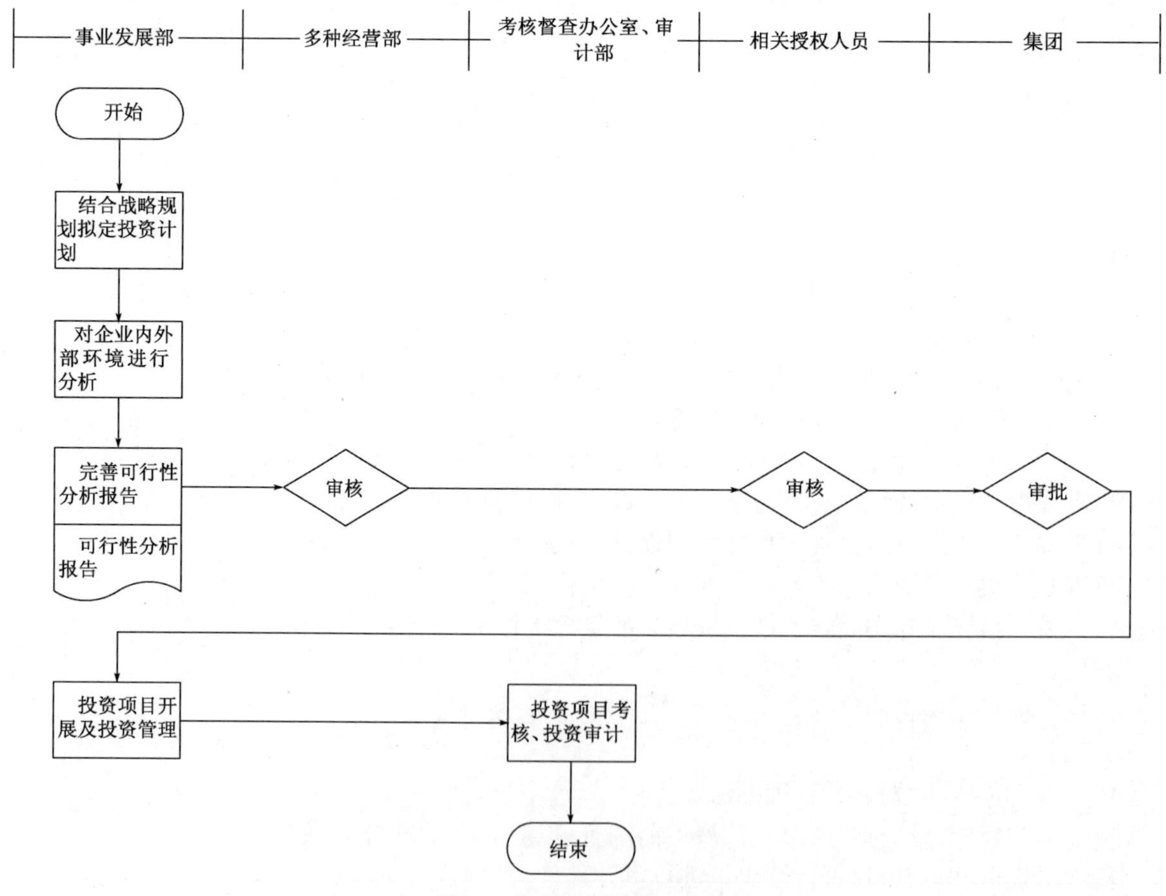

图8-1 公司对外投资管理流程

(2)经营公司对外投资管理流程

如图 8-2 所示。

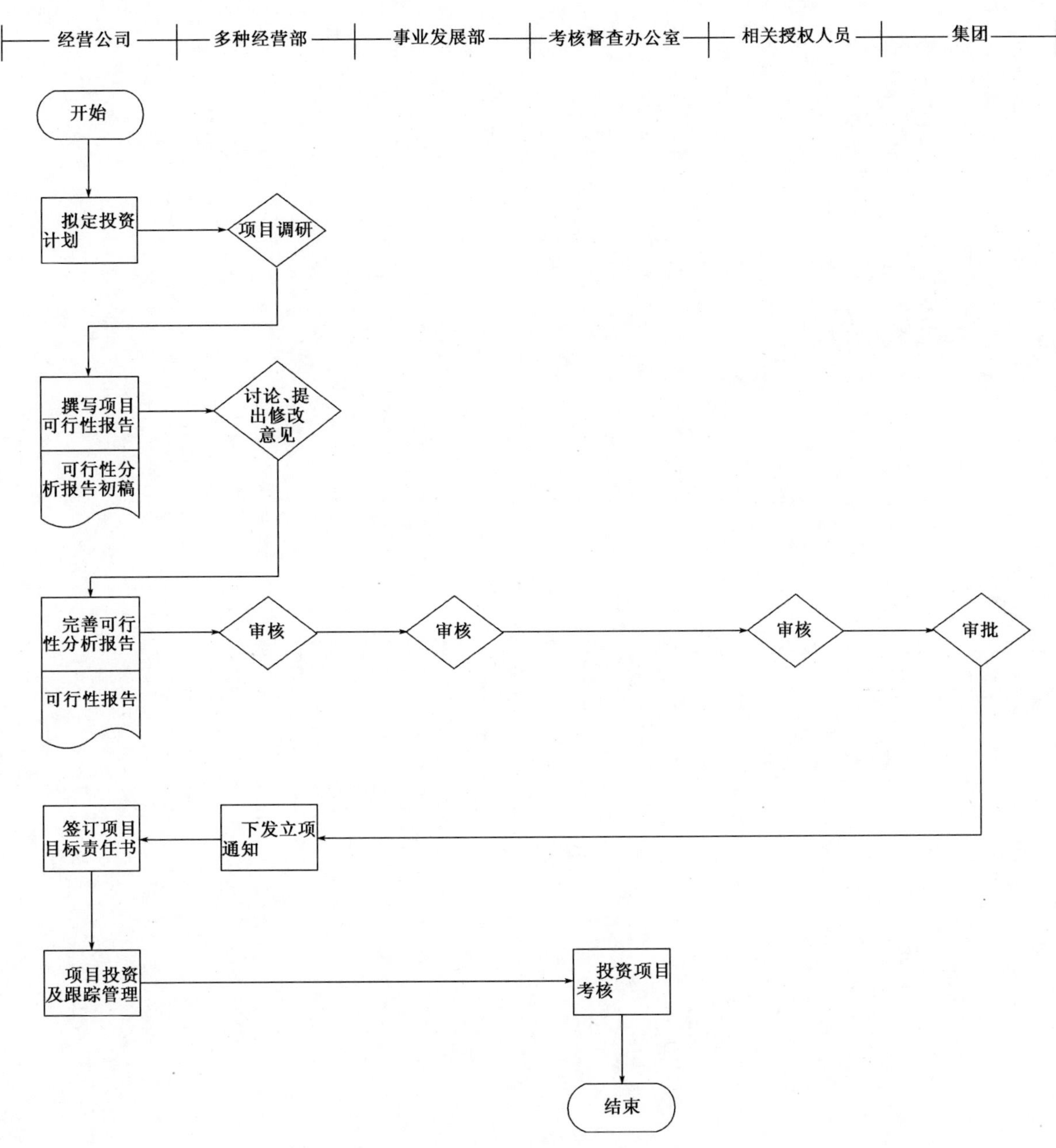

图 8-2 经营公司对外投资管理流程

(3)沉淀资金投资管理流程

如图 8-3 所示。

7)控制目标

如表 8-2 所示。

8)控制矩阵

如表 8-3 所示。

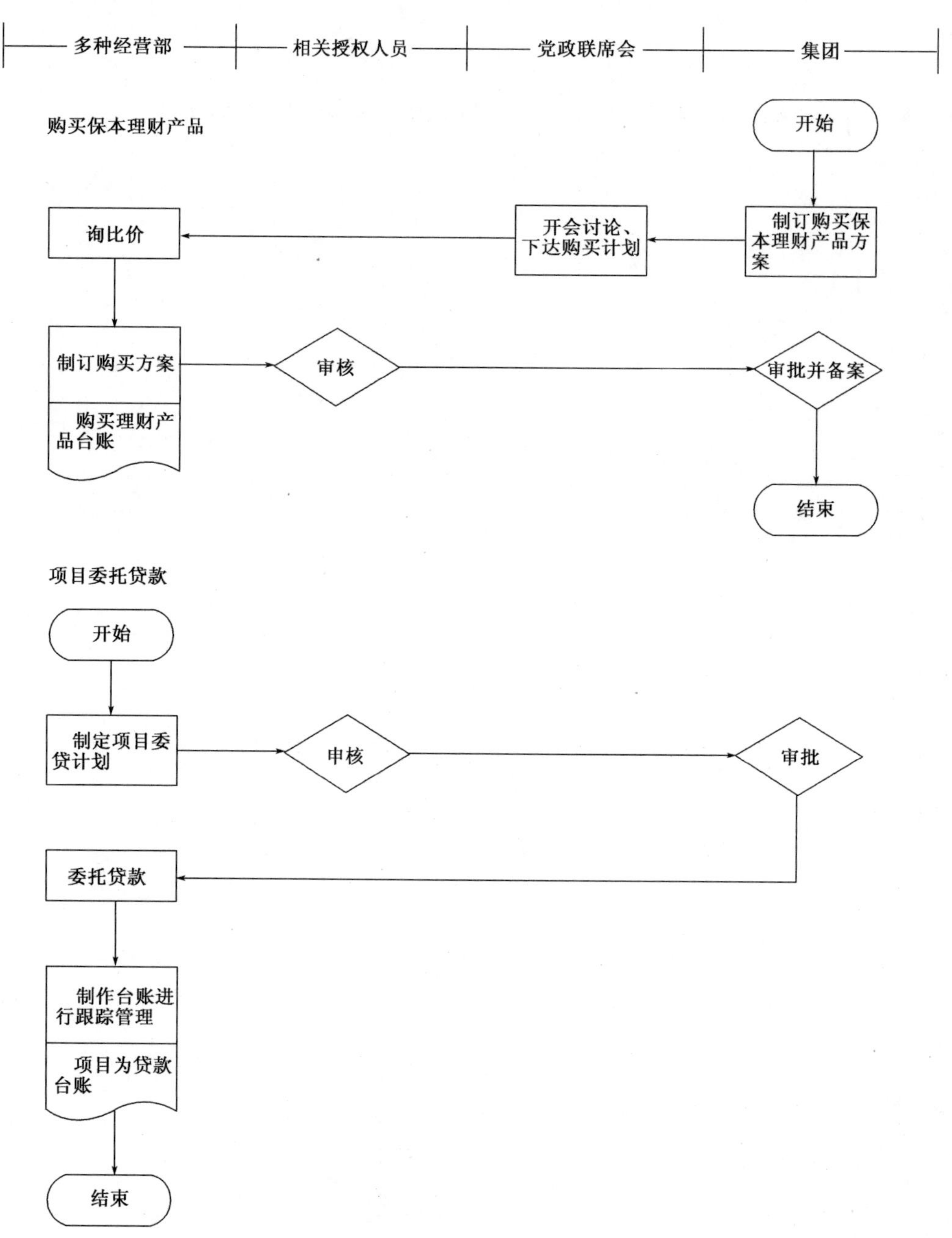

图 8-3　沉淀资金投资管理流程

控 制 目 标　　表 8-2

序号	《内部控制规范》具体控制目标编号	拟实现的内控目标	内控目标具体描述
1	CT8.1-1	合法合规性目标	保证公司投资管理符合国家有关法规和公司规章制度规定
2	CT8.1-2	财务报告目标	保证公司投资管理使财务公允
3	CT8.1-3	资产安全目标	保证公司投资管理所涉及的资金、资产的安全性
4	CT8.1-4	经营效率和效果目标	提升公司投资管理水平以促进公司经营效率与效果
5	CT8.1-5	发展战略目标	保证公司投资管理支持公司发展战略目标

表 8-3

控 制 矩 阵

风险编号	风 险 描 述	对应控制目标编号	关键控制措施编号	控 制 措 施	对应制度	控制痕迹	风险责任部门	风险责任岗位
R8.1-1	未能制定合理的投资规划,可能使投资活动与公司发展战略不匹配,难以实现公司既定的战略目标	CT8.1-1 CT8.1-3	CA8.1-1	投资管理委员会每年根据公司战略制定年度投资规划,公司所有对外投资行为必须符合国家有关法规及产业政策,符合公司长远发展计划和发展战略,有利于拓展主营业务,扩大再生产,有利于公司的可持续发展,有预期的投资回报,有利于提高公司的整体经济利益	无	投资规划	事业发展部	部长
R8.1-2	投资决策失误,引发盲目扩张或丧失发展机遇,可能导致资金链断裂或资金使用效益低下	CT8.1-1 CT8.1-3	CA8.1-2	在进行投资前,需进行充分的调研及投资可行性研究,相关可行性研究需经公司领导审批方可进行项目投资;重大投资项目应实行集体决策制度,同时获得集团审批方可实施投资	无	可行性研究报告、项目投资审批记录	事业发展部	部长
R8.1-3	公司未制订规范的投资管理制度,可能导致投资流程管理混乱,影响投资效率和效果	CT8.1-1 CT8.1-3	CA8.1-3	公司应制定相关的投资管理制度,规范对外投资从立项、可研、投资决策、实施跟踪、投资后评估的相关流程,明确相关部门在各个流程中的职责及权限,规范公司投资管理	无	投资管理制度文件	事业发展部	部长
R8.1-4	投资项目的立项审批流程未按制度规定或审批流程流于形式,可能导致与公司战略不符或存在重大风险的项目也通过审批	CT8.1-1 CT8.1-3	CA8.1-4	公司所有对外投资需经总经理审批,超出总经理权限的应由董事长审批;重大投资项目需进行集体决策,根据项目投资金额大小,通过党政联席会或董事会进行审议。所有项目投资均需报集团进行审批及备案	无	投资审批记录	事业发展部	部长
R8.1-5	企业未根据投资目标和规划,合理安排资金投放结构并拟订投资方案,投资过于高风险,可能影响投资项目质量和收益目标的实现	CT8.1-1 CT8.1-3	CA8.1-5	投资项目可研报告中应包含初步的投资方案,包括投资资金来源、资金结构、资金投放时间节点及相关收益预期的分析,提高投资项目的质量,降低投资项目的收益风险。 投资决策后,应制定详细的投资方案,确定具体的资金结构、放款时间及预期收益的分析等	无	投资方案	事业发展部	部长
R8.1-6	企业未对投资目标、规模、方式、资金来源、风险和收益等作出客观评价并编制可行性分析报告,可能影响投资项目质量和收益目标的实现	CT8.1-1 CT8.1-3	CA8.1-6	由公司负责对外投资管理的部门对公司对外投资项目进行可行性研究与评估。	无	可行性研究报告、评审记录	事业发展部	部长

续上表

风险编号	风险描述	对应控制目标编号	关键控制措施编号	控制措施	对应制度	控制痕迹	风险责任部门	风险责任岗位
R8.1-6	企业未对投资目标、规模、方式、资金来源、风险和收益等作出客观评价并编制可行性分析报告，可能影响投资项目质量和收益目标的实现	CT8.1-1 CT8.1-3	CA8.1-6	（1）项目立项前，首先应充分考虑公司目前业务发展的规模与范围，对外投资的项目、行业、时间、预计的投资收益；其次要对投资的项目进行调查并收集相关信息；最后对已收集到的信息进行分析、讨论并提出投资建议，报公司董事会或董事长立项备案。 （2）项目立项后，负责成立投资项目评估小组，对已立项的投资项目进行可行性分析、评估，同时可聘请有资质的中介机构共同参与评估。评估时应充分考虑国家有关对外投资方面的各种规定并确保符合公司内部规章制度，使一切对外投资活动能在合法的程序下进行	无	可行性研究报告、评审记录	事业发展部	部长
R8.1-7	与投资业务相关职能部门未能形成明确的事前、事中和事后职责清晰、协同有效的工作机制，可能造成投资管控弱化，影响投资效益目标	CT8.1-1 CT8.1-3	CA8.1-7	公司对外投资项目实施后，应根据需要对被投资企业派驻产权代表，如股东代表、董事、监事、总会计师或其他高级管理人员，以便对投资项目进行跟踪管理，及时掌握被投资单位的财务状况和经营情况，发现异常情况，应及时向董事长或总经理报告，并采取相应措施	无	项目投资跟踪管理报告	事业发展部、财务资产部	部长
R8.1-8	未与被投资方签订投资合同或协议，并加强投资收回和处置环节的控制可能导致双方权责不清，影响投资进度或发生纠纷	CT8.1-1 CT8.1-3	CA8.1-8	所有的投资项目，必须签订投资合同，必须有合同才能放款。合同的订立应当合法合规，严格履行合同审核、审批和授权管理制度。审批流程参照用章审批流程	无	投资合同	事业发展部、财务资产部	部长
R8.1-9	对投资活动过程中形成的有关材料、法律文件未进行妥善保管和归档，未能有效执行投资台账和档案保管细则，可能影响投资项目信息完整性，甚至造成投资重要信息泄露的风险及无法有效实施项目后评价	CT8.1-1 CT8.1-3	CA8.1-9	公司负责对外投资管理的部门应当加强有关对外投资档案的管理，保证各种决议、合同、协议以及对外投资权益证书等文件的安全与完整	无	投资档案台账	事业发展部、财务资产部	部长

续上表

风险编号	风 险 描 述	对应控制目标编号	关键控制措施编号	控 制 措 施	对应制度	控制痕迹	风险责任部门	风险责任岗位
R8.1-10	未及时进行有效地的、系统化的投资后评价，未将实际投资效果与预期进行比较，可能造成投资经验与教训未能有效总结，奖罚不明，影响投资管理水平提升	CT8.1-1 CT8.1-3	CA8.1-10	公司对外投资项目实施后，由公司负责对外投资管理的部门进行跟踪，并对投资效果进行评价。公司负责对外投资管理的部门应在项目实施后三年内至少每年一次向公司董事会书面报告项目的实施情况，包括但不限于：投资方向是否正确，投资金额是否到位、是否与预算相符，股权比例是否变化，投资环境政策是否变化，与可行性研究报告所述是否存在重大差异等；并根据发现的问题或经营异常情况向公司董事会提出有关处置意见	无	投资后评价报告	财务资产部	部长
R8.1-11	企业应当加强投资收回和处置环节的控制，对投资收回、转让、核销等决策和审批程序作出明确规定	CT8.1-1 CT8.1-3	CA8.1-11	公司应建立投资管理制度，规范投资收回及处置的相关流程，明确相关部门的职责及权限。同时审计部应定期开展相关投资项目的专项审计，对投资管理的所有流程进行检查，检查投资管理流程是否符合公司相关制度的规定	无	制度文件、审计报告	事业发展部、审计部	部长

8.2 筹资管理

1)流程目标概述

本流程规定了公司投融资管理中的筹资管理的工作,旨在不断提高公司职员参与和审查筹资招标工作和合同谈判的能力,努力避免或降低公司在筹资环节中的风险。

2)适用范围

适用于公司及所属单位。

3)相关制度

(1)《集团融资管理办法(试行)》

(2)《集团关于进一步加强资金管理的通知》

(3)《融资管理办法(试行)》

4)职责分工

(1)财务结算中心

①负责日常工作当中的资金管理。

②制订筹资方案。

③根据授权,具体办理对外筹资、融资、贷款业务,为公司的业务发展、经营运作提供所需资金。

④认真核算资金成本和效益,负责筹资方案的制订和比较,供领导决策。

⑤定期归还筹资的利息和筹资款项。

(2)法律事务部

审核筹资合同。

(3)董事长

审核筹资计划及筹资方案。

(4)集团

审批年度筹资计划及筹资方案。

5)不相容职责——筹资管理

如表 8-4 所示。

不相容职责　　表 8-4

岗位职责	筹资计划编制	筹资计划审批	保管办理股票/债权	会计记录	股利计算核算	支付股利/利息
筹资计划编制		X				
筹资计划审批	X					
保管办理股票/债权				X		X
会计记录			X			X
股利计算核算						X
支付股利/利息			X	X	X	

注:X 表示不相容职责。

6)流程图

如图 8-4 所示。

7)控制目标

如表 8-5 所示。

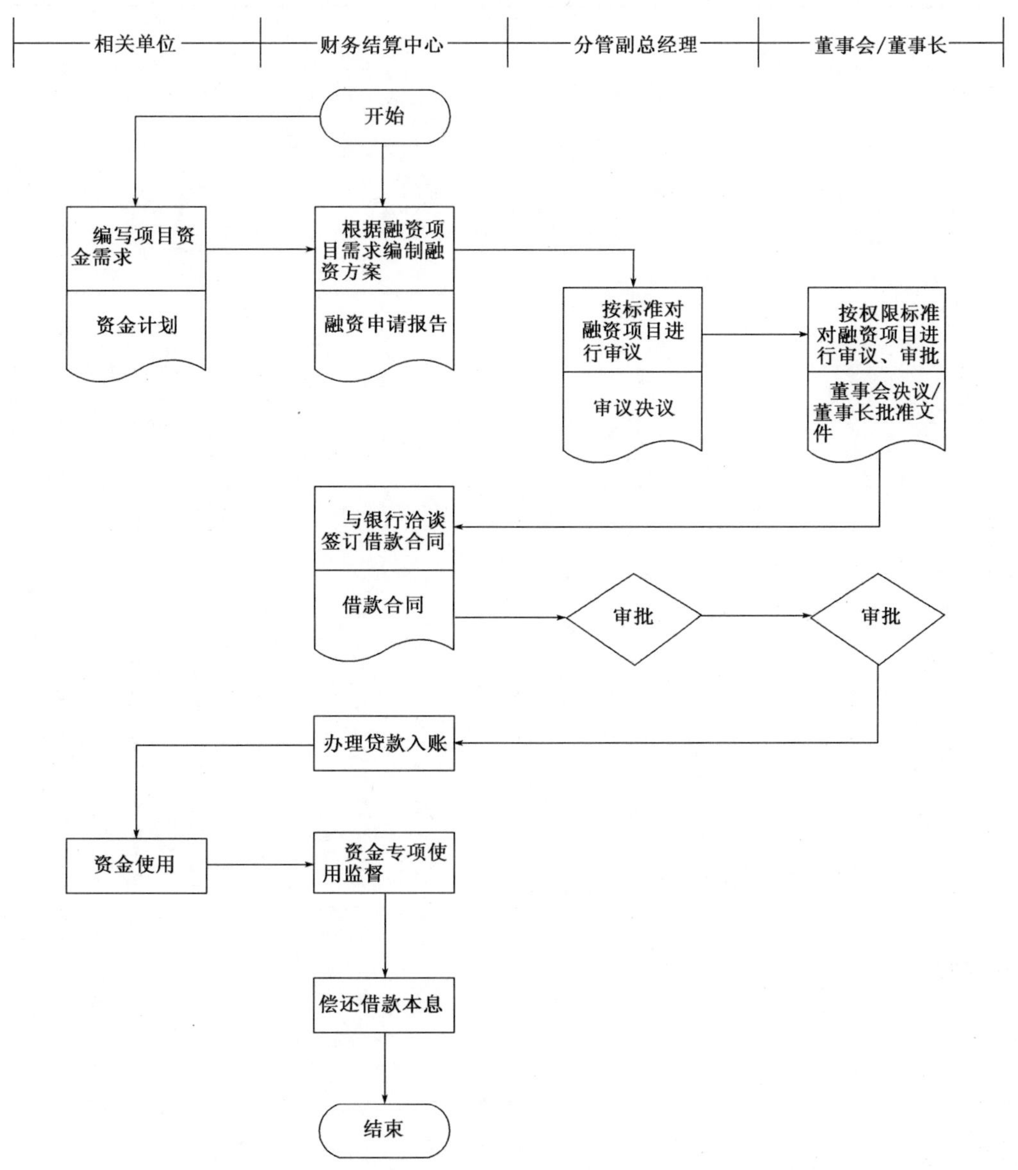

图 8-4 银行借款流程

控 制 目 标

表 8-5

序号	《内部控制规范》具体控制目标编号	拟实现的内控目标	内控目标具体描述
1	CT8.2-1	合法合规性目标	保证公司筹资管理符合国家有关法规和公司规章制度规定
2	CT8.2-2	财务报告目标	保证公司筹资管理使财务公允
3	CT8.2-3	资产安全目标	保证公司筹资管理所涉及的资金、资产的安全性
4	CT8.2-4	经营效率和效果目标	提升公司筹资管理水平以促进公司经营效率与效果
5	CT8.2-5	发展战略目标	保证公司筹资管理支持公司发展战略目标

8)控制矩阵

如表 8-6 所示。

控 制 矩 阵

表 8-6

风险编号	风险描述	对应控制目标编号	关键控制措施编号	控制措施	对应制度	控制痕迹	风险责任部门	风险责任岗位
R8.2-1	筹资决策不当,引发资本结构不合理或无效融资,可能导致企业筹资成本过高,影响公司运营效率效果	CT8.2-1 CT8.2-4	CA8.2-1	公司所有融资项目均需要经过结算中心及公司领导的审核,对于重大事项的融资,应根据权限进行集体决策,降低相关融资决策风险。 公司直接融资事项(包括不限于发行企业债券、中期票据、私募债券、保险资金、融资租赁)以及一次性融资金额超过 10 亿元的间接融资必须事先报集团审批。 公司一次性融资总额不超过 10 亿元的间接融资事项(包括不限于申请银行授信、银行贷款、信托贷款、贷款提前还款、展期、正常偿还本金和利息)向集团报备。 公司权益性融资和发行债券等直接融资事项以及一次性融资金额超过 10 亿元的间接融资事项,由集团财务管理部组织拟定具体实施方案,报集团董事会(党政联席会)审议,并经上级管理部门批准后实施	集团融资管理办法(试行)	融资审批记录	财务结算中心	主任
R8.2-2	资金冗余或债务结构不合理,增加筹资成本,降低资金使用效率,增加企业债务风险	CT8.2-1 CT8.2-4	CA8.2-2	(1)结算中心根据年度预算制定本年度分月资金计划表。 ①本年度分月资金计划表分为基础表和打印版,打印版自动生成不需填列,基础表中除自动计算公式外其余部分需填列。 ②年度分月资金计划表中各项目收支差额按照批复的预算填列。各单位应于每年 12 月中旬向集团报送下一年度分月资金计划表,表中各项收支数据可暂估填列,本年预算下达(当年预算一般在 4 月底前下达)后的当月,各单位应按照预算修正以后月份的收支差额数据及相关数据(本年度分月资金计划表)。 ③年度分月资金计划表中各项账存储备资金是确定资金需求的依据,结算中心据此安排融资计划。 ④年度分月资金计划表中账存资金按照账存储备资金、收支差额及融资总额分别填列,各单位按照账存资金确定月、季平均账存资金额度。	集团关于进一步加强资金管理的通知	资金计划、审核记录	财务结算中心	主任

续上表

风险编号	风险描述	对应控制目标编号	关键控制措施编号	控制措施	对应制度	控制痕迹	风险责任部门	风险责任岗位
R8.2-2	资金冗余或债务结构不合理,增加筹资成本,降低资金使用效率,增加企业债务风险	CT8.2-1 CT8.2-4	CA8.2-2	⑤结算中心应根据实际执行情况按季对本年度分月资金计划表进行定期修正。每年一季度对当年后期的资金修正计划在年度预算正式批复后 15 日内上报;每年二季度、三季度对当年后期的资金修正计划,应分别于 7 月 15 日前、10 月 20 日前上报。 (2)集团对各单位上报的本年度分月资金计划表中融资总额及平均账存资金上限额度进行核定,并将其执行情况纳入集团考核体系。 各单位应严格执行《集团融资管理办法(试行)》中的相关规定,按照集团核定的融资总额适度控制融资节奏,减少资金沉淀	集团关于进一步加强资金管理的通知	资金计划、审核记录	财务结算中心	主任
R8.2-3	企业未对筹资方案进行科学论证,重大筹资方案未编制可行性研究报告并全面反映风险评估情况,可能导致企业筹资成本过高,容易引发资金风险	CT8.2-1 CT8.2-4	CA8.2-3	如有必要,融资主管部门可聘请外部机构对拟定的融资方案进行评价论证并出具专业报告	集团融资管理办法(试行)	融资方案评价报告	财务结算中心	主任
R8.2-4	未制定融资预算,可能导致借款计划制定不合理,影响公司融资战略	CT8.2-1 CT8.2-4	CA8.2-4	(1)结算中心根据年度预算制定本年度分月资金计划表。 ①本年度分月资金计划表分为基础表和打印版,打印版自动生成不需填列,基础表中除自动计算公式外其余部分需填列。 ②年度分月资金计划表中各项目收支差额按照批复的预算填列。各单位应于每年 12 月中旬向集团报送下一年度分月资金计划表,表中各项收支数据可暂估填列,本年预算下达(当年预算一般在 4 月底前下达)后的当月各单位应按照预算修正以后月份的收支差额数据及相关数据(本年度分月资金计划表)。 ③年度分月资金计划表中各项账存储备资金是确定资金需求的依据,结算中心据此安排融资计划。 ④年度分月资金计划表中账存资金按照账存储备资金、收支差额及融资总额分别填列,各单位按照账存资金确定月、季平均账存资金额度。	集团关于进一步加强资金管理的通知	资金计划	财务结算中心	主任

续上表

风险编号	风险描述	对应控制目标编号	关键控制措施编号	控制措施	对应制度	控制痕迹	风险责任部门	风险责任岗位
R8.2-4	未制定融资预算，可能导致借款计划制定不合理，影响公司融资战略	CT8.2-1 CT8.2-4	CA8.2-4	⑤结算中心应根据实际执行情况按季对本年度分月资金计划表进行定期修正。每年一季度对当年后期的资金修正计划在年度预算正式批复后 15 日内上报；每年二季度、三季度对当年后期的资金修正计划，应分别于 7 月 15 日前、10 月 20 日前上报。 （2）集团对各单位上报的本年度分月资金计划表中融资总额及平均账存资金上限额度进行核定，并将其执行情况纳入集团考核体系。 各单位应严格执行《集团融资管理办法（试行）》中的相关规定，按照集团核定的融资总额适度控制融资节奏，减少资金沉淀	集团关于进一步加强资金管理的通知	资金计划	财务结算中心	主任
R8.2-5	借款融资的方案及计划制订不合理，包括借款方式、借款金额、借款期限、成本与收益等，可能导致融资成本过高，影响公司资金流动性	CT8.2-1 CT8.2-4	CA8.2-5	集团及所属各单位应当根据批准的融资方案，严格按照规定权限和程序筹集资金。 （1）通过银行借款等间接方式融资的，应当重点关注利率风险、融资成本、偿还能力以及流动性风险等。融资主体应当与有关金融机构进行洽谈，明确借款规模、利率、期限、担保、还款安排、相关的权利义务和违约责任等内容。双方达成一致意见后签署借款合同，据此办理相关借款业务。 （2）通过发行债券等直接方式融资的，融资主体应当合理选择债券种类，对还本付息方案做出系统安排，确保按期、足额偿还到期本金和利息	集团融资管理办法（试行）	融资方案、融资方案审核记录	财务资产部、财务结算中心	部门负责人
R8.2-6	借款融资的方案及计划未按公司规定审批，可能导致借款资金风险和分配不合理	CT8.2-1 CT8.2-4	CA8.2-6	公司所有融资项目均需要经过结算中心及公司领导的审核，对于重大事项的融资，应根据权限进行集体决策，降低相关融资决策风险。 公司直接融资事项（包括但不限于发行企业债券、中期票据、私募债券、保险资金、融资租赁）以及一次性融资金额超过 10 亿元的间接融资必须事先报集团审批。 公司一次性融资总额不超过 10 亿元的间接融资事项（包括但不限于申请银行授信、银行贷款、信托贷款、贷款提前还款、展期、正常偿还本金和利息）向集团报备	集团融资管理办法（试行）	融资决策审批记录	财务结算中心	主任

续上表

风险编号	风 险 描 述	对应控制目标编号	关键控制措施编号	控 制 措 施	对应制度	控制痕迹	风险责任部门	风险责任岗位
R8.2-6	借款融资的方案及计划未按公司规定审批,可能导致借款资金风险和分配不合理	CT8.2-1 CT8.2-4	CA8.2-6	公司权益性融资和发行债券等直接融资事项以及一次性融资金额超过 10 亿元的间接融资事项,由集团财务管理部组织拟定具体实施方案,报集团董事会(党政联席会)审议,并经上级管理部门批准后实施	集团融资管理办法(试行)	融资决策审批记录	财务结算中心	主任
R8.2-7	借款合同未经相关部门及领导审核,可能导致合同条款存在风险漏洞,造成法律风险	CT8.2-1 CT8.2-4	CA8.2-7	公司所有融资均需签订合同,合同需经财务资产部、财务结算中心、办公室、监察部、法律事务部、公司领导审批后方可签订	《融资管理办法》(试行)	合同审批表	财务结算中心	主任
R8.2-8	借款资金到账后财务未及时进行账务处理,可能导致会计记录不准确、不完整	CT8.2-1 CT8.2-4	CA8.2-8	借款资金到账后进行审核确认并及时进行账务处理	《融资管理办法》(试行)	会计凭证	财务结算中心	主任
R8.2-9	未按合同期限及时归还借款,可能导致银行要求经济赔偿或引起法律纠纷并影响银行对公司的信用评价	CT8.2-1 CT8.2-4	CA8.2-9	集团财务结算中心负责集团及所属各单位偿还债务和支付融资费用计划的报批工作,掌握资金偿还的时间、本息金额,并按时提交偿还资金本息申请。集团资金管理中心及所属二级单位资金管理中心负责偿还债务和支付融资费用的具体工作。对外支付融资本金、利息、手续费等时,应当履行规定的审批手续,经批准后方可办理	集团融资管理办法(试行)	借款还款台账	财务结算中心	主任
R8.2-10	延期还款未签订延期合同或新的借款合同,可能导致银行利息罚款,造成经济损失,或影响银行对公司的信用评价	CT8.2-1 CT8.2-4	CA8.2-10	每月末,财务结算中心主任需检查当月还款情况,如发现有借款到期未能及时归还的,在第一时间了解逾期原因,及时上报公司财务总监及总经理,并积极配合金融机构、担保方进行商洽,提出应急方案并妥善处理。对于需进行延期还款的,应立即签订延期合同或新的借款合同	《融资管理办法》(试行)	借款合同台账	财务结算中心	主任
R8.2-11	融资记录、还本付息金额计算不准确,可能导致财务报告信息不真实、不完整	CT8.2-1 CT8.2-4	CA8.2-11	财务结算中心会计人员根据借款合同正确核算并计提利息支出,区分费用化的利息和资本化的利息,同时与结算中心相关对账单进行比对,确保还款计算的准确性	《融资管理办法》(试行)	对账记录	财务结算中心	主任

8.3 担保抵押管理

1)流程目标概述

本流程规定了公司担保抵押管理的工作,旨在规范公司担保流程,审查资金安全,对担保的明细责任及风险进行控制。

2)适用范围

适用于公司及所属单位。

3)相关制度

《担保管理办法》。

4)职责分工

(1)财务结算中心

①审核担保申请人的资信以及进行风险评估。

②拟定担保合同并签订担保合同。

③监督担保合同的执行。

④监督被担保方的经营状况。

⑤担保合同期满相关手续的办理。

(2)法律事务部

①负责担保申请的审核。

②负责审核担保合同。

(3)总会计师

①负责担保申请的审核。

②负责审核担保合同。

③负责审阅被担保方的经营状况。

(4)董事长

①负责担保申请的审批。

②负责审批担保合同。

③负责审阅被担保方的经营状况。

④负责担保事项的披露工作。

5)不相容职责——担保抵押管理

如表 8-7 所示。

不相容职责　表 8-7

岗位职责	担保申请	担保风险评估	担保申请审批	担保合同拟定	担保合同审核	担保合同签订	跟踪评估
担保申请			X				
担保风险评估							
担保申请审批	X						
担保合同拟定					X		
担保合同审核				X			
担保合同签订							
跟踪评估							

注:X 表示不相容职责。

6)流程图

如图 8-5 所示。

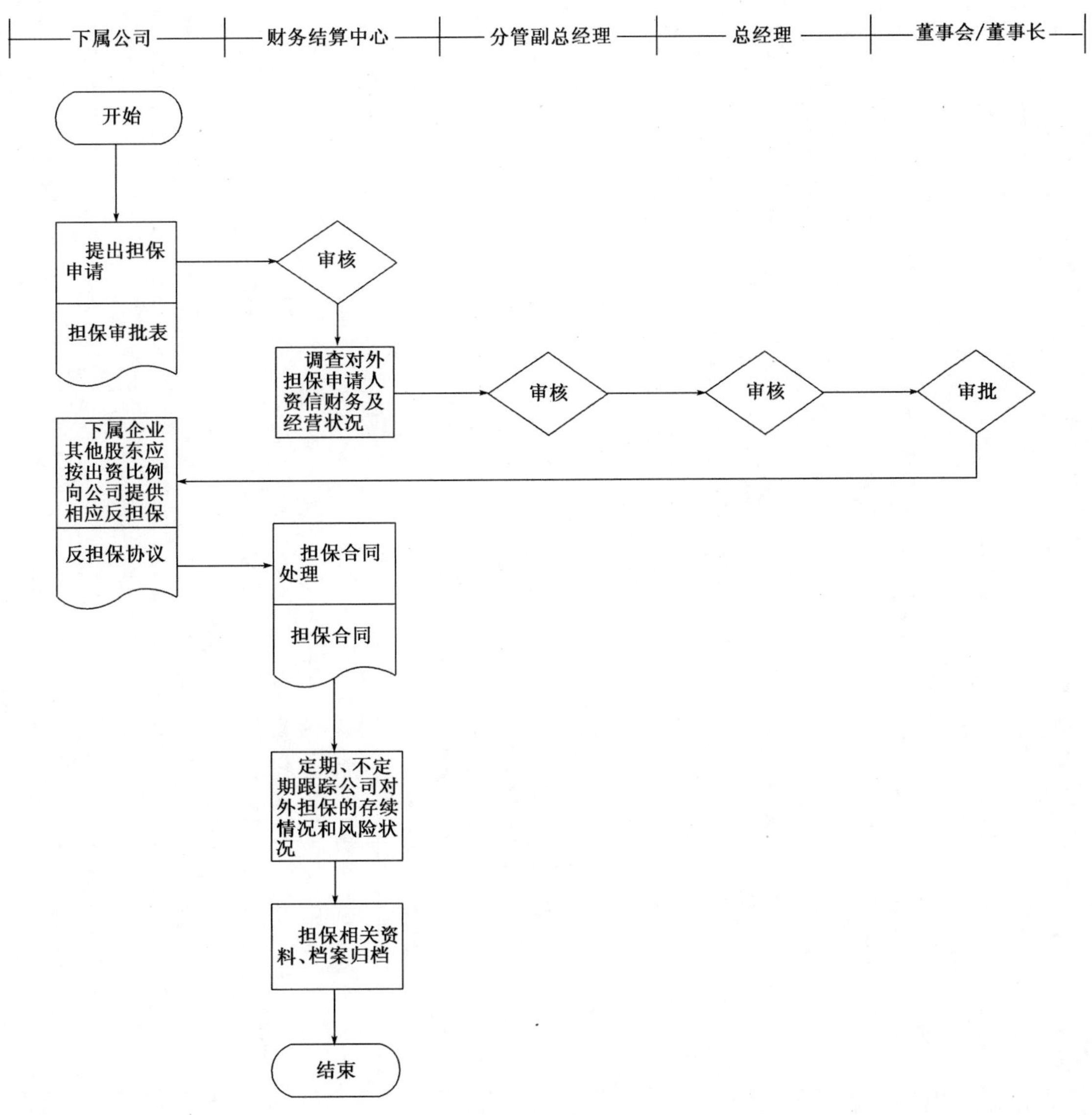

图 8-5　抵押担保流程

7)控制目标

如表 8-8 所示。

控 制 目 标　　表 8-8

序号	《内部控制规范》具体控制目标编号	拟实现的内控目标	内控目标具体描述
1	CT8.3-1	合法合规性目标	保证公司担保抵押管理符合国家有关法规和公司规章制度规定
2	CT8.3-2	财务报告目标	保证公司担保抵押管理使财务公允
3	CT8.3-3	资产安全目标	保证公司担保抵押管理所涉及的资金、资产的安全性
4	CT8.3-4	经营效率和效果目标	提升公司担保抵押管理水平以促进公司经营效率与效果
5	CT8.3-5	发展战略目标	保证公司担保管理支持公司发展战略目标

8)控制矩阵

如表 8-9 所示。

控制矩阵 表8-9

风险编号	风险描述	对应控制目标编号	关键控制措施编号	关键控制措施	对应制度	控制痕迹	风险责任部门	风险责任岗位
R8.3-1	公司未制订担保管理制度，使得公司及下属分子公司担保管理混乱，违规担保，可能导致公司无法对担保及债务进行统筹管理，造成违规、违约和资产损失，损害公司利益	CT8.3-1	CA8.3-1	为加强公司担保管理工作，健全和完善担保风险管理机制，促进经营业务发展，保证资产安全，根据《中华人民共和国合同法》《中华人民共和国担保法》《内部会计控制规范—担保》等法律法规，结合公司实际情况，制定《担保管理办法》	《担保管理办法》	公司颁布的担保管理办法	财务结算中心	主任
R8.3-2	未能有效限定担保范围，可能导致担保责任不清，造成公司财产损失	CT8.3-1 CT8.3-3	CA8.3-2	公司只能对下属全资公司、控股或有实际控制权的公司提供担保业务，公司财务结算中心为公司担保业务主管部门。为其他公司提供担保的，需由公司董事会审核，报集团审批后方可提供担保业务	无	公司颁布的担保管理办法	财务结算中心	主任
R8.3-3	对被担保人的资信状况和财务状况调查与监督不深，未对被担保单位资产及负债情况进行评估和分析，造成决策失误，担保风险过大，可能导致公司经济损失	CT8.3-1 CT8.3-3	CA8.3-3	担保单位应建立严格的担保业务评审制度，为担保决策提供依据。 担保业务执行部门的评估：为项目业主融资提供的担保，评估应包括项目与业主的治理关系、业主的资信状况及近3年财务状况、项目资金运作方式、业主还贷及反担保的可行性分析。 各级财务部门：对业务执行部门的评估进行审核，确定是否存在重大遗漏和错误	《担保管理办法》	对担保对象资信调查与分析文件	财务结算中心	主任
R8.3-4	对被担保人出现财务困难或经营陷入困境等状况监控不力，应对措施不当，可能导致企业承担法律责任	CT8.3-1 CT8.3-3	CA8.3-4	公司财务结算中心负责对公司内担保业务进行监督检查，各担保单位财务部门负责对本单位担保业务进行监督检查。对监督检查中发现的问题应督促有关单位或部门及时查明原因，采取措施加以纠正和完善，每次监督检查应形成书面报告，并及时报送被检查单位主管财务或审计的领导及上级担保业务主管部门	《担保管理办法》	担保监督检查报告	财务结算中心	主任
R8.3-5	企业未指定相关部门负责办理担保业务，可能导致没有部门监督担保情况的发生，可能导致担保成本过高，资产损失风险较大	CT8.3-1 CT8.3-3	CA8.3-5	公司负责制定担保政策及对全资公司、控股或有实际控制权的公司担保业务的审批，公司财务结算中心为公司担保业务主管部门。 公司财务结算中心负责对公司内担保业务进行监督检查，各担保单位财务部门负责对本单位担保业务进行监督检查	《担保管理办法》	部门职责	财务结算中心	主任

续上表

风险编号	风险描述	对应控制目标编号	关键控制措施编号	关键控制措施	对应制度	控制痕迹	风险责任部门	风险责任岗位
R8.3-6	抵押担保的方案及计划制定不合理，可能导致担保成本过高，资产损失风险较大	CT8.3-1 CT8.3-3	CA8.3-6	担保单位担保总额原则上不得超过其最近一个会计年度合并会计报表净资产的50%，特殊情况需扩大担保限额的，全资子公司报公司董事会审批，控股子公司报本单位股东大会审批，同时报公司财务结算中心备案。 各级财务部门：对担保条件、金额、期限等进行审核，审核是否符合规定要求	《担保管理办法》	担保方案与计划文件	财务结算中心	主任
R8.3-7	企业内设机构及子公司未经授权办理担保业务，可能导致担保成本过高，资产损失风险较大	CT8.3-1 CT8.3-3	CA8.3-7	公司负责制定担保政策及对全资公司、控股或有实际控制权的公司担保业务的审批，公司财务结算中心为公司担保业务主管部门。 各级财务部门：对担保条件、金额、期限等进行审核，审核是否符合规定要求	《担保管理办法》	担保审核审批文件	财务结算中心	主任
R8.3-8	未签订担保合同，可能导致违约风险，造成公司经济利益损失	CT8.3-1 CT8.3-3	CA8.3-8	担保业务主管部门应根据审批意见，按规定程序订立担保合同。 担保合同应明确约定担保范围、限额、方式、期限、违约责任，并在合同中明确被担保单位有提供审计报告、财务报表，及时报告担保事项实施情况的义务	《担保管理办法》	担保合同和反担保合同	财务结算中心	主任
R8.3-9	担保过程中存在舞弊行为，可能导致经办审批等相关人员涉案或企业利益受损	CT8.3-1 CT8.3-3	CA8.3-9	公司财务结算中心负责对公司内担保业务进行监督检查，各担保单位财务部门负责对本单位担保业务进行监督检查。对监督检查中发现的问题应督促有关单位或部门及时查明原因，采取措施加以纠正和完善，每次监督检查应形成书面报告，并及时报送被检查单位主管财务或审计的领导及上级担保业务主管部门	《担保管理办法》	担保监督检查报告	财务结算中心	主任
R8.3-10	担保合同未按公司规定的流程审批，合同条款存在风险漏洞或有失公允，可能造成公司经济损失或产生法律风险	CT8.3-1 CT8.3-3	CA8.3-10	担保单位应根据担保评审报告及法律顾问或专家意见，对担保业务进行集体审批。对在担保中出现重大决策失误、未履行集体审批程序和不按规定执行担保业务的部门及人员，要追究相应责任。 担保业务主管部门应根据审批意见，按规定程序订立担保合同。订立担保合同前，应当征询法律顾问意见，确保合同条款符合国家及本单位规定	《担保管理办法》	担保合同及审核文件	财务结算中心	主任

续上表

风险编号	风险描述	对应控制目标编号	关键控制措施编号	关键控制措施	对应制度	控制痕迹	风险责任部门	风险责任岗位
R8.3-11	未建立担保台账，担保数据未被真实、准确、完整地记录，导致财务报表错报或披露与事实不符	CT8.3-1 CT8.3-4	CA8.3-11	担保业务执行部门在担保业务执行过程中的主要职责：对被担保单位或项目的风险及担保实施情况的跟踪监测，定期了解被担保单位的经营情况及财务状况，收集相关信息，建立被担保单位档案，并报担保业务主管部门	《担保管理办法》	担保台账	财务结算中心	主任
R8.3-12	未定期对被担保单位的财务和生产经营情况进行了解以及调查分析，对被担保人出现财务困难或经营陷入困境等状况监控不力，应对措施不当，可能导致企业承担法律责任	CT8.3-1 CT8.3-3	CA8.3-12	公司财务结算中心负责对公司内担保业务进行监督检查，各担保单位财务部门负责对本单位担保业务进行监督检查。对监督检查中发现的问题应督促有关单位或部门及时查明原因，采取措施加以纠正和完善，每次监督检查应形成书面报告，并及时报送被检查单位主管财务或审计的领导及上级担保业务主管部门	《担保管理办法》	调查记录资料文件	财务结算中心	主任
R8.3-13	企业未建立担保业务责任追究制度，可能导致决策执行不严格，造成公司资产损失	CT8.3-1 CT8.3-3	CA8.3-13	担保单位应根据担保评审报告及法律顾问或专家意见，对担保业务进行集体审批。对在担保中出现重大决策失误、未履行集体审批程序和不按规定执行担保业务的部门及人员，要追究相应责任	《担保管理办法》	集体审批记录	财务结算中心	主任
R8.3-14	担保期满后未及时终止担保关系并清理担保资产及相关凭证，可能导致债权人因债务人未及时还清债务而处置相关抵押资产，造成公司资产损失	CT8.3-1 CT8.3-3	CA8.3-11	财务结算中心统筹、协调公司及项目部担保活动，具体跟踪落实相关担保事项。根据合同，在担保结期满后及时终止担保关系并清理担保资产及相关凭证	无	担保注销手续及相关记录	财务结算中心	主任
R8.3-15	未对担保合同及与担保事项相关的文件资料进行有效保管，造成重要的贷款合同或资料遗失，可能导致资产及法律风险	CT8.3-1 CT8.3-4	CA8.3-15	担保单位应加强对担保合同的管理，杜绝合同管理上的漏洞。对担保合同、反担保合同及抵押权、质押权凭证等相关原始资料妥善保存、严格管理，每一季度进行一次检查清理，对清理检查结果应有书面记录	《担保管理办法》	担保档案目录及相关资料	财务结算中心	主任

9 采 购 业 务

9.1 合格供应商管理

1)流程目标概述

本流程规定了公司有关涉及公司合格供应商的开发、调查、评鉴、管理的流程。旨在规范公司合格供应商管理的各项具体工作,避免或降低公司在合格供应商管理中存在的风险。

2)适用范围

适用于公司及所属单位。

3)相关制度

无。

4)职责分工

采购管理部门职责:

(1)负责供应商开发、资质审核,建立合格供应商数据库。

(2)对评审委员会批准的合格供应商进行更新、发布合格供应商名录和黑名单。

(3)组织对供应商进行评审及招投标活动。

(4)考察供应商。

(5)采购货物。

5)不相容职责——合格供应商管理

如表 9-1 所示。

不 相 容 职 责　　表 9-1

岗位职责	供应商 评价	合格供应商 准入审批	合格供应商 名录管理
供应商 评价		X	X
合格供应商 准入审批	X		X
合格供应商 名录管理	X	X	

注:X 表示不相容职责。

6)流程图

如图 9-1 所示。

7)控制目标

如表 9-2 所示。

8)控制矩阵

如表 9-3 所示。

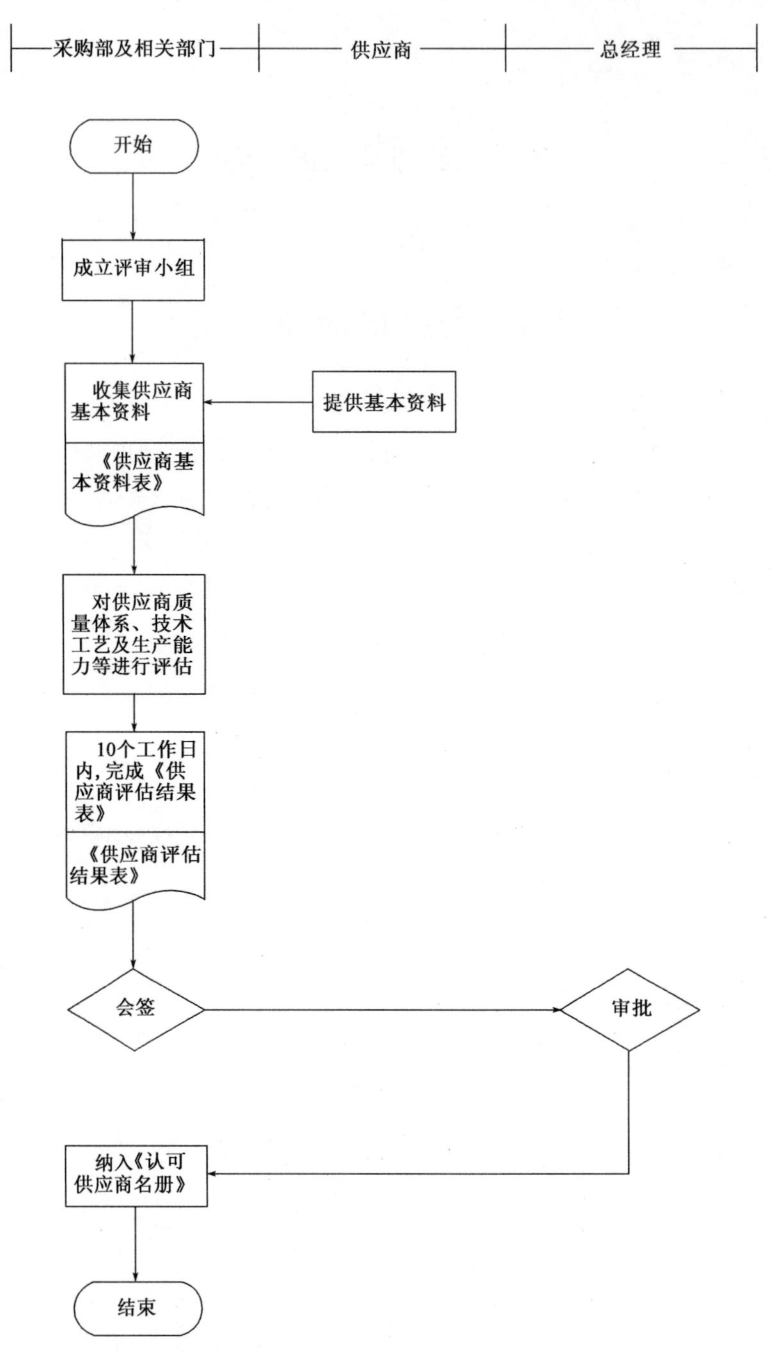

图 9-1　供应商准入流程图

控 制 目 标　　表 9-2

序号	《内部控制规范》具体控制目标编号	拟实现的内控目标	内控目标具体描述
1	CT9. 1-1	合法合规性目标	保证合格供应商管理符合国家有关法规和公司规章制度规定
2	CT9. 1-2	财务报告目标	保证合格供应商管理使财务公允
3	CT9. 1-3	资产安全目标	保证合格供应商管理所涉及的资金、资产的安全性
4	CT9. 1-4	经营效率和效果目标	提升合格供应商管理水平以促进公司经营效率与效果
5	CT9. 1-5	发展战略目标	保证合格供应商管理符合公司发展战略目标

控制矩阵

表 9-3

风险编号	风险描述	对应控制目标编号	关键控制措施编号	控制措施	对应制度	控制痕迹	风险责任部门	风险责任岗位
R9.1-1	公司未制订合格供应商管理制度，可能导致供应商管理混乱，影响采购工作效率和效果	CT9.1-1 CT9.1-4	CA9.1-1	公司应制定相关供应商管理制度，规范供应商引入，合格供应商评审，供应商监控，供应商评价及退出的流程，明确各部门在各个流程中的职责及权限，规范供应商管理	无	制度文件	相关采购部门	部长
R9.1-2	供应商开发选择不当，可能导致采购物资质次价高，出现舞弊或遭受欺诈	CT9.1-1 CT9.1-4	CA9.1-2	新进供应商的确定应遵循以下流程： （1）由相关采购部门责任人牵头，会同其他相关部门组成评审小组。 （2）评审小组负责收集供应商基本资料表，对供应商进行评审，特别是对其质量体系、技术工艺及生产能力等过程进行评估。 （3）评审结束后，相关采购部门负责人在10个工作日内，完成《供应商评估结果表》，评审小组会签，会签完毕后提交总经理审批，审批通过后，进入《合格供应商名录》	无	新进供应商评价表	相关采购部门	部长
R9.1-3	供应商信息调查不清，供应商提供虚假资料或不真实的数据，可能将不符合条件的供应商纳入合格供应商体系	CT9.1-1 CT9.1-4	CA9.1-3	公司相关采购部门通过新进供应商评审对供应商提供的相关资料进行审核；对于重要供应商物资采购部门必要时需进行实地考察	无	新进供应商调查表与评价表	相关采购部门	部长
R9.1-4	供应商评审程序不当或未设置供应商审批权限或权限设置不清或发生越权行为，可能导致采购人员选择供应商的权限过大，产生舞弊风险	CT9.1-1 CT9.1-4	CA9.1-4	新进供应商的确定应遵循以下流程： （1）由相关采购部门责任人牵头，会同其他相关部门组成评审小组。 （2）评审小组负责收集供应商基本资料表，对供应商进行评审，特别是对其质量体系、技术工艺及生产能力等过程进行评估。 （3）评审结束后，相关采购部门负责人在10个工作日内，完成《供应商评估结果表》，评审小组会签，会签完毕后提交总经理审批，审批通过后，进入《合格供应商名录》	无	供方评价表	相关采购部门	部长

续上表

风险编号	风险描述	对应控制目标编号	关键控制措施编号	控制措施	对应制度	控制痕迹	风险责任部门	风险责任岗位
R9.1-5	未建立并定期更新合格供应商名录，未定期进行供应商评审，或未将评审不合格的供应商淘汰，可能导致供应商选择不当	CT9.1-1 CT9.1-4	CA9.1-5	供应商考评每一年开展一次，从质量管理、供货能力和售后服务等多方面开展考评。 对不同考评等级的供应商采取以下奖惩方式： (1)优秀：增加交易量，加强新业务合作； (2)良好：保持交易量，继续新业务合作； (3)合格：减少交易量，停止新业务合作； (4)不合格：除按合同进行处理外，还要视情况分别提出警告、暂停供货资格或永久取消供货资格处理意见，报主管领导审批。 根据考评结果每年更新《合格供应商名录》	无	供方评审文件、供应商名录更新记录	相关采购部门	部长
R9.1-6	未与供应商保持良好稳定的合作关系，可能导致经常更换供应商，影响商品采购质量	CT9.1-1 CT9.1-4	CA9.1-6	对不同考评等级的供应商采取以下奖惩方式： (1)优秀：增加交易量，加强新业务合作； (2)良好：保持交易量，继续新业务合作； (3)合格：减少交易量，停止新业务合作； (4)不合格：除按合同进行处理外，还要视情况分别提出警告、暂停供货资格或永久取消供货资格处理意见，报主管领导审批	无	考评结果	相关采购部门	部长
R9.1-7	未将供应商评审纳入归口部门绩效考核范围中，可能导致供应商评审工作流于形式、供应商管理混乱	CT9.1-1 CT9.1-4	CA9.1-7	将供应商管理工作纳入《各部门职责及岗位责任制》进行月度或年度考核	无	绩效考核结果	相关采购部门	部长
R9.1-8	未对供应商资料进行归档保管，可能导致重要的供应商资料遗失，影响对供应商的后期管理及评审	CT9.1-1 CT9.1-4	CA9.1-8	对于供应商的管理，要求相应的职能部门建立存档文件和电子表格，存档文件包含《供应商选择考察表》《供应商资料卡》《供应商考核表》及供应商提供的原始资料附件，以及其他往来单据等资料文档。电子文档、表格按公司要求进行统一备份存档管理	无	供应商资料档案目录及相关资料	相关采购部门	部长

9.2 采购及招标管理

1)流程目标概述

本流程规定了公司有关涉及公司非工程类采购及招标的流程。旨在规范公司采购及招标管理的各项具体工作,避免或降低公司在采购及招标管理中存在的风险。

2)适用范围

适用于公司及所属单位。

3)相关制度

无。

4)职责分工

(1)公司采购管理部门职责

①组织对设备供货商进行考察,并提交考察报告,建立合格供应商档案。

②制订采购计划。

③执行采购货物。

④负责物资采购招标资料的收集、整理、归档、保存。

(2)法律事务部职责

负责物资采购合同的合法性审查。

5)不相容职责——采购及招标管理

如表 9-4 所示。

不相容职责　　表 9-4

岗位职责	计划制定	审核	采购申请	付款申请	监督
计划制定		X			X
审核	X		X	X	X
采购申请		X			X
付款申请		X			X
监督	X	X	X	X	

注:X 表示不相容职责。

6)流程图

(1)公司采购管理流程

如图 9-2 所示。

(2)公司招标采购流程

如图 9-3 所示。

7)控制目标

如表 9-5 所示。

8)控制矩阵

如表 9-6 所示。

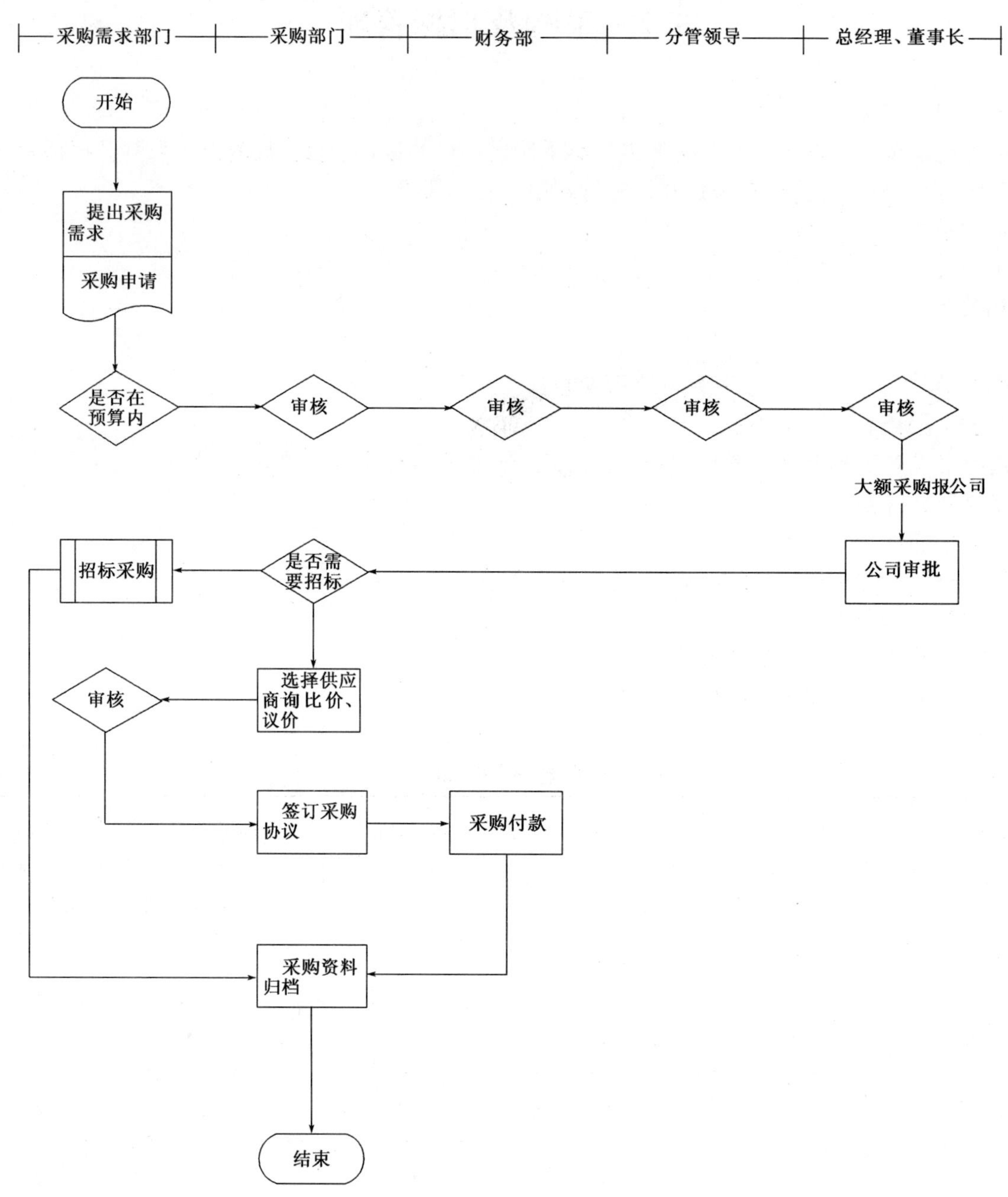

图 9-2　公司采购管理流程

控制目标

表 9-5

序号	《内部控制规范》具体控制目标编号	拟实现的内控目标	内控目标具体描述
1	CT9.2-1	合法合规性目标	保证公司采购及招标符合国家有关法规和公司规章制度规定
2	CT9.2-2	财务报告目标	保证公司采购及招标使财务公允
3	CT9.2-3	资产安全目标	保证公司采购及招标过程所涉及的资金、资产的安全性
4	CT9.2-4	经营效率和效果目标	提升公司采购及招标管理水平以促进公司经营效率与效果
5	CT9.2-5	发展战略目标	保证公司采购及招标管理符合公司发展战略目标

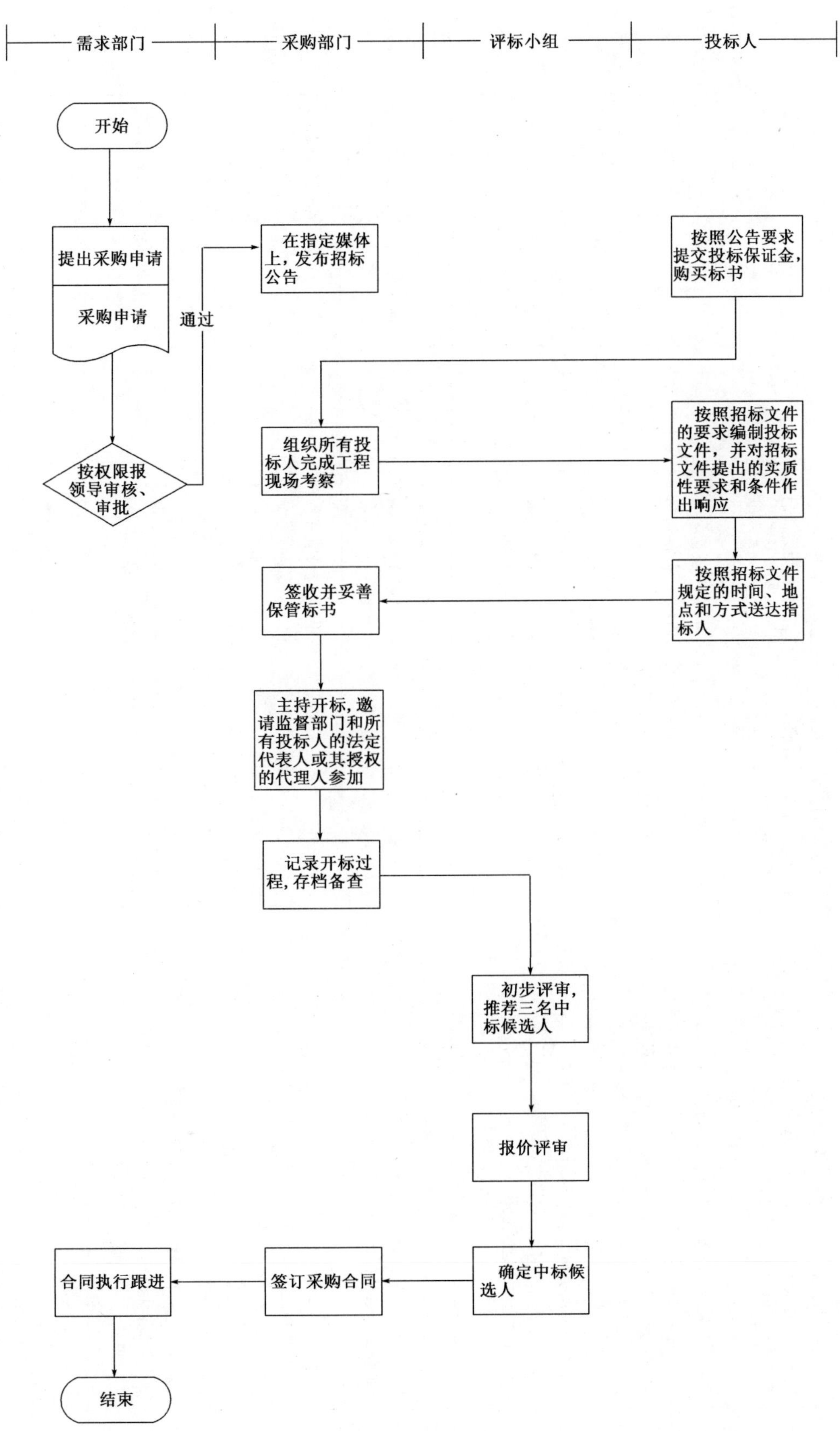

图 9-3　公司招标采购流程

控制矩阵

表 9-6

风险编号	风险描述	对应控制目标编号	关键控制措施编号	控制措施	对应制度	控制痕迹	风险责任部门	风险责任岗位
R9.2-1	公司未制订采购管理制度，对采购方式、采购程序无书面规定，可能导致采购管理混乱，影响正常经营活动	CT9.2-3 CT9.2-4	CA9.2-1	公司应制定采购管理制度，规范采购计划、询比价、供应商选定、采购合同签订等流程，明确各相关部门职责及权限，规范公司采购管理	无	制度文件	相关采购部门	部长
R9.2-2	未执行采购人员定期岗位轮换制度，可能导致采购人员与供应商暗中操纵采购成本，形成舞弊，给公司造成损失	CT9.2-1 CT9.2-3 CT9.2-4	CA9.2-2	公司应对关键岗位进行定期轮岗，其中包括采购岗位员工。对部门员工可进行部门内部轮岗，部门负责人实行外部轮岗，降低舞弊风险	无	关键岗位轮岗记录	人事劳动部	部长
R9.2-3	采购过程中未进行规范的询比价，供应商的选定未经过相关授权人员的审核，容易引发相关舞弊风险	CT9.2-3 CT9.2-4	CA9.2-3	除零星采购外，未达到招标条件的物资或服务采购，采购人员需进行至少 3 家供应商的询比价，并推荐相关供应商；供应商少于 3 家的需进行特殊说明；供应商的选定，需由采购部门负责人审核、分管领导审批，超出权限范围的需由总经理进行审批	无	询比价记录、采购结果审批记录	相关采购部门	部长
R9.2-4	大额物资或服务采购未签订合同，可能导致发生质量问题时，无法通过法律手段保障公司利益	CT9.2-3 CT9.2-4	CA9.2-4	超过 2 万元的单笔采购或短期内累积两万元的采购(禁止采购部门分拆)，必须签订采购合同，约定采购双方权责，保障公司利益	无	采购合同	相关采购部门	部长
R9.2-5	采购验收不规范，付款审核不严，可能导致采购物资、资金损失	CT9.2-1 CT9.2-3 CT9.2-4	CA9.2-5	物资到货后，需由采购部门及使用部门(或仓库管理部门)共同签字验收，财务资产部根据验收表单及合同付款条件进行付款。无授权人员签字的验收单，财务资产部不得付款	无	验收单	相关采购部门、使用部门、仓库、财务资产部	部长
R9.2-6	采购相关资料归档不及时，可能导致采购管理混乱，发生问责事故无法查找相关资料	CT9.2-6	CA9.2-3	采购部门应该建立采购档案资料清单，根据清单对采购过程资料分类保管，并建立档案台账，由专人保管	无	采购档案资料清单、采购档案台账	相关采购部门	部长
R9.2-7	公司未能根据实际经营情况和需要确定需要招标的范围，可能使招标采购无法达到效果，影响经营效率	CT9.2-4	CA9.2-7	合同价格估算在 50 万人民币以上的物资或服务采购，必须进行招标。在招标范围内但是不进行招标的，需提出相关申请，说明原因，由总经理批准后方可进行采购。数额巨大(500 万人民币或以上)的采购不进行招标的，需由党政联席会议进行审批	无	制度文件、特殊采购申请	相关采购部门	部长

续上表

风险编号	风险描述	对应控制目标编号	关键控制措施编号	控制措施	对应制度	控制痕迹	风险责任部门	风险责任岗位
R9.2-8	招标采购前的市场调查不充分，包括主要供应商等基本信息，可能影响招标效果	CT9.2-4	CA9.2-8	公司应设立招标小组，在招标前应对市场进行调查，结合市场调查结果制定招标书；进行邀标的，要充分了解潜在供应商信息，符合相关条件的进行邀标，保证招标效果	无	市场调查记录	相关采购部门	部长
R9.2-9	在工程招投标、物资采购等“三重一大”经营业务办理过程中可能存在相关人员徇私舞弊，造成公司经济和声誉损失	CT9.2-1 CT9.2-3 CT9.2-4	CA9.2-9	设备材料采购招标采用最低价评标法进行评标和定标。 最低价评标法，是指投标人按报名要求报名投标，招标人在评标时首先对投标文件进行初步评审，通过初步评审的有效投标人且投标价格在招标控制价以下的，由评标委员会按照投标价格从低到高的次序推荐3名中标候选人的评标办法。 评标由招标人依法组建的评标委员会负责。评标委员会委员人数为5人以上单数。 评标委员会成员名单在中标结果确定前应当保密。 评标委员会成员应当客观、公正地履行职责，遵守职业道德，对所提出的评审意见承担责任。 评标委员会成员不得私下接触投标人，不得收受贿赂或者投标人的其他好处，不得透露对投标文件的评审、中标候选人的推荐情况以及与评标有关的其他情况。评标委员会成员存在违规行为的，一经查实，取消其评标委员会成员资格，并不得再参加任何依法必须进行招标的项目的评标。 任何单位和个人不得非法干预、影响评标过程和结果	无	招标制度文件	相关采购部门	部长
R9.2-10	招标采购方案未按公司规定审核，可能导致信息错误或遗漏，影响招标采购活动效率效果或造成招标舞弊	CT9.2-3 CT9.2-4	CA9.2-10	招标公告应包括以下主要内容：项目概况、招标方式、标段划分、投标人资格条件、报名地点和起止时间、投标人报名需提供的资料等。 招标文件的主要内容：招标公告、投标人须知、投标人资格条件、评标办法、合同条款及格式、已标价的工程量清单、招标图纸、技术规范、投标文件格式。 招标文件需经招标小组审议，由招标小组负责人审批通过后对外投放及邀标	无	招标方案审批表	相关采购部门	部长

续上表

风险编号	风险描述	对应控制目标编号	关键控制措施编号	控制措施	对应制度	控制痕迹	风险责任部门	风险责任岗位
R9.2-11	评标活动不规范、不合理、不科学，可能导致评标结果不公正或评标过程舞弊	CT9.2-1 CT9.2-3 CT9.2-4	CA9.2-11	评标由招标人依法组建的评标委员会负责。评标委员会委员人数为5人以上单数。 评标委员会成员名单在中标结果确定前应当保密。 评标委员会成员应当客观、公正地履行职责，遵守职业道德，对所提出的评审意见承担责任。 评标委员会成员不得私下接触投标人，不得收受贿赂或者投标人的其他好处，不得透露对投标文件的评审、中标候选人的推荐情况以及与评标有关的其他情况。评标委员会成员存在违规行为的，一经查实，取消其评标委员会成员资格，并不得再参加任何依法必须进行招标的项目的评标。 任何单位和个人不得非法干预、影响评标过程和结果	无	评标记录	相关采购部门	部长
R9.2-12	采购环节未经适当审批或超越授权审批，可能因重大差错、舞弊、欺诈而导致经济损失	CT9.2-1 CT9.2-3 CT9.2-4	CA9.2-12	竞争性报价谈判（询价）按以下程序办理： （1）相关采购部门确定采购物资设备的价格构成和评定成交标准等； （2）相关采购部门确定不少于3家符合相应资格条件的供应商，发出询价通知，要求询价供应商报出价格； （3）确定满足技术、质量、服务要求且报价最低的供应商为成交供应商，并报采购部门负责人审核，分管领导审批，超出权限的应报总经理或董事长审批。 对工程所需的小额（少于1000元）设备物资，根据采购申请，由采购部门或项目部进行采购，需2位采购人员以上进行采购，凭发票、验收单、入库单、出库单向财务资产部报销。 合同估算价在100万元人民币以上的设备材料采购按照设备材料采购招标流程执行	无	相关审批文件	相关采购部门	部长

续上表

风险编号	风险描述	对应控制目标编号	关键控制措施编号	控制措施	对应制度	控制痕迹	风险责任部门	风险责任岗位
R9.2-13	企业未根据金额分类采购类型，选择合理的采购类型，导致采购效率低下，成本过高	CT9.2-3 CT9.2-4	CA9.2-13	设备采购有下列情形之一的，应采用竞争性报价谈判(询价)的方式进行采购： (1)应急、抢险、抢修项目； (2)主管部门设定采购供应商名录的或业主参与联合采购的。 (3)需要采用不可替代的专利或者专有技术的； (4)公司合作单位具有相应资质，能够生产或者提供的； (5)需从原供应商采购，否则将影响施工或者功能配套要求的。 对工程所需的小额(少于1000元)设备物资，根据采购申请，有采购部门或项目部进行采购，需2位采购人员以上进行采购，凭发票、验收单、入库单、出库单向财务资产部报销。 合同估算价在100万元人民币以上的设备材料采购按照设备材料采购招标流程执行	无	采购制度文件	相关采购部门	部长
R9.2-14	企业未建立退货管理制度，出现质量纠纷等问题未及时与供应商沟通退货事宜，及时收回货款，可能导致资产损失	CT9.2-3 CT9.2-4	CA9.2-14	当供货设备出现异常时，采购部门根据具体情况分别进行退换货、维修、厂家技术人员到现场支持服务等处理，及时与供应商沟通并按合同条款进行相应处理，将设备情况及时向标书编写负责人或采购部门负责人通报	无	采购合同	相关采购部门	部长
R9.2-15	企业未对采购业务各环节的记录，实行全过程的采购登记制度或信息化管理，可能导致采购信息或资料遗失，不利于采购系统性管理及追溯	CT9.2-3 CT9.2-4	CA9.2-15	相关采购部门应指定专人对采购全过程的资料文件进行归档管理，并建立相关资料台账，便于公司及时查询相关采购信息及事后审计核查等	无	采购档案资料、档案台账	相关采购部门	部长
R9.2-16	货款支付审批手续不规范，可能导致公司资金损失	CT9.2-3	CA9.2-16	采购部门按合同条款填写支付申请，并将到货物资的验收单、入库单、发票递交财务资产部(低值易耗品的购置审批表、验收单、入库单、发票递交财务资产部)，经采购部门负责人、财务资产部审核，分管副总经理审批，超出权限的由总经理或董事长审批后，对供应商进行支付	无	结算单据、付款申请、付款审批	相关采购部门	部长

续上表

风险编号	风险描述	对应控制目标编号	关键控制措施编号	控制措施	对应制度	控制痕迹	风险责任部门	风险责任岗位
R9.2-17	采购入库后财务未及时入账，可能导致财务账记录不完整，账实不符	CT9.2-2 CT9.2-3	CA9.2-17	财务资产部在收到相关入库单后，如果发票已收到，应及时进行账务处理，如果发票未至，则应该进行暂估入库	无	入库单、材料明细账、相关会计凭证	相关采购部门	部长
R9.2-18	企业在付款过程中，未严格审查采购发票的真实性、合法性和有效性，可能引发税务风险	CT9.2-1 CT9.2-3 CT9.2-4	CA9.2-18	财务资产部在收到发票后，应对发票进行初步核查，核对相关发票信息与采购信息是否一致，数额较大的发票还应该在相关国家税务系统进行核查，发现问题立即联系相关采购部门进行处理	无	相关会计凭证	相关采购部门	部长
R9.2-19	未对采购付款情况进行登记并核实应付状况，可能导致财务报告往来项不准确，并影响资金计划的编制	CT9.2-1 CT9.2-3 CT9.2-4	CA9.2-19	采购部门应建立付款台账，并每月报送上一个月货款结算情况到公司财务资产部，与财务资产部进行账款核对	无	付款台账、付款对账记录	相关采购部门	部长

9.3 议价或指定采购管理

1)流程目标概述

本流程规定了公司有关涉及公司议价或指定采购的采购、招标、核算的流程。旨在规范公司议价或指定采购管理的各项具体工作,努力避免或降低公司在议价或指定采购管理中存在的风险。

2)适用范围

适用于公司及所属单位。

3)相关制度

无。

4)职责分工

(1)分管领导职责

①审批采购计划。

②负责重大物资采购合同谈判。

(2)需求部门职责

①提出临时采购计划。

②负债填写《采购申请单》,按公司授权审批程序报批。

(3)采购部门职责

对指定采购业务进行询价、议价工作。

(4)财务资产部职责

财务资产部在收到所有需要的文件、票据并核对无误后,按时向供应商付款。

5)不相容职责——议价或指定采购管理

如表9-7所示。

不相容职责　表9-7

岗位职责	采购申请	供应商选择	采购验收	采购记账	审批
采购申请		X		X	X
供应商选择	X		X	X	X
采购验收		X		X	X
采购记账	X	X	X		X
审批	X	X	X	X	

注:X表示不相容职责。

6)流程图

如图9-4所示。

7)控制目标

如表9-8所示。

8)控制矩阵

如表9-9所示。

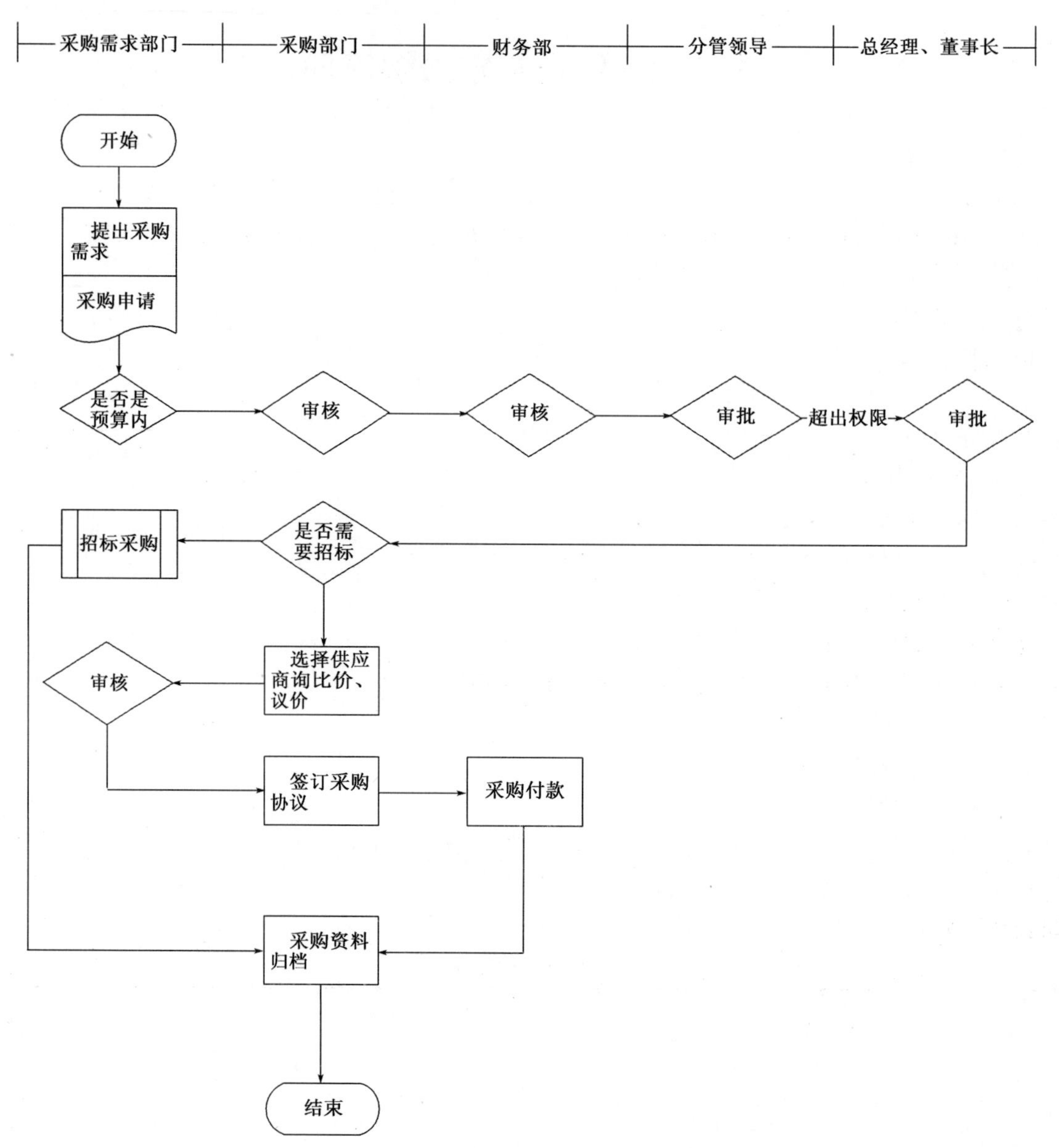

图 9-4　公司采购管理流程

控 制 目 标　　表 9-8

序号	《内部控制规范》具体控制目标编号	拟实现的内控目标	内控目标具体描述
1	CT9.3-1	合法合规性目标	保证公司议价或指定采购符合国家有关法规和公司规章制度规定
2	CT9.3-2	财务报告目标	保证公司议价或指定采购管理使财务公允
3	CT9.3-3	资产安全目标	保证公司议价或指定采购所涉及的资金、资产的安全性
4	CT9.3-4	经营效率和效果目标	提升公司议价或指定采购管理水平以促进公司经营效率与效果
5	CT9.3-5	发展战略目标	保证公司议价或指定采购管理支持公司发展战略目标

控制矩阵

表9-9

风险编号	风险描述	对应控制目标编号	关键控制措施编号	控制措施	对应制度	控制痕迹	风险责任部门	风险责任岗位
R9.3-1	公司未能根据实际经营情况和需要确定需要议价或指定采购的范围,可能导致规避招标采购,产生采购舞弊风险	CT9.3-1 CT9.3-4	CA9.3-1	临时、零星、急需采购的物资,可由需用部门提出临时采购计划,报采购部门及分管领导审批后实施采购。 合同价格估算在50万人民币以上的物资或服务采购,必须进行招标。在招标范围内但是不进行招标的,需提出相关申请,说明原因,由总经理批准后方可进行采购。数额巨大(500万人民币或以上)的采购不进行招标的,需由党政联席会议进行审批	无	临时采购计划书及计划审批文件	相关采购部门	部长
R9.3-2	议价或指定采购流程职责划分不明确,可能导致采购效率低下,甚至产生议价或指定采购舞弊风险	CT9.3-1 CT9.3-4	CA9.3-2	由采购人员进行询价比价,做到“货比三家”,完成询价后,应填写《市场调查表》,报送采购部门负责人及分管领导进行审核	无	市场调查表	相关采购部门	部长
R9.3-3	议价采购之前未执行询价比价或询价比价不充分,可能导致议价或指定采购价格过高,增加采购成本	CT9.3-1 CT9.3-4	CA9.3-3	严格遵照公司采购管理制度要求,在采购供应商确定之前必须进行询价、议价程序。 零星采购外,未达到招标条件的物资或服务采购,采购人员需进行至少三家供应商的询比价,并推荐相关供应商;供应商少于三家的需进行特殊说明	无	询价议价资料表	相关采购部门	部长
R9.3-4	除零星采购外,公司多部门分散采购,可能导致采购权利分散,管理水平参差不齐,采购管理混乱	CT9.3-3	CA9.3-4	公司应组建统一的采购管理部门,对公司除零星采购外的采购进行归口管理,提高采购效率效果	无	组织架构、部门职责	相关采购部门	部长
R9.3-5	议价或指定采购未按公司规定审批,可能导致越权采购,造成舞弊风险	CT9.3-3	CA9.3-5	采购人员完成询价后,应填写《市场调查表》,对候选供应商的报价、付款条件、到货日期等进行详细说明,报送采购部门负责人及分管领导进行审批,超出权限的还应报总经理或董事长进行审批	无	采购申请审批单	相关采购部门	部长

10 日常运营管理

10.1 收 费 管 理

1）流程目标概述

本流程规定了公司运营过程中的收费相关的工作，旨在不断提高公司收费管理、完善收费管理流程、保障收费资金安全的的能力，努力避免或降低公司在运营收费环节中的风险。

2）适用范围

适用于公司及所属单位。

3）相关制度

《收费工作管理手册》

4）职责分工

（1）通行费管理部

①负责制定年度收费管理各项工作目标和工作计划，有效组织、周密安排，确保各项工作的落实和各项工作目标的实现；

②负责收费管理经费的预算、审批、划拨和资金使用情况的审核工作；

③负责组织对收费人员的思想政治、职业道德、业务知识、业务技能及相关知识的教育培训工作；

④负责有关收费设施的统一配置和日常维修保养，确保收费设施的正常使用；

⑤负责建立健全收费管理规章制度，制订有效措施，确保各项规章制度的落实；

⑥负责指导、监督、检查基层服务工作；组织各管理分公司之间收费管理经验的交流和信息的沟通；

⑦负责各管理分公司收费业务管理工作情况的考核评定，并会同有关部门对基层工作情况进行考核评定；

⑧负责收集整理通行费收入、车流量等数据，编制收费报表，编写收费分析资料，为领导决策和公司经营决策提供准确的参考依据；

⑨负责开展收费管理的课题研究工作，以适应高速公路的快速发展；

⑩负责协调组织开展收费站精神文明创建的升级工作；

⑪负责投诉、举报的受理，并会同有关部门对违纪人员进行处理；

⑫负责高速公路收费文件的报批，收费站许可证办理和年审工作；

⑬负责收费站标志标牌及收费人员相关证件的办理工作；

⑭负责通行费票据（发票）的申购、发放和保管工作；

⑮负责基层单位公务车免费通行、逃费“灰名单”的上报审核；

⑯负责协调联网公司做好邮政银行接款工作；

⑰负责通行卡的申购和调配工作；

⑱负责高速公路收费年报的填报工作。

（2）财务资产部

负责及时入账、对账。

（3）各分公司收费站

①结合公司（公司）要求制定各自的收费管理制度；

②严格执行统一收费管理规定。

5）不相容职责——收费管理

如表 10-1 所示。

不 相 容 职 责　　表 10-1

岗位职责	收费工作设计	设计审批	收费执行	资金管理	资金运输	过程监督	收费审计
收费工作设计		X	X	X	X	X	X
设计审批	X		X	X	X		X
收费执行	X	X		X	X	X	X
资金管理	X	X	X		X	X	X
资金运输	X	X	X	X		X	X
过程监督	X		X	X	X		X
收费审计	X	X	X	X	X	X	

注："X"表示不相容职责。

6）流程图

如图 10-1 所示。

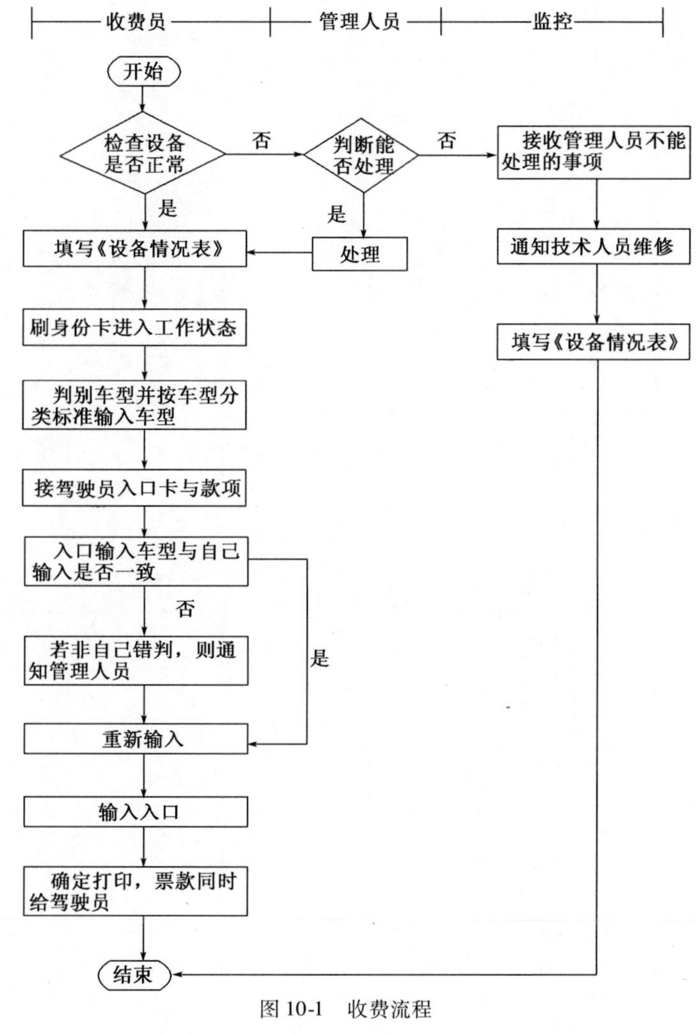

图 10-1　收费流程

7）控制目标

如表 10-2。

8）控制矩阵

如表 10-3 所示。

控 制 目 标

表 10-2

序号	《内部控制规范》具体控制目标编号	拟实现的内控目标	内控目标具体描述
1	CT10.1-1	合法合规性目标	保证公司收费管理符合国家有关法规和公司规章制度规定
2	CT10.1-2	财务报告目标	保证公司收费管理使财务公允
3	CT10.1-3	资产安全目标	保证公司收费管理所涉及的资金、资产的安全性
4	CT10.1-4	经营效率和效果目标	提升公司收费管理的促进公司经营效率与效果
5	CT10.1-5	发展战略目标	保证公司收费管理符合公司发展战略目标

控 制 矩 阵

表 10-3

风险编号	风 险 描 述	对应控制目标编号	关键控制措施编号	控 制 措 施	对应制度	控制痕迹	风险责任部门	风险责任岗位
R10.1-1	改、扩建期间道路服务水平下降，交通主管部门可能出台降低收费标准的政策，造成公司营业收入减少	CT10.1-1 CT10.1-3	CA10.1-1	在改、扩建项目前做好相关服务提升预案，并及时对基层服务员工进行预案的培训，使得在改、扩建期间服务质量得到保证	无	改、扩建项目服务与收费预案	通行费管理部收费站	通行费管理部部长、收费站站长
R10.1-2	收费亭的门长时间未反锁，且与收费工作无关人员能够自由出入，可能导致收费人员及钱款的安全无法得到保障	CT10.1-1 CT10.1-3	CA10.1-2	收费人员必须严格执行收费工作制度，及时反锁收费亭门，严禁无关人员进入收费亭	《收费工作管理手册》	监控资料、《录像资料查阅登记簿》	通行费管理部收费站	通行费管理部部长、收费站站长
R10.1-3	《收费站监控室交接班日志》中发现的部分问题较长时间未能得到解决，可能导致问题严重化，无法得到控制，给公司造成损失	CT10.1-1 CT10.1-3	CA10.1-3	为保证收费设备的正常运行，收费管理人员必须严格遵守收费设备维护管理规范，设备出现问题及时处理，并报告班长和监控室；建立设备运行登记和设备维修登记制度，监控人员负责当班设备运行情况及维修情况的详细记录；定期对打印机、计重等设施、设备进行清洁保养	《收费工作管理手册》	设备运行登记记录、设备维修登记记录	通行费管理部收费站	通行费管理部部长、收费站站长
R10.1-4	未能较好执行当班监控员离岗登记工作，可能导致异常情况无法及时被发现并得到处理	CT10.1-1 CT10.1-3	CA10.1-4	监控员离岗需进行登记，保证监控岗位不缺岗，无监控死角；相关负责人定期对出入及离岗记录进行抽查及监督	无	离岗登记记录	通行费管理部收费站	通行费管理部部长、收费站站长
R10.1-5	对无钱缴费的驾驶员，未按公司制度规定执行抵押程序就予以放行，可能影响公司的通行费收入	CT10.1-1 CT10.1-3	CA10.1-5	发生司乘人员所持现金不足以缴纳通行费时的处理： 收费站应提前准备银行的银行卡，当出现车辆所持现金不足以缴纳通行费时，收费人员报监控室同意，打印通行费发票，由路产人员引导车辆到指定位置，让司乘人员通知其亲友将需交纳的票款汇入收费站银行卡中，核对无误后可放行车辆	《收费工作管理手册》	收费站银行卡交易明细	通行费管理部收费站	通行费管理部部长、收费站站长

续上表

风险编号	风险描述	对应控制目标编号	关键控制措施编号	控制措施	对应制度	控制痕迹	风险责任部门	风险责任岗位
R10.1-6	遇到节假日或其他车流高峰期时，收费站未能及时采用应急程序，可能造成路段拥堵，引发驾驶员的不满和影响公司通行费收入	CT10.1-1 CT10.1-3	CA10.1-6	各管理公司成立应急保通队，出现堵车现象时，由应急保通队负责对车辆进行疏导指挥，并重点对省界站复称占道和服务区屯车进行治理； 高速交警、路产人员巡逻期间加强对服务区进行检查，发现有屯车现象立即进行疏导处理	无	复称占道和服务区屯车治理记录、服务区巡逻检查记录	通行费管理部收费站	通行费管理部部长、收费站站长
R10.1-7	对于无卡车辆或持有无效通行卡的车辆，收费员未按公司制度规定进行处理，可能导致处理不当，影响公司的通行费收入	CT10.1-1 CT10.1-3	CA10.1-7	如司乘人员丢失、损坏 IC 卡，收费员及时报告班长和监控员，监控员调阅上道图像，查到车辆入口信息后，收取车辆 IC 卡赔偿工本费 30 元/卡，收取应缴公路通行费；查不到车辆入口信息，车辆也无法证明从何入口上道的，收取车辆 IC 卡赔偿工本费 30 元/卡，并按路网最远端收取通行费；军（警）车丢失或损坏卡的，收取车辆 IC 卡赔偿工本费 30 元/卡	《收费工作管理手册》	补办 IC 卡记录	通行费管理部收费站	通行费管理部部长、收费站站长
R10.1-8	收费站当班人员未能及时详细地记录冲关车辆的特征及车牌号码并上报监控人员，可能导致无法及时查找到冲卡驾驶员，造成公司通行费损失	CT10.1-1 CT10.1-3	CA10.1-8	收集逃费车证据，是治理逃漏通行费工作的重要环节，质量高、内容全的证据，是治理逃漏通行费工作的基本保障之一，对于逃费车辆的证据收集，其方法和步骤包括以下方面： （1）基本要素：包括车辆逃费时间、地点、车号、车型、当事人姓名、出入口站名、被查获经过、逃费前后总质量、超载率、信息对比差额、应缴费金额、被依法处理结果。 （2）取证要素： ①在收费车道对逃费车辆和驾驶员进行车前拍照取证。 ②对收费亭内微机显示的该逃费车辆信息进行拍照取证。 ③对其使用的逃费工具和通行卡进行拍照取证。 ④责令逃费车辆倒出车道，按规定重新计重，对微机显示的计重信息、费额显示器提示的应缴费额和超载比率，进行拍照取证。 ⑤收集其他相关证据材料，主要是使用逃费手段和未使用逃费手段的图片和数据，目的是形成前后对比，确认其逃费事实	《收费工作管理手册》	逃费车辆拍照取证	通行费管理部收费站	通行费管理部部长、收费站站长

续上表

风险编号	风险描述	对应控制目标编号	关键控制措施编号	控制措施	对应制度	控制痕迹	风险责任部门	风险责任岗位
R10.1-9	车辆逃费和倒卡等现象存在，造成营运收入降低，可能影响经营效益目标实现	CT10.1-1 CT10.1-3	CA10.1-9	发现驾驶员倒卡行为的处理： 通过监控核对，发现驾驶员有倒卡行为时，收费员上报班长，以人为造成通行卡记录的信息与车辆不符情况处理，除按路网最远端收取公路通行费外，并收取卡制作成本费30元；再加收其应缴公路通行费5倍费款，并要追查其来源，依法严厉打击。（豫交征〔2004〕273）责令驾驶员写出倒卡书面材料，监控员记录，保存录像资料	《收费工作管理手册》	驾驶员书写的倒卡书面材料	通行费管理部收费站	通行费管理部部长、收费站站长
R10.1-10	绿色通道未实行专道专人管理，或绿色通道管理不善，对不符合免费规定的车辆和货物私自免费放行，可能导致公司通行费损失	CT10.1-1 CT10.1-3	CA10.1-10	所有运输鲜活农产品的“绿色通道”车辆，满足以下条件时，享有减免通行费的优惠政策： 货物种类必须在国家公布的鲜活农产品目录内； 运输鲜活农产品的车辆必须是整车合法装载，所装载的鲜活农产品应占车辆核定质量或车厢容积的80%以上	《收费工作管理手册》	“绿色通道”优惠政策	通行费管理部收费站	通行费管理部部长、收费站站长
R10.1-11	未组织人员开展绿色通道稽查工作，或稽查工作开展不善，可能导致员工弄虚作假，贪污作弊，造成公司通行费损失	CT10.1-1 CT10.1-3	CA10.1-11	高速公路“绿色通道”监督稽查分为日常稽查、联合稽查和专项稽查三种形式； “绿色通道”稽查工作应充分利用监控分中心、省监控中心和联网收费报表，有重点地开展控制性、预防性的监督稽查工作	《收费工作管理手册》	监督稽查记录	通行费管理部收费站	通行费管理部部长、收费站站长
R10.1-12	未对《绿色通道异常情况登记表》上的每条记录进行详细的核查，可能导致无法及时发现现场员工的违规、违纪行为	CT10.1-1 CT10.1-3	CA10.1-12	每班结束以后，收费站值班领导应逐车审核“绿色通道”车辆验货信息，并在电子日志上确认； 收费站值班领导应抽查广场验货工作图像，抽查率不得低于50%，并重点稽查相关信息	《收费工作管理手册》	电子日志、抽查记录	通行费管理部收费站	通行费管理部部长、收费站站长
R10.1-13	未定期对免费率数据进行分析，可能导致无法及时发现免费率偏高或异常变动，造成通行费收入损失	CT10.1-1 CT10.1-3	CA10.1-13	高速公路要基于全车牌识别系统，对“绿色通道”车辆减免通行费的数据进行预警分析，数据预警分析内容主要包括：车牌照、货物种类、超载率、OD行驶路线、车货总质量、出入图像、行驶频率； 联网公司要定期对全省高速公路收费站“绿色通道”数据进行预警分析，向上级管理部门提交有逃费风险的运营管理单位的预警分析报告	《收费工作管理手册》	预警分析报告	通行费管理部收费站	通行费管理部部长、收费站站长

续上表

风险编号	风险描述	对应控制目标编号	关键控制措施编号	控制措施	对应制度	控制痕迹	风险责任部门	风险责任岗位
R10.1-14	未及时建立“绿色通道”专项稽查档案，可能导致无法为查处和打击利用“绿色通道”免费政策偷逃费提供有力依据	CT10.1-1 CT10.1-3	CA10.1-14	信息稽查操作流程： （1）每班结束以后，收费站值班领导应打印“绿色通道班次报表”； （2）值班班长应向收费站值班领导提交：回收的“绿色通道检验证”和随机复验原始记录； （3）收费站和固定验货点值班领导通过电子日志和监控录像应逐车核对信息，并重点稽查相关信息	《收费工作管理手册》	绿色通道班次报表、电子日志、监控录像	通行费管理部收费站	通行费管理部部长、收费站站长
R10.1-15	各类收费卡未按公司制度规定保管、领用、发放、核销，可能导致收费卡管理混乱，造成卡片遗失	CT10.1-1 CT10.1-3	CA10.1-15	收费站为IC卡的主要使用部门，应履行以下职责： （1）设专（兼）职人员，负责IC卡的申领、保管、发放、回收工作； （2）负责对损坏IC卡回收工作，对丢失或损坏的各种IC卡行为，按有关规定进行处理； （3）根据实际情况，按班审核发放、回收IC卡，并打印出相应的报表； （4）严格按IC卡正常使用流程进行操作，产生的非正常操作等异常情况必须及时上报并做好记录	《收费工作管理手册》	IC卡申领、保管、发放、回收记录	通行费管理部收费站	通行费管理部部长、收费站站长

10.2 路产管理

1)流程目标概述

本流程规定了公司路产管理的工作,旨在不断提高和规范公司路产的管理,努力避免或降低公司在路产管理环节中的风险。

2)适用范围

适用于公司及所属单位。

3)相关制度

(1)《路产制度汇编》

(2)《高速公路路政管理工作职能》

(3)《高速公路路政管理工作制度》

(4)《高速公路路政管理办法及程序规范》

(5)《路产巡查制度》

(6)《车辆管理制度》

(7)《路产装备管理制度》

(8)《值班制度》

(9)《统计报表制度》

(10)《路产档案管理制度》

4)职责分工

(1)路产部门

①制订所辖高速公路路产管理工作的指导思想、远景规划、年度计划、考核指标等,并检查、指导所辖高速公路路产管理工作;

②负责对所辖高速公路路产管理工作实施宏观管理、协调服务、帮助指导、监督检查,领导各级路产部门依法保护高速公路、高速公路用地及其附属设施,维护高速公路的合法权益;

③负责参与制定路产部门年度经费预算,严格预算管理;

④领导、监督路产部门实施高速公路路产巡查,制止各种利用、侵占、污染、毁坏和破坏路产的违法行为,负责所辖高速公路路网交通的指挥、调度、协调,保障高速公路安全畅通;

⑤负责印发所辖高速公路路产管理工作文书、管理凭证和统计报表;

⑥负责宣传有关高速公路路产管理法律、法规、规章,开展综合治理、专项整治等路产管理活动;

⑦负责督促所辖各级路产部门加强队伍建设、精神文明建设和廉政建设,杜绝公路"三乱"现象发生;

⑧负责路产设备的购置、调配及更换工作;

⑨参与高速公路交竣工验收工作。

(2)所属单位路产科室

①严格执行路产管理部指示,落实基层工作;

②负责所辖路段地下、地面及上空穿(跨)越、占(利)用高速公路的管理等事宜;

③负责所辖高速公路广告、标志标牌的管理等事宜;

④负责对所辖高速公路日常养护、道路施工作业的监督、检查;

⑤负责统计、汇总所辖高速公路发案、破案、结案、赔(补)偿以及高速公路用地、损坏路产修复等各项指标,进行综合性分析,并编发简报、信息;

⑥负责所辖高速公路路产人员的选拔、审核、录用;开展业务培训、考核、评比、表彰活动;处理违规违纪事件,保障路产人员的合法权益。

(3)分管领导

①审批所管辖高速公路路产管理工作的指导思想、远景规划、年度计划、考核指标;

②处理决策路产突发事件。

5)不相容职责——路产管理

如表 10-4 所示

不 相 容 职 责　　　　表 10-4

岗位职责	路产工作计划编制	路产工作计划审批	路产工作计划执行	路产工作评价	路产处置审批	监督评估
路产工作计划编制		X			X	X
路产工作计划审批	X					
路产工作计划执行					X	X
路产工作评价					X	X
路产处置审批	X		X	X		
监督评估	X		X	X		

注:"X"表示不相容职责。

6)流程图

(1)危机处理流程

如图 10-2 所示。

(2)保通设施管理流程

如图 10-3 所示。

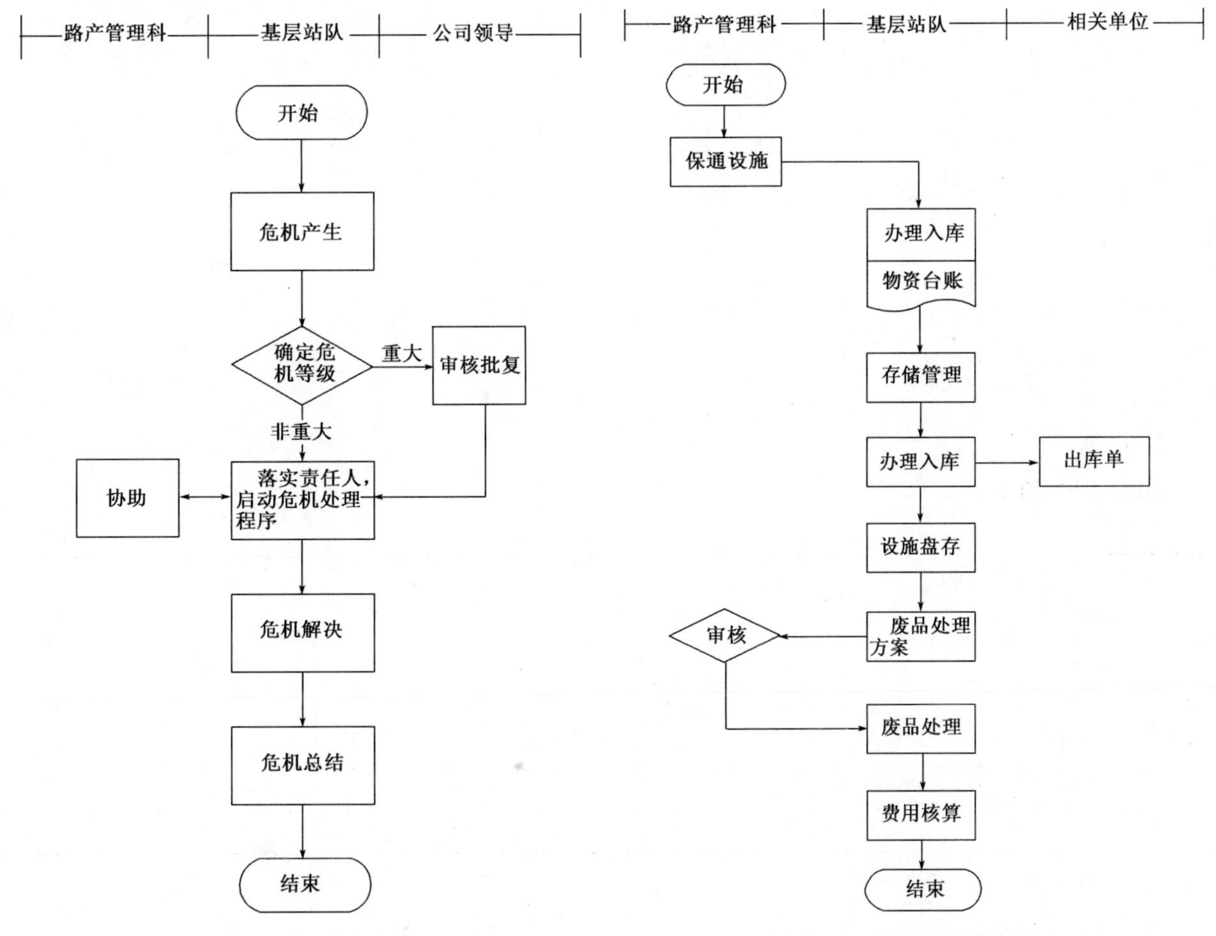

图 10-2　危机处理流程

图 10-3　保通设施管理流程

(3)路产信息统计流程

如图 10-4 所示。

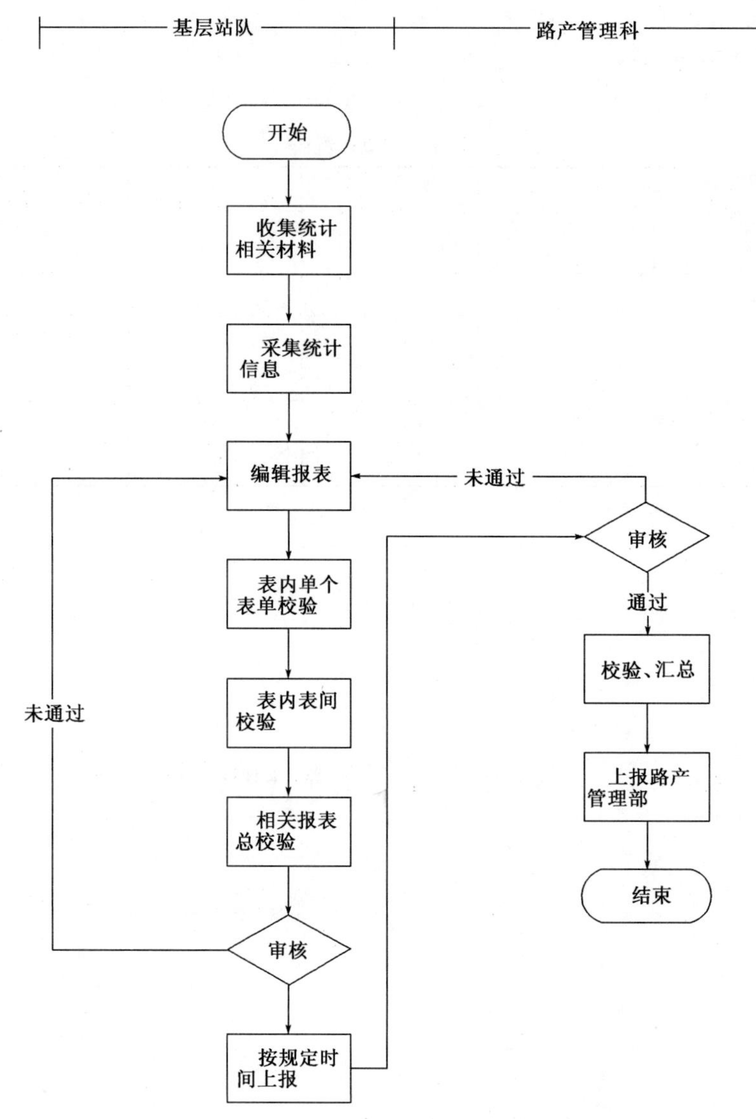

图 10-4 路产信息统计流程

7)控制目标

如表 10-5 所示。

控 制 目 标 表 10-5

序号	《内部控制规范》具体控制目标编号	拟实现的内控目标	内控目标具体描述
1	CT10.2-1	合法合规性目标	保证公司路产管理符合国家有关法规和公司规章制度规定
2	CT10.2-2	财务报告目标	保证公司路产管理使财务公允
3	CT10.2-3	资产安全目标	保证公司路产管理所涉及的资金、资产的安全性
4	CT10.2-4	经营效率和效果目标	提升公司路产管理水平以促进公司经营效率与效果
5	CT10.2-5	发展战略目标	保证公司路产管理支持公司发展战略目标

8)控制矩阵

如表 10-6 所示。

控 制 矩 阵

表 10-6

风险编号	风险描述	对应控制目标编号	关键控制措施编号	控制措施	对应制度	控制痕迹	风险责任部门	风险责任岗位
R10.2-1	未及时、准确地编制上报路产统计报表，可能导致领导无法及时掌握路产管理情况	CT10.2-3	CA10.2-1	内业人员应在规定期限内将月报、季报、年报等工作报表逐级上报； 各种报表必须准确、及时、齐全、清晰； 统计报表的数据资料必须客观真实、如实反映，不得弄虚作假、伪造报表数据	《统计报表制度》	月报、季报、年报	路产大队、路产科、路产部	大队内业、科室内业、部室内业
R10.2-2	未严格执行路产执勤专用车辆使用规定，私自用车、不注重车辆维护与保养等，可能会影响车辆寿命，造成公司资产损失	CT10.2-3	CA10.2-2	路产车辆应统一调配，实行专人管理责任制，由所属单位具体管理； 严禁公车私用，严禁将车辆交于无关人员驾驶	《车辆管理制度》	路产车辆台账	路产大队、路产科、路产部	队长、科长、分公司主管经理、部长
R10.2-3	路产装备没有统一建档立卡，实行专项专用，可能导致装备管理不善，造成遗失的风险	CT10.2-3	CA10.2-3	路产装备指定专人负责管理，进行固定资产登记，履行使用手续。定期更新固定资产台账，通过定期盘点，对固定资产使用状况进行监督管理	《路产装备管理制度》	路产装备固定资产台账	路产大队、路产科、路产部	相关单位资产管理员
R10.2-4	路产人员未严格执行路产巡查管理规定，履行相应的职责要求，如监督公路养护作业、维持施工现场秩序、排查安全隐患等，可能导致未能及时发现公路存在的安全隐患	CT10.2-3	CA10.2-4	不具备电子巡查条件的路段每天车辆巡查不得少于四次，具备电子巡查条件的路段每天车辆巡查不得少于两次，电子巡查每四小时一次，出现恶劣天气或交通量增加的情况下，要增加巡查次数，加大巡查密度；检查监督高速公路施工现场通车安全保障措施情况	《路产巡查制度》	路产巡查记录	路产大队、路产科、路产部	当班人员、队长、科长、分公司主管经理、部长
R10.2-5	实施路产巡查时，未形成《巡逻日记》，且未履行交接班手续，可能导致被发现的问题遗漏，且得不到及时解决	CT10.2-3	CA10.2-5	电子巡查、电话接听等各项工作记录登记准确、及时，相关文字、照片、录像资料管理、保存妥当； 系统设备出现故障应及时上报，并填写《设备故障保修单》，通知交通机电部门前往维修； 按时交接班，履行交接班程序，详细交待有关事宜和其他注意事项	《值班制度》	巡查记录、设备故障保修单	路产大队	值班员、中队长、队长
R10.2-6	对路产巡查中发现的问题，未做好相应的记录，且未填写《交通设施维修通知单》，通知养护部门及时维修，可能造成发现的问题得不到及时改善，影响正常工作的开展	CT10.2-3	CA10.2-6	巡查结束后，巡查人员应认真填写《巡逻日志》，详细记载巡查有关情况。本班次未处理完毕的事项，应在交接班记录中注明，由本班负责人向下班负责人交接	《路产巡查制度》	巡逻日志	路产大队	中队长、队长
R10.2-7	路产管理部门未指定专人负责路产档案管理，可能导致路产档案管理混乱，资料不全	CT10.2-3	CA10.2-7	建立健全档案库房管理有关制度，设专人负责管理，定期进行检查、清点，切实落实防尘、防火、防蛀、防潮、防水、防光、防盗、防高温等措施	《路产档案管理制度》	库房定期检查记录	路产大队、路产科、路产部	档案管理员

10.3 工程养护管理

1)流程目标概述

本流程规定了公司工程养护管理的工作,旨在不断提高和规范工程养护管理,努力避免或降低公司在工程养护管理环节中的风险。

2)适用范围

适用于公司及所属单位。

3)相关制度

(1)《养护管理职责(试行)》

(2)《高速公路养护专项(中修)工程实施管理办法》

(3)《××省高速公路养护管理办法》

(4)《××省高速公路养护专项工程竣(交)工验收工作实施办法(试行)》

(5)《公路工程施工监理规范》

(6)《××省高速公路预防性养护指导意见(试行)》

(7)《高速公路日常维护与应急抢修工程(内部)委托实施办法》

(8)《关于进一步加强××省公路工程施工招标投标管理工作的若干规定》

(9)《关于公路工程施工招标有关事宜的补充通知》

(10)《高速公路道路施工保通管理办法》

4)职责分工

(1)养护管理部职责

①负责公司高速公路的养护管理工作,贯彻执行国家和有关高速公路养护管理的技术法规、政策、办法和规章制度;

②负责制订本公司内部有关高速公路养护管理的规章制度、养护管理目标,组织定期和不定期实施养护管理工作检查考核评比;

③负责制订公司中长期养护规划,依据中长期养护规划,编制、报批和下达分解养护年度计划指标;

④负责养护招标文件及评标报告的审核、上报;管理分公司养护招标工作的指导和监督。

⑤负责中修(专项工程)以上养护工程管理及交、竣工验收工作的指导和督促;

⑥负责组织养护工程质量事故的调查处理,参与安全事故的调查和处理;

⑦负责新材料、新工艺、新技术、新设备的引进和推广,指导各管理分公司新技术推广应用工作;

⑧负责内业资料等档案管理工作;

⑨负责组织内部养护管理人员业务培训工作;

⑩负责安排、落实、检查上级部门和公司领导交办的其他工作;

⑪协助财务资产部进行养护资金的管理和拨付;

⑫协助审计部进行养护资金使用情况的检查和审计。

(2)分管领导

①审批内部有关高速公路养护管理的规章制度、养护管理目标;

②审核、审批中长期养护规划;

③决策组织养护工程质量事故的调查处理。

5)不相容职责——工程养护管理

如表10-7所示。

不相容职责 表 10-7

岗位职责	养护计划编制	养护计划审批	养护工作执行	养护工作监督	养护工作评价
养护计划编制		X	X	X	X
养护计划审批	X		X		X
养护工作执行	X	X		X	X
养护工作监督	X		X		X
养护工作评价	X	X	X	X	

注"X"表示不相容职责。

6)流程图

(1)养护计划管理

如图 10-5 所示。

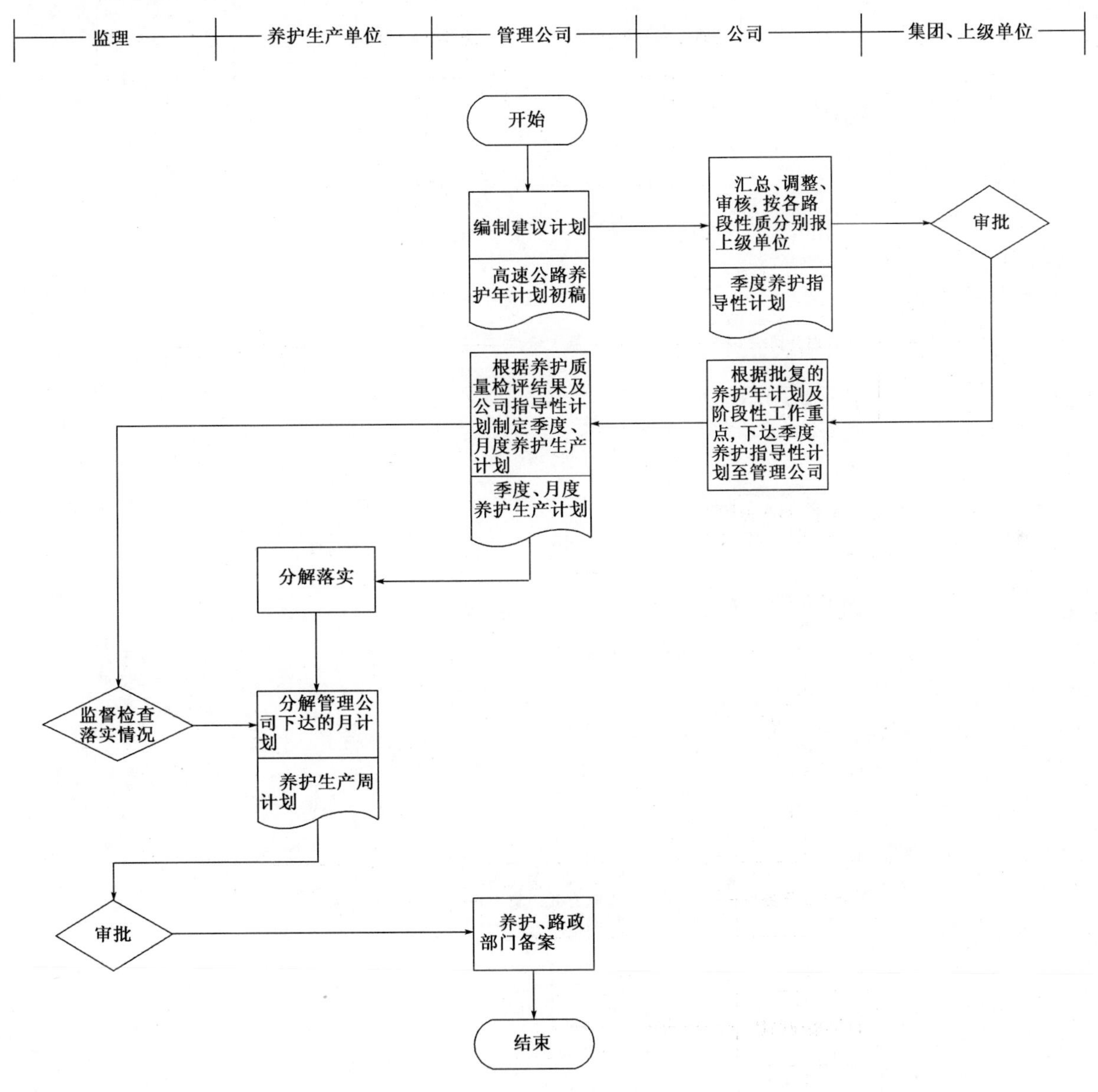

图 10-5 养护计划管理

(2)养护巡查

如图 10-6 所示。

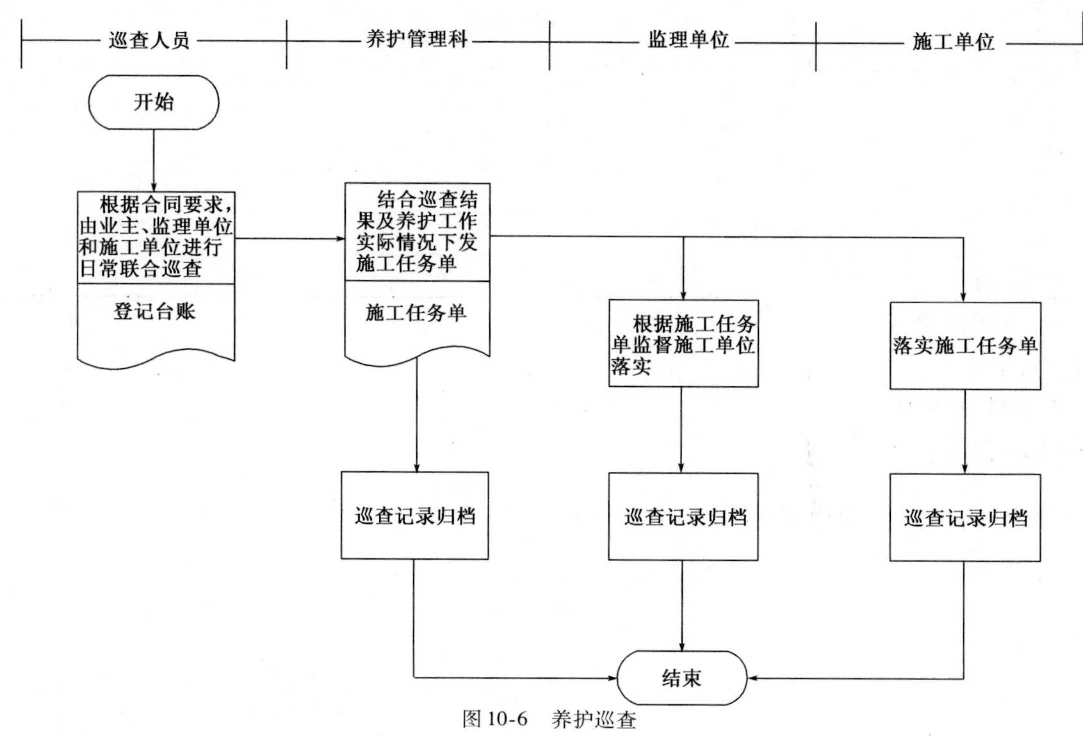

图 10-6　养护巡查

(3)维修保养流程图

如图 10-7 所示。

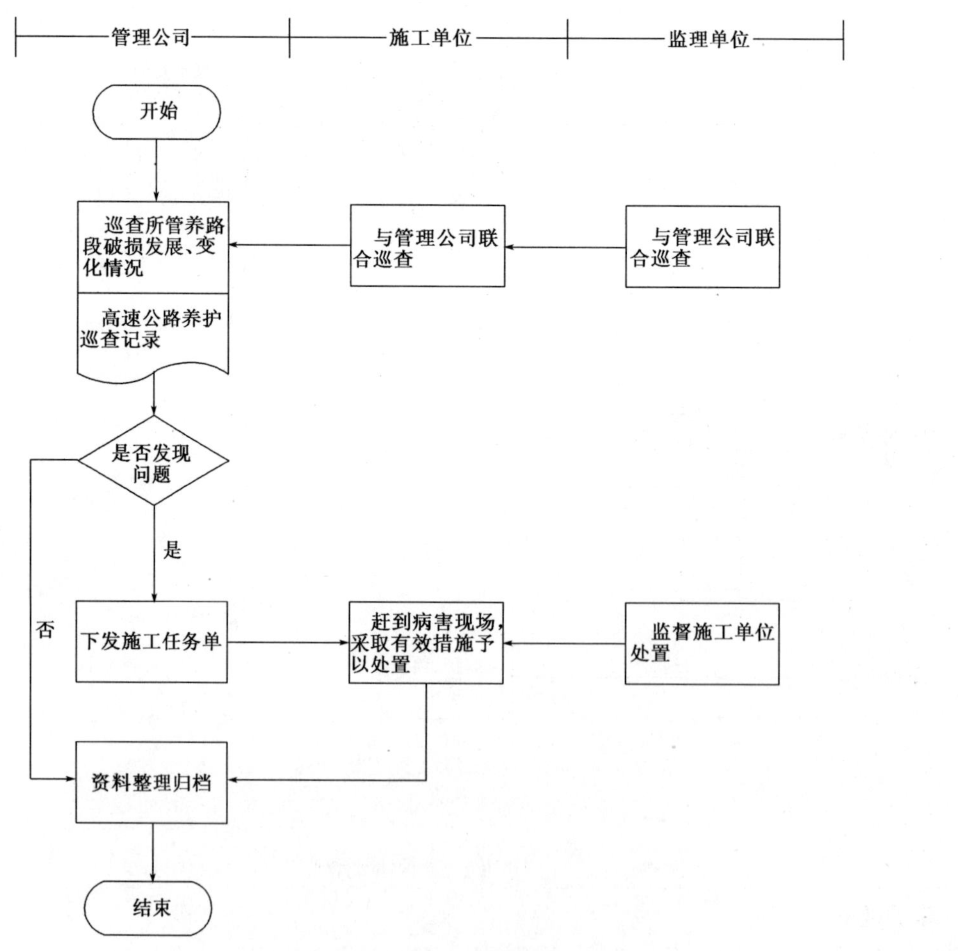

图 10-7　维修保养流程图

(4)养护专项工程管理流程图

如图 10-8 所示。

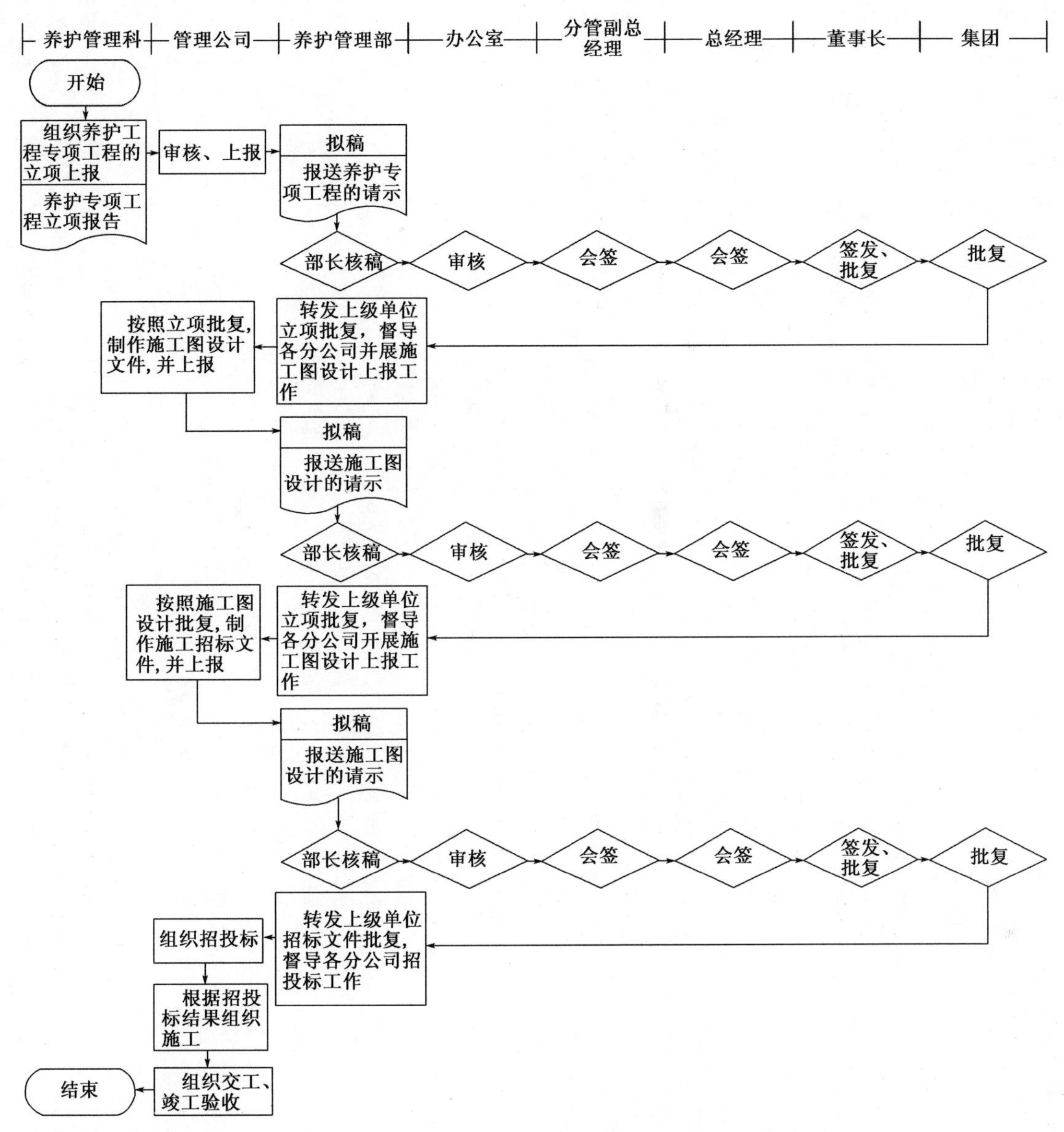

图 10-8 养护专项工程管理流程图

7)控制目标

如表 10-8 所示。

控 制 目 标 表 10-8

序号	《内部控制规范》具体控制目标编号	拟实现的内控目标	内控目标具体描述
1	CT10.3-1	合法合规性目标	保证公司工程养护管理符合国家有关法规和公司规章制度规定
2	CT10.3-2	财务报告目标	保证公司工程养护管理使财务公允
3	CT10.3-3	资产安全目标	保证公司工程养护管理所涉及的资金、资产的安全性
4	CT10.3-4	经营效率和效果目标	提升公司工程养护管理水平以促进公司经营效率与效果
5	CT10.3-5	发展战略目标	保证公司工程养护管理支持公司发展战略目标

8)控制矩阵

如表 10-9 所示。

控 制 矩 阵

表 10-9

风险编号	风 险 描 述	对应控制目标编号	关键控制措施编号	控 制 措 施	对应制度	控制痕迹	风险责任部门	风险责任岗位
R10.3-1	未制定年度工程养护计划，可能导致工程养护工作缺乏系统性	CT10.3-3 CT10.3-4	CA10.3-1	公司养护管理部养护管理职责： 负责制定公司中长期养护规划，依据中长期养护规划对各路段组织养护对策研究； 负责年度计划的编制、报批和养护计划的分解。 管理分公司养护管理职责： 全面、准确掌握高速公路路况，组织编报本辖段年度养护计划，根据公司批准的养护计划，结合实际路况，分解、制定、下达本辖段各阶段养护任务	《养护管理职责（试行）》	年度养护计划、指导性计划	养护管理部、管理公司的养护科	养护管理部部长、管理公司养护科科长
R10.3-2	工程养护计划未分解至季度和月度计划，可能造成工程养护计划缺乏可执行性	CT10.3-3 CT10.3-4	CA10.3-2	公司养护管理部养护管理职责： 负责制定公司中长期养护规划，依据中长期养护规划对各路段组织养护对策研究； 负责年度计划的编制、报批和养护计划的分解。 管理分公司养护管理职责： 全面、准确掌握高速公路路况，组织编报本辖段年度养护计划，根据公司批准的养护计划，结合实际路况，分解、制定、下达本辖段各阶段养护任务	《养护管理职责（试行）》	年度养护建议计划、养护任务	养护管理部、管理公司的养护科	养护管理部部长、管理公司养护科科长
R10.3-3	工程养护计划未经领导审核，可能导致计划制定不合理	CT10.3-3 CT10.3-4	CA10.3-3	公司养护管理部养护管理职责： 负责制定公司中长期养护规划，依据中长期养护规划对各路段组织养护对策研究 负责年度计划的编制、报批和养护计划的分解。 管理分公司养护管理职责 全面、准确掌握高速公路路况，组织编报本辖段年度养护计划，根据公司批准的养护计划，结合实际路况，分解、制定、下达本辖段各阶段养护任务	《养护管理职责（试行）》	高速公路养护年计划、主管部门审批文件	养护管理部、管理公司的养护科	养护管理部部长、管理公司养护科科长
R10.3-4	未组织设计单位做好专项工程设计现场勘查和调研工作，可能导致工程量测算不合理，造成大的工程变更	CT10.3-3 CT10.3-4	CA10.3-4	养护专项工程的施工图设计应由具备资质的设计单位承担；设计单位履行合同时，应结合批复的立项报告及路况检评资料，首先对项目全线病害情况进行详细勘察，说明病害的位置、症状、成因、以往养护历史等，不得擅自扩大养护工程规模，养护设计应依据相关检测数据，避免随意性	《高速公路养护专项（中修）工程实施管理办法》	立项报告、路况检评资料	养护管理部、管理公司的养护科	养护管理部部长、管理公司养护科科长

续上表

风险编号	风 险 描 述	对应控制目标编号	关键控制措施编号	控 制 措 施	对应制度	控制痕迹	风险责任部门	风险责任岗位
R10.3-5	对涉及的工程变更,未按照管理程序、管理权限和管理途径进行审批批准,可能导致工程变更量或时间不合理,给公司造成损失	CT10.3-3 CT10.3-4	CA10.3-5	项目管理单位要严格执行施工图设计和《××省高速公路设计变更管理办法》,未经批准,不得擅自增加工程内容;不得先变更,后补办相关手续。凡增加施工项目、增加工程数量等导致工程造价增加在50万元以上是的设计变更,须报请公司批准后方可实施,增加造价200万元以上的设计变更,经公司审核后报请原预算审批部门批准后方可实施。严禁项目管理单位将设计变更化整为零	《高速公路养护专项(中修)工程实施管理办法》	设计变更申请及相应的审批文件	养护管理部、管理公司的养护科	养护管理部部长、管理公司养护科科长
R10.3-6	未对养护工程施工阶段实施工程监督,可能导致重大工程质量事故的发生	CT10.3-3 CT10.3-4	CA10.3-6	管理单位应建立巡查制度。巡查以管理单位为主,监理、施工单位配合。巡查结束后,应根据发现的问题及时下发维修保养《通知单》。管理单位和监理应监督和检查《通知单》的执行情况。 养护巡查包括日常巡查、定期巡查、特殊巡查和专项巡查。	《××省高速公路养护管理办法》	日常巡查记录、定期抽检记录、不定期抽检记录、整改通知	养护管理部、管理公司的养护科	养护管理部部长、管理公司养护科科长
R10.3-7	没有定期编制养护工程质量情况报告,可能导致无法及时掌握工程质量动态	CT10.3-3 CT10.3-4	CA10.3-7	监理单位应按照《公路工程施工监理规范》(JTG G10—2016)要求的内容和格式编制包括养护工程进度和质量状况在内的养护工程月报,于下月初5日前上报各管理公司并抄报公司	《公路工程施工监理规范》	养护工程进度、养护工程月报	养护管理部、管理公司的养护科	养护管理部部长、管理公司养护科科长
R10.3-8	未对所有的专项工程进行验收程序,可能导致工程质量达不到要求,造成公司损失	CT10.3-3 CT10.3-4	CA10.3-8	根据养护专项工程总投资额的不同,竣(交)工验收工作分别由运营管理单位、公司、上级管理部门组织,验收组织单位应签署竣工验收鉴定书或交工验收书。 专项工程在进行竣(交)工验收工作之前,应对工程进行质量鉴定	《××省高速公路养护专项工程竣(交)工验收工作实施办法(试行)》	质量评定报告、交竣工验收报告	养护管理部、管理公司的养护科	养护管理部部长、管理公司养护科科长

续上表

风险编号	风险描述	对应控制目标编号	关键控制措施编号	控制措施	对应制度	控制痕迹	风险责任部门	风险责任岗位
R10.3-9	超载超重现象的存在，对高速公路结构物安全造成重大安全隐患，也造成道路养护维修成本上升	CT10.3-3 CT10.3-4	CA10.3-9	应以每年的高速公路技术状况评定结果为基础，制定适当的预防性养护年度养护计划，科学确定预防性养护时机，加强日常小修保养，及时采取中修措施，合理控制大、中修的比例，采取正确的技术措施治理病害和消除病害隐患，提高养护质量	《××省高速公路预防性养护指导意见(试行)》	预防性养护年度养护计划、日常小修保养记录	养护管理部、管理公司的养护科	养护管理部部长、管理公司养护科科长
R10.3-10	外部撞击、非法采沙、自然灾害等外来因素的产生，对公路及附属设施带来严重损害，造成养护成本上升	CT10.3-3 CT10.3-4	CA10.3-10	应以每年的高速公路技术状况评定结果为基础，制定适当的预防性养护年度养护计划，科学确定预防性养护时机，加强日常小修保养，及时采取中修措施，合理控制大、中修的比例，采取正确的技术措施治理病害和消除病害隐患，提高养护质量	《××省高速公路预防性养护指导意见(试行)》	预防性养护年度养护计划、日常小修保养记录	养护管理部、管理公司的养护科	养护管理部部长、管理公司养护科科长
R10.3-11	地方性大型基础设施施工，可能对地质造成超出预期的影响，从而对公路及附属设施带来直接的或潜在的危害，造成养护成本上升	CT10.3-3 CT10.3-4	CA10.3-11	应以每年的高速公路技术状况评定结果为基础，制定适当的预防性养护年度养护计划，科学确定预防性养护时机，加强日常小修保养，及时采取中修措施，合理控制大、中修的比例，采取正确的技术措施治理病害和消除病害隐患，提高养护质量	《××省高速公路预防性养护指导意见(试行)》	预防性养护年度养护计划、日常小修保养记录	养护管理部、管理公司的养护科	养护管理部部长、管理公司养护科科长
R10.3-12	因专业技术力量及造价审核人员配备不足，可能造成对养护工程的方案及造价概预算把关不严，造成工程养护成本不必要扩大	CT10.3-3 CT10.3-4	CA10.3-12	高速公路日常维护项目组人员配置标准：项目经理1名；总技术负责人1名；路基路面工程师1名；桥梁工程师1名；质检工程师1名；计划/合同/财务管理人员1~3名；安全管理员2人；熟练技术工人3~6人	《集团高速公路日常维护与应急抢修工程(内部)委托实施办法》	人员配置标准	养护管理部、管理公司的养护科	养护管理部部长、管理公司养护科科长
R10.3-13	养护工程招投标过程中，存在投标单位达不到中标条件非法中标、出现围标、串标、哄抬标价等行为，可能造成养护工程成本难以控制	CT10.3-3 CT10.3-4	CA10.3-13	招标人按照工程需要的关键因素设置资格条件，不得随意设置对质量、安全没有实质性影响的合同条款，要求的人员、设备等强制性标准(最低标准)不得超出工程实际需要。投标人需承诺，中标后人员、设备不低于强制性标准(最低标准)，承诺书必须由投标人的法人代表签署；加强对投标人资质真实性审查，增加对投标人信用等级资格的审查；限定限低价评标法的有效报价范围	《关于进一步加强××省公路工程施工招标投标管理工作的若干规定》、《关于公路工程施工招标有关事宜的补充通知》	标书、承诺书	养护管理部、管理公司的养护科	养护管理部部长、管理公司养护科科长
R10.3-14	大量养护工程同时施工，交通组织方案不合理、工程实施时间安排不妥当，可能造成因大面积拥堵而放行，导致公司营运收入流失	CT10.3-3 CT10.3-4	CA10.3-14	各分公司、工程业主单位应高度重视施工的保通工作，施工前应认真做好高速公路车流量调查分析，并以此做好施工保通方案和应急处理预案，明确责任，加强监督管理，杜绝发生因施工造成的堵车现象。对保通方案落实不到位、现场管理混乱、上报信息不及时等原因造成的堵车时间，公司将根据规定对主要责任人进行行政、经济处罚	《高速公路道路施工保通管理办法》	施工保通方案、高速公路车流量调查分析	养护管理部、管理公司的养护科	养护管理部部长、管理公司养护科科长

10.4　机电维护管理

1)流程目标概述

本流程规定了公司有关机电维护管理的工作,旨在不断提高和规范机电维护管理,努力避免或降低公司在机电维护管理环节中的风险。

2)适用范围

适用于公司及所属单位。

3)相关制度

无。

4)职责分工

(1)交通机电运营维护中心

①审批机电设备年度大修、改造计划;

②审批机电设备大修、改造过程备品备件的需求申请;

③发起机电设备改造申请流程;

④组织相关部门对大修、改造项目进行会审以及安全评估;

⑤对大修、改造之后的效果进行测试;

⑥对大修、改造之后的设备进行验收。

(2)财务资产部

①审批设备大修、改造所需备品备件采购申请;

②对设备大修、改造完成之后的账务进行调整。

5)不相容职责——机电维护管理

如表10-10所示。

不相容职责　表10-10

岗位职责	申请	审批	执行	验收
申请		X		
审批	X			
执行				X
验收			X	

注:“X”表示不相容职责。

6)控制目标

如表10-11所示。

控制目标　表10-11

序号	《内部控制规范》具体控制目标编号	拟实现的内控目标	内控目标具体描述
1	CT10.4-1	合法合规性目标	保证公司机电维护管理符合国家有关法规和公司规章制度规定
2	CT10.4-2	财务报告目标	保证公司机电维护管理使财务公允
3	CT10.4-3	资产安全目标	保证公司机电维护管理所涉及的资金、资产的安全性
4	CT10.4-4	经营效率和效果目标	提升公司机电维护管理的促进公司经营效率与效果
5	CT10.4-5	发展战略目标	保证公司机电维护管理符合公司发展战略目标

7)控制矩阵

如表10-12所示。

控制矩阵

表 10-12

风险编号	风险描述	对应控制目标编号	关键控制措施编号	控制措施	对应制度	控制痕迹	风险责任部门	风险责任岗位
R10.4-1	未制订机电工程年度维护计划，或维护计划不够详细，可能导致机电工程维护工作缺乏系统性	CT10.4-3 CT10.4-4	CA10.4-1	交通机电运营维护中心应该按照中长期计划所确定的目标，结合高速公路发展现状，以各分公司的维护计划为基础，制定机电工程年度维护计划，并进一步分解为月度、季度计划，有效指导机电维护工作的进行	无	年度、季度、月度维护计划	交通机电运营维护中心	交通机电运营维护中心主任
R10.4-2	机电工程维护计划未经领导审核，可能导致计划制定不合理	CT10.4-3 CT10.4-4	CA10.4-2	机电维护计划应由交通机电运营维护中心制定，报部门负责人审核，分管领导审批。超出权限的，需由总经理或董事长审批	无	维护计划审批表	交通机电运营维护中心	交通机电运营维护中心主任
R10.4-3	未对机电维护计划的执行情况进行分析报告，可能导致计划执行不善却无法及时发现	CT10.4-3 CT10.4-4	CA10.4-3	交通机电运营维护中心应就年度机电维护计划的执行情况，以书面形式报告公司，报告分《上半年计划执行情况报告》和《年度计划执行情况报告》两种，基本内容应包括维护工程计划完成情况、解决问题的措施、养护费用分析报告、备品备件库存及使用报告	无	上半年计划执行情况报告、年度计划执行情况报告	交通机电运营维护中心	交通机电运营维护中心主任
R10.4-4	采用新的机电维护技术时未保持谨慎的态度，可能造成与原有系统不兼容，或技术不成熟，设备不稳定，影响工作的正常开展	CT10.4-3 CT10.4-4	CA10.4-4	引进的新技术和新工艺应当在积极的同时保持对引进技术应有的谨慎和稳妥，必须尽可能是标准化、通用型产品，且能与原有系统很好地兼容，调查研究判断可行后才开始局部试验，试验确实成功后才能推广	无	新技术局部试验情况记录	交通机电运营维护中心	交通机电运营维护中心主任
R10.4-5	未按照制度要求杜绝其他业务系统或设备非法接入机电系统，可能导致数据流失或传染病毒，对机电系统产生破坏性影响	CT10.4-3 CT10.4-4	CA10.4-5	对不同应用系统应明确操作流程，规范操作行为，以最小权限原则对设备使用权限进行划分，杜绝其他设备和系统非法接入系统，防止数据流失或病毒传染	无	设备使用权限划分、标准操作流程	交通机电运营维护中心	交通机电运营维护中心主任
R10.4-6	未对机电系统制定安全应急预案，可能导致机电系统抗风险能力差，发生意外事故时，无法快速反应处理	CT10.4-3 CT10.4-4	CA10.4-6	建立机电系统安全应急管理方案，制定和完善极端条件下的机电系统运行保障体系和应急预案，提高机电系统抗风险能力，加强对机电系统意外事故的快速反应处理能力	无	安全应急管理方案	交通机电运营维护中心	交通机电运营维护中心主任

续上表

风险编号	风险描述	对应控制目标编号	关键控制措施编号	控制措施	对应制度	控制痕迹	风险责任部门	风险责任岗位
R10.4-7	未建立机电维护工程台账，可能导致无法及时把握机电系统的实际情况	CT10.4-3 CT10.4-4	CA10.4-7	机电维护工程应建立台账并及时更新，实行动态管理，以便及时把握机电系统的实际情况	无	维护工程档案归档记录	交通机电运营维护中心	交通机电运营维护中心主任
R10.4-8	机电维护工程的相关资料未及时、完整地归档，可能导致无法及时查询所需关键信息的风险	CT10.4-3 CT10.4-4	CA10.4-8	维护工程档案按照档案管理规定记录、收集、整理和归档。对机电维护的各项资料，要求做到收集完整、归档及时、存放有序、查询便捷，能够反映过程管理的关键信息和步骤，能够反映现实中的机电系统实际情况	无	维护工程档案归档记录	交通机电运营维护中心	交通机电运营维护中心主任
R10.4-9	未对机电维护工程的施工质量进行监管，可能导致质量不过关，影响维护效果	CT10.4-3 CT10.4-4	CA10.4-9	机电维护工程的质量评价按照国家相关质量标准要求进行，要求达到国家标准，质量评定等级合格以上	无	维护工程质量评价报告	交通机电运营维护中心	交通机电运营维护中心主任
R10.4-10	未严格把关机电维护工程的施工进度，可能导致故障得不到及时解除，影响营运的安全和畅通	CT10.4-3 CT10.4-4	CA10.4-10	维护工程中的重大隐患应及时消除、较大故障应及时排除，保证机电系统正常运行，营运操作使用完全正常	无	维护工程管理台账	交通机电运营维护中心	交通机电运营维护中心主任
R10.4-11	未对机电工程维护管理工作进行绩效考核，可能导致员工工作积极性得不到调动，影响机电工程维护工作的进一步提高	CT10.4-3 CT10.4-4	CA10.4-11	公司应对每年的机电工程维护管理工作进行一次综合考核，考核结果纳入交通机电运营维护中心年度工作目标和年度经营绩效考核指标范围内	无	机电工作维护管理工作考核记录	考核督查办公室	考核督查办公室主任

11 资 产 管 理

11.1 办公设备及办公用品管理

1）流程目标概述

本流程规定了公司有关涉及公司办公设备的编号、台账记录，盘点、采购和清理的程序。旨在规范公司办公设备管理的各项具体工作，避免或降低公司在办公设备管理中存在的风险。

2）适用范围

适用于公司及所属单位。

3）相关制度

（1）《公司机关办公固定资产、低值易耗品管理办法》

（2）《公司机关办公办公用品管理办法》

4）职责分工

（1）办公室职责

①组织供货商筛选及实施采购；

②所采购的办公用品到货后，由采购人员、办公用品管理员共同按送货单进行验收；

③对经审批的物品领用申请进行汇总、统计。

（2）财务资产部职责

①建立固定资产价值总账和明细账，核算固定资产价值及折旧；

②定期与监察部、办公室对办公类固定资产进行核对，以确保账、卡、物，数量、金额相符。

（3）监察部职责

①定期与办公室、财务资产部对固定资产和低值易耗品进行核对，以确保账、卡、物，数量、金额相符；

②遇到公物私用的情形，会同办公室责令限期返还。

5）不相容职责——办公设备及办公用品管理

如表 11-1 所示。

不 相 容 职 责　　表 11-1

岗位职责	设备采购申请	设备采购	设备验收	设备记账	审批	检查、评价
设备采购申请			X	X	X	X
设备采购			X	X	X	X
设备验收	X	X		X	X	X
设备记账	X	X	X		X	X
审批	X	X	X	X		X
检查、评价	X	X	X	X	X	

注："X"表示不相容职责。

6）流程图

（1）办公用品采购管理流程

如图 11-1 所示。

(2)办公设备采购管理流程

如图 11-2 所示。

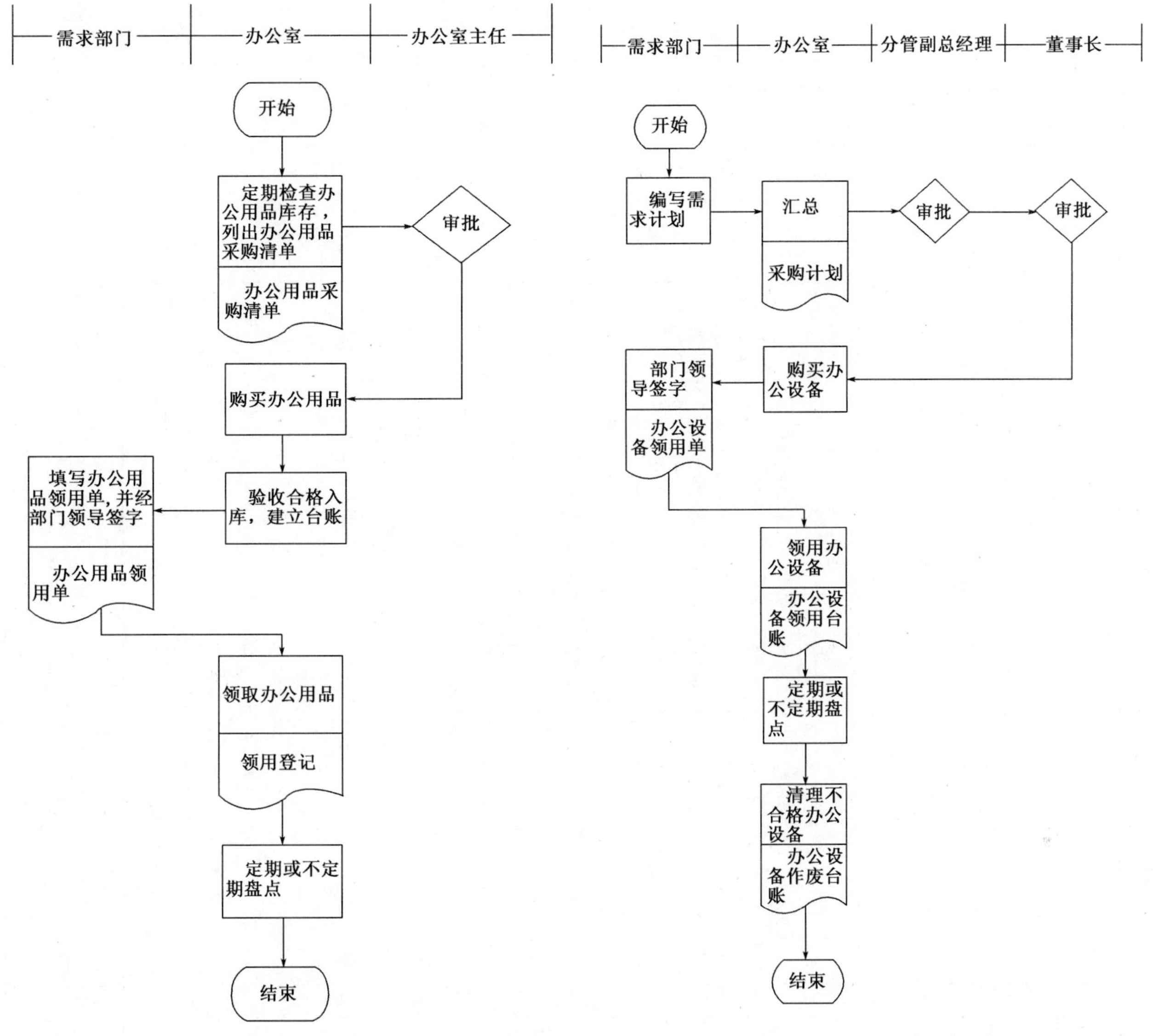

图 11-1　办公用品采购管理流程

图 11-2　办公设备采购管理流程

7)控制目标

如表 11-2 所示。

控 制 目 标　　表 11-2

序号	《内部控制规范》具体控制目标编号	拟实现的内控目标	内控目标具体描述
1	CT11.1-1	合法合规性目标	保证公司办公设备及办公用品管理符合国家有关法规和公司规章制度规定
2	CT11.1-2	财务报告目标	保证公司办公设备及办公用品管理使财务公允
3	CT11.1-3	资产安全目标	保证公司办公设备及办公用品管理所涉及的资金、资产的安全性
4	CT11.1-4	经营效率和效果目标	提升公司办公设备及办公用品管理水平以促进公司经营效率与效果
5	CT11.1-5	发展战略目标	保证公司办公设备及办公用品管理支持公司发展战略目标

8)控制矩阵

如表 11-3 所示。

控制矩阵

表 11-3

风险编号	风险描述	对应控制目标编号	关键控制措施编号	控制措施	对应制度	控制痕迹	风险责任部门	风险责任岗位
R11.1-1	办公设备日常管理职责分工不明确，可能导致设备管理混乱	CT11.1-3 CT11.1-4	CA11.1-1	机关办公用品的采购、领用、管理、报销等工作统一由办公室负责，其他部室不得进行办公用品的采购、费用报销工作	《机关办公办公用品管理办法》	部门职责	办公室	主任
R11.1-2	无统一的编号标准，未对办公设备进行编号，可能导致资产管理混乱	CT11.1-2 CT11.1-3	CA11.1-2	财务资产部制定资产编号的相关规则，并编制办公设备资产编号，录入相关资产台账进行管理	无	固定资产台账、卡片	财务资产部	部长
R11.1-3	没有贴办公设备资产标签，标签损坏或脱落时没有及时更换，可能产生资产安全风险	CT11.1-2 CT11.1-3	CA11.1-3	办公固定资产由办公室、财务资产部根据实物及台账记录，制作固定资产登记卡加固于固定资产之上，确定其编号、名称、类型及使用部门、使用人等信息与台账、实物相符一致。低值易耗品由办公室、各部门分级建立台账加强日常管理工作	《机关办公固定资产、低值易耗品管理办法》	固定资产标签	办公室 财务资产部	相关部门负责人
R11.1-4	未及时建立办公设备实物台账、台账要素不规范，可能导致资产记录信息失真	CT11.1-3	CA11.1-4	办公用品管理员按物品种类、规格、等级、存放次序、分类码放整齐，并按送货单序号和货单内容在办公用品收发存账册上进行登记。 对属于办公设备的建立相关台账，登记设备相关信息，包括但不限于资产编号、规格型号、品牌、购入年限、存放地点、使用状况等	无	办公资产台账	办公室	主任
R11.1-5	未保管与办公设备相关的技术文件和资料，可能导致设备技术资料不全影响设备修理或更新	CT11.1-3	CA11.1-5	验收小组应对固定资产的基本情况进行检验，使用说明书、技术资料是否齐全。办公设备管理人员负责保管相关资料	无	固定资产验收单、档案资料	财务资产部 监察部	相关部门负责人
R11.1-6	违反设备安全管理规定或因保管不善、使用不当，可能造成办公设备损坏	CT11.1-1 CT11.1-3	CA11.1-6	管理员必须清楚地掌握办公用品库存情况，经常整理与清点，防止丢失、霉变、虫蚀、过期。 对办公设备使用做相关说明及培训，确保办公设备正确使用	无	工作记录、操作指南、培训记录	办公室	主任
R11.1-7	办公设备如电脑送外维修中的数据保密工作不到位，可能导致重要资料泄密	CT11.1-1 CT11.1-3 CT11.1-4	CA11.1-7	送外维修前要对办公设备进行检查，对涉密信息进行加密或移除，确保公司机密不会泄露	无	检查记录	办公室	主任

续上表

风险编号	风险描述	对应控制目标编号	关键控制措施编号	控制措施	对应制度	控制痕迹	风险责任部门	风险责任岗位
R11.1-8	办公设备的处置未经适当审批或超越授权审批，可能导致企业资产损失	CT11.1-1 CT11.1-3 CT11.1-4	CA11.1-8	机关办公固定资产、低值易耗品的报废工作由财务资产部牵头负责。当公司财产出现剩余、淘汰、报废等情况时，由办公室报公司领导同意后予以处置。财产处置，以财产的账面价值、实际价值为依据，由办公室会同财务资产部确定其价值，最终处置结果由总经理进行审批	无	固定资产报废申请单	财务资产部 监察部	相关部门负责人
R11.1-9	办公设备处置记录不准确、账实不符，可能导致财务报告信息不真实、不完整	CT11.1-1 CT11.1-2 CT11.1-3	CA11.1-9	设备报废及清理，都应进行报批。报废后的设备进行集中清理，清理过程需进行询比价，处理结果由总经理审批，同时由财务资产部进行现场监督盘点及入账	无	废旧设备清理申请表	财务资产部 监察部	相关部门负责人
R11.1-10	办公设备盘点不规范，可能导致资产缺失，账实不符	CT11.1-1 CT11.1-2 CT11.1-3	CA11.1-10	办公室将定期会同财务资产部、监察部进行核对，保证固定资产和低值易耗品账实相符。对于账实不符的延期进行整改，并在公司范围内通报。 办公室每月组织仓库管理员和一名办公室工作人员，进行办公用品的库存盘点工作，并与分类明细台账进行核对，并填写《公司盘点记录表》	《机关办公固定资产、低值易耗品管理办法》《机关办公办公用品管理办法》	公司盘点记录表	办公室	主任
R11.1-11	盘点时无详细的盘点记录，可能导致盘点结果失真	CT11.1-1 CT11.1-3 CT11.1-4	CA11.1-11	办公室将定期会同财务资产部、监察部进行核对，保证固定资产和低值易耗品账实相符。对于账实不符的延期进行整改，并在公司范围内通报。 办公室每月组织仓库管理员和一名办公室工作人员，进行办公用品的库存盘点工作，并与分类明细台账进行核对，并填写《公司盘点记录表》	《机关办公固定资产、低值易耗品管理办法》、《机关办公用品管理办法》	公司盘点记录表	办公室	主任
R11.1-12	财务部门未定期对办公设备进行盘点或监盘，可能导致办公设备账实不符	CT11.1-1 CT11.1-2 CT11.1-3	CA11.1-12	财务资产部将定期会同办公室、监察部进行核对，保证固定资产和低值易耗品账实相符。对于账实不符的延期进行整改，并在公司范围内通报	无	盘点记录	财务资产部	部长
R11.1-13	办公资产盘点无盘盈盘亏原因分析，未及时进行调账处理，可能导致资产损失原因不明，资产价值计量不准确	CT11.1-2 CT11.1-3	CA11.1-13	盘点完成后应进行盘盈盘亏分析，形成盘点报告，如有盘盈盘亏现象，查明原因，报总经理审批后，财务资产部进行账务处理	无	盘点报告	办公室	主任

11.2 固定资产管理

1)流程目标概述

本流程规定了公司资产管理中固定资产管理的工作,旨在不断提高和规范固定资产的管理,避免或降低公司在固定资产管理环节中的风险。

2)适用范围

适用于公司及所属单位。

3)相关制度

(1)《固定资产管理办法》

(2)《固定资产管理实施细则(试行)》

(3)《固定资产报废管理办法(试行)》

(4)《资产管理专用章管理的有关规定》

(5)《资产报表编制办法》

4)职责分工

(1)办公室

①负责办公资产的采购及日常管理;

②负责车辆设备的采购及日常管理;

③负责办公资产的台账管理及登记。

(2)财务部

①负责审批采购事项是否在预算内,审核采购事项是否合理;

②负责对固定资产进行定期盘点并确认账实相符。

(3)董事长

负责审批固定资产的采购事项。

5)不相容职责——固定资产管理

如表11-4所示。

不相容职责　表11-4

岗位职责	固定资产项目申请	固定资产项目审批	项目执行	固定资产处置申请	固定资产处置审批	监督评估
固定资产项目申请		X			X	X
固定资产项目审批	X					
项目执行					X	X
固定资产处置申请					X	X
固定资产处置审批	X		X	X		
监督评估	X		X	X		

注:"X"表示不相容职责。

6)流程图

(1)固定资产采购管理流程

如图11-3所示。

(2)固定资产报废流程

如图11-4所示。

7)控制目标

如表11-5所示。

8)控制矩阵

如表 11-6 所示。

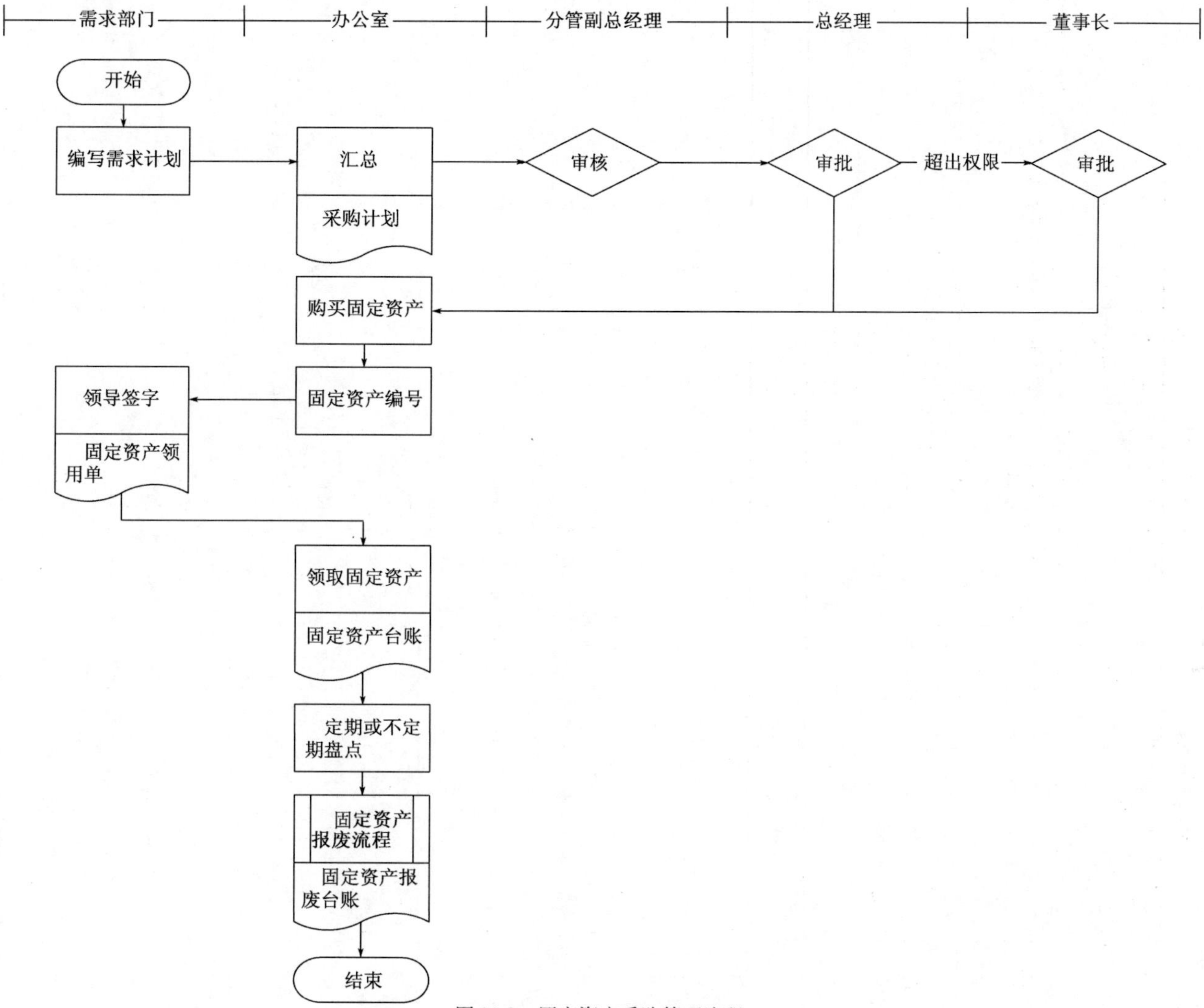

需求部门 办公室 分管副总经理 总经理 董事长

开始

编写需求计划

汇总

采购计划

审核

审批

超出权限

审批

购买固定资产

固定资产编号

领导签字

固定资产领用单

领取固定资产

固定资产台账

定期或不定期盘点

固定资产报废流程

固定资产报废台账

结束

图 11-3 固定资产采购管理流程

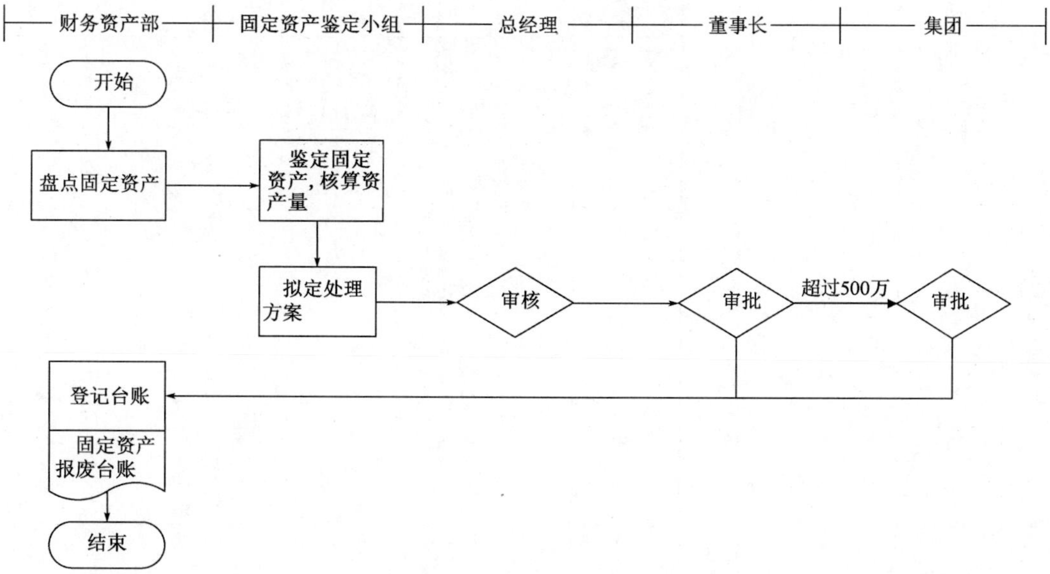

财务资产部 固定资产鉴定小组 总经理 董事长 集团

开始

盘点固定资产

鉴定固定资产,核算资产量

拟定处理方案

审核

审批

超过500万

审批

登记台账

固定资产报废台账

结束

图 11-4 固定资产报废流程

控制目标

表 11-5

序号	《内部控制规范》具体控制目标编号	拟实现的内控目标	内控目标具体描述
1	CT11.2-1	合法合规性目标	保证公司固定资产管理符合国家有关法规和公司规章制度规定
2	CT11.2-2	财务报告目标	保证公司固定资产管理使财务公允
3	CT11.2-3	资产安全目标	保证公司固定资产管理所涉及的资金、资产的安全性
4	CT11.2-4	经营效率和效果目标	提升公司固定资产管理水平以促进公司经营效率与效果
5	CT11.2-5	发展战略目标	保证公司固定资产管理支持公司发展战略目标

控制矩阵

表 11-6

风险编号	风险描述	对应控制目标编号	关键控制措施编号	控制措施	对应制度	控制痕迹	风险责任部门	风险责任岗位
R11.2-1	固定资产日常管理职责分工不明确，可能导致固定资产管理混乱	CT11.2-1 CT11.2-3	CA11.2-1	固定资产是公司从事生产经营活动的重要生产材料，固定资产使用部门对固定资产的安全、完整、日常保养负完全责任，固定资产归口管理部门负责固定资产编号、领用、转移、维修、报废、处置及盘点管理，财务资产部负责监督归口管理部门的固定资产管理工作	无	部门职责	财务资产部、办公室	相关部门或单位负责人
R11.2-2	未设置固定资产的归口管理部门，可能导致部门之间职责重合或分工不明，造成资产档案管理混乱	CT11.2-1 CT11.2-3	CA11.2-2	固定资产的管理应在总经理的统一领导下，实行分级归口管理与责任人管理相结合的办法。按照固定资产分类，将公司的全部固定资产归口到有关部门，负责管、用、养、修。归口管理部门按照业务对口原则，落实到各公司相关部门、个人等，同岗位责任制结合起来	《固定资产管理办法》第6章第29条	固定资产管理台账	财务资产部、办公室、管理公司	相关部门或单位负责人
R11.2-3	固定资产更新改造不够、使用效能低下、维护不当、产能过剩，可能导致企业缺乏竞争力、资产价值贬损、安全事故频发或资源浪费	CT11.2-1 CT11.2-3	CA11.2-3	固定资产投入使用之后，由于固定资产磨损、各组成部分耐用程度不同，可能导致固定资产的局部损坏，为了维护固定资产的正常运转和使用，充分发挥其效能，公司对固定资产进行必要的维护支出	《固定资产管理办法》第7章第41条	固定资产维护支出记录	财务资产部、办公室、管理公司	相关部门或单位负责人

续上表

风险编号	风险描述	对应控制目标编号	关键控制措施编号	控制措施	对应制度	控制痕迹	风险责任部门	风险责任岗位
R11.2-4	已建成的固定资产未及时转入或只部分转入固定资产，可能导致账实不符，影响资产计量的准确性	CT11.2-1 CT11.2-3	CA11.2-4	新建、扩建、改建的工程项目竣工后，要根据工程项目规模大小，组成相应的验收委员会，按工程的设计图纸和有关资料，逐项进行验收。验收合格后，建设单位要根据交付使用资产明细表分别计算单项固定资产价值，编制“新建(购置)固定资产验收交接目录”，并附竣工决算和竣工图纸技术资料，办理交接手续。 财务资产部应在项目建成投产或使用3个月内进行转固，因验收程序较长无法在3个月内转固的，应根据在建工程核算价值暂估转固，待竣工验收后进行相关调整	无	固定资产清单、固定资产暂估清单、固定资产价值调整单	财务资产部、办公室、管理公司	相关部门或单位负责人
R11.2-5	固定资产采购后入账不及时，可能导致公司资产计量不准确	CT11.2-1 CT11.2-3	CA11.2-5	财务资产部门依据合同、发票、验收单等相关资料进行账务处理，登记“固定资产卡片”。财务资产部门应将《固定资产验收单》转资产使用部门一份留存，据此进行资产账卡登记和管理	《固定资产管理实施细则》第5条	固定资产验收单、固定资产卡片	财务资产部、办公室、管理公司	相关部门或单位负责人
R11.2-6	固定资产编号不规范，未制定固定资产编号规则，可能导致资产管理混乱	CT11.2-1 CT11.2-3	CA11.2-6	固定资产归口管理部门应该按照财务资产部门设定的“固定资产卡片”，详细填列固定资产台账，按固定资产类别和使用单位顺序排列，编码保管，并与财务资产部门的固定资产账簿和使用单位固定资产台账定期进行核对，使三者保持一致	《固定资产管理办法》第6章第30条	固定资产台账	财务资产部、办公室、管理公司	相关部门或单位负责人
R11.2-7	没有贴固定资产标签，标签损坏或脱落时没有及时更换，可能产生资产安全风险	CT11.2-1 CT11.2-3	CA11.2-7	固定资产归口管理部门应定期和不定期对固定资产进行评查、盘点。防止固定资产损失、流失，保证固定资产安全完整。 固定资产归口管理部门负责制作固定资产标签，对资产标签进行管理及维护	《固定资产管理制度》	固定资产盘点记录	财务资产部、办公室、管理公司	相关部门或单位负责人
R11.2-8	未及时建立固定资产台账、台账要素不规范，可能导致资产记录信息失真，影响后期固定资产盘点	CT11.2-1 CT11.2-3	CA11.2-8	固定资产归口管理部门应该按照财务资产部门设定的“固定资产卡片”，详细填列固定资产台账，按固定资产类别和使用单位顺序排列，编码保管，并与财务资产部门的固定资产账簿和使用单位固定资产台账定期进行核对，使三者保持一致	《固定资产管理办法》第6章第30条	固定资产台账、固定资产账簿	财务资产部、办公室、管理公司	相关部门或单位负责人

续上表

风险编号	风险描述	对应控制目标编号	关键控制措施编号	控制措施	对应制度	控制痕迹	风险责任部门	风险责任岗位
R11.2-9	违反固定资产安全管理规定或因保管不善、使用不当,可能造成资产损坏	CT11.2-1 CT11.2-3	CA11.2-9	由于事故造成固定资产报废,应根据事故责任明确损失承担单位,应要求事故责任单位对报废的固定资产予以赔偿; 由于人为事故原因造成固定资产损毁的,应查明原因,明确责任,追究过失人的经济赔偿责任或行政、法律责任	《固定资产管理办法》第5章第28条	固定资产赔偿记录	财务资产部、办公室、管理公司	相关部门或单位负责人
R11.2-10	未办理大额固定资产保险,可能导致资产损失时无法得到相应的赔偿	CT11.2-1 CT11.2-3	CA11.2-10	固定资产归口管理部门应会同财务资产部对大额固定资产投保可行性进行研究及评估,对可投保的大额固定资产出具相关投保方案,报公司党政联席会审批后进行投保	无	固定资产投保方案	财务资产部、办公室、管理公司	相关部门或单位负责人
R11.2-11	公司各下属单位固定资产进行内部调拨时未办理调拨手续,可能导致资产管理混乱	CT11.2-1 CT11.2-3	CA11.2-11	固定资产调入、调出和使用状态的变更,必须由各管理使用单位或归口管理部门,根据有关的动态变更文件或命令添置调拨等相关凭证,报财务资产部门审核同意后,使用单位据此调整技术履历簿和档案,财务资产部门按规定手续进行账务处理	《固定资产管理办法》第5章第20条	动态变更文件、技术履历簿、档案	财务资产部、办公室、管理公司	相关部门或单位负责人
R11.2-12	固定资产调拨后财务未及时调账,可能导致资产账面价值与实际情况不一致	CT11.2-1 CT11.2-3	CA11.2-12	固定资产调入、调出和使用状态的变更,必须由各管理使用单位或归口管理部门,根据有关的动态变更文件或命令添置调拨等相关凭证,报财务资产部门审核同意后,使用单位据此调整技术履历簿和档案,财务资产部门按规定手续进行账务处理	《固定资产管理办法》第5章第20条	动态变更文件、技术履历簿、档案	财务资产部、办公室、管理公司	相关部门或单位负责人
R11.2-13	未经领导审批授权对外租赁固定资产,可能导致固定资产租赁不规范,引发舞弊风险	CT11.2-1 CT11.2-3	CA11.2-13	按有关规定可以出租的固定资产,对外出租固定资产时,应由经办单位提出申请或建议并填制"固定资产出租申请表",经公司领导批准后,由公司与租赁单位订立出租合同	《固定资产管理办法》第5章第25条	固定资产出租申请表	财务资产部、办公室、管理公司	相关部门或单位负责人
R11.2-14	固定资产外借时未办理出租手续,可能导致固定资产的管理疏漏,造成公司损失	CT11.2-1 CT11.2-3	CA11.2-14	固定资产外借必须按规定办理出租手续,相关出租费用及合同需由总经理审批;特殊情况下,免费外借固定资产的,需公司党政联席会议进行特别审批	无	固定资产出租申请表、固定资产外借申请表	财务资产部、办公室、管理公司	相关部门或单位负责人

续上表

风险编号	风险描述	对应控制目标编号	关键控制措施编号	控制措施	对应制度	控制痕迹	风险责任部门	风险责任岗位
R11.2-15	对外租赁固定资产未签订资产租赁合同,可能导致合约纠纷,产生法律风险	CT11.2-1 CT11.2-3	CA11.2-15	按有关规定可以出租的固定资产,对外出租固定资产时,应由经办单位提出申请或建议并填制“固定资产出租申请表”,经公司领导批准后,由公司与租赁单位订立出租合同。合同中必须明确租用期限、租用金额,规定承租单位不能擅自拆除、改装及任意改变固定资产的原来状态	《固定资产管理办法》滴5章第25条	出租合同	财务资产部、办公室、管理公司	相关部门或单位负责人
R11.2-16	固定资产租金收取不及时,可能导致收入记录不全,造成资金风险	CT11.2-1 CT11.2-3	CA11.2-16	固定资产归口管理部门负责出租固定资产的后续跟踪管理工作,建立相关租赁合同台账,根据合同条款按时收租,并定期与财务资产部进行对账,规范租金管理	无	固定资产租赁合同台账	归口管理部门	部门负责人
R11.2-17	固定资产租赁后财务未及时调账,可能导致财务账记录不完整,账实不符	CT11.2-1 CT11.2-3	CA11.2-17	签订租赁合同后,固定资产归口管理部门应将相关租赁材料报送财务资产部备案,财务资产部根据材料及时进行账务处理,建立相关台账,监督固定资产出租管理	无	财务凭证	财务资产部、办公室、管理公司	相关部门或单位负责人
R11.2-18	固定资产盘点不规范,可能导致资产缺失,账实不符	CT11.2-1 CT11.2-3	CA11.2-18	公司必须对固定资产进行清点盘查,固定资产盘点清查一般应每年进行一次,通过固定资产清查,核对固定资产账实物与台账是否相符,查明账实不符的原因	《固定资产管理办法》第8章第45条	固定资产清点盘查记录	财务资产部、办公室、管理公司	相关部门或单位负责人
R11.2-19	固定资产盘点时无详细的盘点记录,可能导致盘点结果失真	CT11.2-1 CT11.2-3	CA11.2-19	在固定资产盘点清查过程中,由财务资产部门组织固定资产归口管理部门、使用部门和有关人员,深入现场逐项清查,做好盘点的原始记录	《固定资产管理办法》第8章第46条	盘点记录	财务资产部、办公室、管理公司	相关部门或单位负责人
R11.2-20	无盘盈盘亏原因分析,未及时进行调账处理,可能导致资产损失原因不明,资产价值计量不准确	CT11.2-1 CT11.2-3	CA11.2-20	盘盈固定资产由资产使用单位填制《固定资产盘盈报告单》,经业务主管部门、财务资产部核实后,报公司领导批准; 盘亏、毁损固定资产,由业务主管部门或资产使用单位填制《固定资产盘亏、毁损报告单》,经公司业务主管部门和财务资产部门审核后,报公司领导或董事会批准	《固定资产管理实施细则》第23、24条	固定资产盘盈/盘亏报告单	财务资产部、办公室、管理公司	相关部门或单位负责人

续上表

风险编号	风 险 描 述	对应控制目标编号	关键控制措施编号	控 制 措 施	对应制度	控制痕迹	风险责任部门	风险责任岗位
R11.2-21	固定资产折旧计提不准确,可能影响资产价值的计量以及当期成本费用	CT11.2-1 CT11.2-3	CA11.2-21	固定资产一般采用平均年限法分类计提折旧。其中、公路及附属设备采用工作量法;对通信、收费、监控设施,可采用双倍余额递减法。固定资产的分类折旧方法由公司统一确定	《固定资产管理办法》第4章第16条	分类折旧方法	财务资产部、办公室、管理公司	相关部门或单位负责人
R11.2-22	固定资产报废的确认流程不明确,不合理,可能导致大量维修费用浪费,造成资金浪费和资产核算不准确	CT11.2-1 CT11.2-3	CA11.2-22	固定资产报废由业务主管部门或使用单位填制《固定资产报废审批表》,经业务主管部门、财务资产部门审核后,有财务资产部门组织技术鉴定小组进行技术鉴定并签署意见,报公司领导或董事会批准	《固定资产管理实施细则》第25条	固定资产报废审批表	财务资产部、办公室、管理公司	相关部门或单位负责人

11.3 无形资产管理

1)流程目标概述

本流程规定了公司资产管理中无形资产管理的工作,旨在不断提高和规范无形资产的管理,避免或降低公司在无形资产管理环节中的风险。

2)适用范围

适用于公司及所属单位。

3)相关制度

《无形资产管理办法》

4)职责分工

(1)财务资产部:

①根据国家有关规定,制定无形资产管理办法,并组织实施和监督检查;

②会同归口管理部门组织无形资产的审核,及无形资产产权申报的相关手续;

③负责审核办理无形资产的增加和处置;

④组织对无形资产的清查、登记及监督检查工作;

⑤参与无形资产对外投资的决策;

⑥无形资产的收益管理;

⑦其他工作。

(2)无形资产归口管理部门:

①根据无形资产管理办法,制定相关无形资产实施细则;

②核查指导使用单位无形资产的管理工作;

③负责办理无形资产的增加、处置等报批手续;

④负责组织无形资产的清查、登记等工作;

⑤根据使用单位提出的无形资产技术鉴定申请,按规定程序上报主管部门组织鉴定;

⑥参与无形资产对外投资的决策。

(3)无形资产使用部门:

①依据无形资产管理办法和归口管理部门的有关实施细则,具体负责实施、落实;

②做好盘点清查工作,并及时报告无形资产的使用情况;

③建立并登记无形资产使用台账;

④提出无形资产处置申请。

5)不相容职责——无形资产管理

如表11-7所示。

不相容职责 表11-7

岗位职责	专利申请	专利记录	专利维护	专利评估
专利申请		X		X
专利记录	X		X	X
专利维护		X		X
专利评估	X	X	X	

注:“X”表示不相容职责。

6)控制目标

如表11-8所示。

7)控制矩阵

如表11-9所示。

控制目标

表 11-8

序号	《内部控制规范》具体控制目标编号	拟实现的内控目标	内控目标具体描述
1	CT11.3-1	合法合规性目标	保证公司无形资产管理符合国家有关法规和公司规章制度规定
3	CT11.3-2	财务报告目标	保证公司无形资产管理使财务公允
3	CT11.3-3	资产安全目标	保证公司无形资产管理所涉及的资金、资产的安全性
4	CT11.3-4	经营效率和效果目标	提升公司无形资产管理水平以促进公司经营效率与效果
5	CT11.3-5	发展战略目标	保证公司无形资产管理支持公司发展战略目标

控制矩阵

表 11-9

风险编号	风险描述	对应控制目标编号	关键控制措施编号	控制措施	对应制度	控制痕迹	风险责任部门	风险责任岗位
R11.3-1	无形资产日常管理职责分工不明确，导致无形资产管理混乱	CT11.3-1 CT11.3-3	CA11.3-1	无形资产作为资产的重要组成部分，实行“统一领导、归口管理、分级负责、责任到人”的管理体制；坚持所有权和使用权相分离、资产管理和财务管理相结合的原则。按照无形资产分类，将全部无形资产归口到有关部门管理。归口管理部门按照业务对口原则，落实到各单位相关部门或个人，同岗位责任制结合起来。各单位应明确管理机构和管理人员，建立健全无形资产管理岗位责任制度	《无形资产管理办法》第7、8条	无形资产管理台账	财务资产部、管理公司	财务资产部部长、管理公司负责人
R11.3-2	未及时建立无形资产台账，台账要素不全、不规范，可能导致无形资产的记录信息失真，引起公司的资产损失	CT11.3-1 CT11.3-3	CA11.3-2	无形资产使用单位负责对其占有使用的无形资产实施日常管理，主要职责是： （1）依据无形资产管理办法和归口管理部门的有关实施细则，具体负责实施、落实； （2）做好盘点清查工作，并及时报告无形资产的使用情况； （3）建立并登记无形资产使用台账； （4）提出无形资产处置申请	《无形资产管理办法》第2章第12条	无形资产使用台账	财务资产部、管理公司	财务资产部部长、管理公司负责人

续上表

风险编号	风 险 描 述	对应控制目标编号	关键控制措施编号	控 制 措 施	对应制度	控制痕迹	风险责任部门	风险责任岗位
R11.3-3	软件购买采购程序不当,可能导致无形资产采购质低价高,造成公司资产损失	CT11.3-1 CT11.3-3	CA11.3-3	外购无形资产要符合事业发展规划,考虑经费可能并进行充分论证,严格执行审批程序和权限,避免重复、盲目引进	《无形资产管理办法》第5章第24条	外购无形资产申请、审批文件	财务资产部、管理公司	财务资产部部长、管理公司负责人
R11.3-4	商标、专利等无形资产没有及时进行登记和注册,导致商标和专利失效,造成无形资产的损失	CT11.3-1 CT11.3-3	CA11.3-4	自行开发或研制的项目(包括商标)应依法及时申请并办理注册登记手续,明晰产权关系,依法确定公司的所有者地位	《无形资产管理办法》第5章第25条	无形资产登记手续	财务资产部、管理公司	财务资产部部长、管理公司负责人
R11.3-5	无形资产所有权清单不完整,导致无形资产核对和维护困难,影响无形资产的保值和增值	CT11.3-1 CT11.3-3	CA11.3-5	无形资产管理部门应定期梳理公司无形资产,及时更新无形资产台账,对到期和即将到期的无形资产根据相关评估结果进行报废、保值或增值措施,规范无形资产管理	无	无形资产管理台账	财务资产部、管理公司	财务资产部部长、管理公司负责人
R11.3-6	无形资产未按时进行减值测试或减值计提不准确,造成资产核算不准确	CT11.3-1 CT11.3-3	CA11.3-6	根据多方面充分论证分析,认为无形资产预期不能带来利益时,应按规定的程序进行报废,将无形资产的账面值予以转销。无形资产预期不能带来利益的情形主要包括: (1)该项无形资产已被其他新技术等替代,且已不能为单位带来利益; (2)该项无形资产不再受法律的保护,且不能给单位带来利益	《无形资产管理办法》第6章第38条	无形资产动态管理台账	财务资产部、管理公司	财务资产部部长、管理公司负责人
R11.3-7	无形资产减值信息未及时收集和分析处理,导致资产无故损失	CT11.3-1 CT11.3-3	CA11.3-7	各单位应定期对无形资产的账面值进行检查,如发现以下情况,应对无形资产的可收回金额进行估计并登记无形资产的备查账簿,在无形资产的报告中予以披露: (1)该项无形资产已被其他新技术等替代,使其为单位创造利益的能力受到重大不利影响; (2)有充足的理由确信该无形资产的价值大幅下跌,在以后的年限内不会恢复; (3)其他足以表明该无形资产的账面值已超过可收回金额的情形	《无形资产管理办法》第6章第37条	无形资产动态管理台账	财务资产部、管理公司	财务资产部部长、管理公司负责人

12 科研项目管理

12.1 科研项目管理

1)流程目标概述

本流程规定了公司有关科研项目的立项管理、过程管理、成果管理等程序,旨在健全和规范公司科技研发项目管理工作,努力避免或降低公司在科研项目管理中存在的风险。

2)适用范围

适用于公司及所属单位。

3)相关制度

(1)《公司科研项目管理办法》

(2)《关于科研项目管理有关要求的通知》

4)职责分工

(1)工程管理部

①负责汇总公司各部门的科研计划,制定公司科研工作计划;

②负责汇总、编制、上报审批科研工作年度预算;

③负责本级科研项目的实施;

④指导合作单位开展科研工作;

⑤负责组织科研项目进行验收;

⑥负责科研项目申报所需资料收集、汇总和整理工作;

⑦负责组织科研项目的申报、评审和鉴定工作;

⑧负责公司科研专利的申请和知识产权保护工作,跟踪科研成果的转化利用情况;

⑨负责科研项目的资料归档工作;

⑩负责撰写年度科研工作总结,对科研工作进行评价。

(2)知识产权管理部门职责

①负责专利的申请工作;

②负责专利的日常维护工作;

③负责专利的处置工作;

④负责归档专利的相关资料文件。

(3)财务资产部

①负责研究开发经费的日常管理工作;

②有监督项目经费使用情况的权利和义务;

③负责编制研发基金的使用情况报告并向公司汇报。

5)不相容职责——科研项目管理

如表12-1所示。

6)流程图

(1)科研合作任务管理流程图

如图12-1所示。

不 相 容 职 责 表 12-1

岗位职责	课题申请	课题审核	实 施	成果验收
课题申请		X		X
课题审核	X		X	
实施		X		X
成果验收	X		X	

注:"X"表示不相容职责。

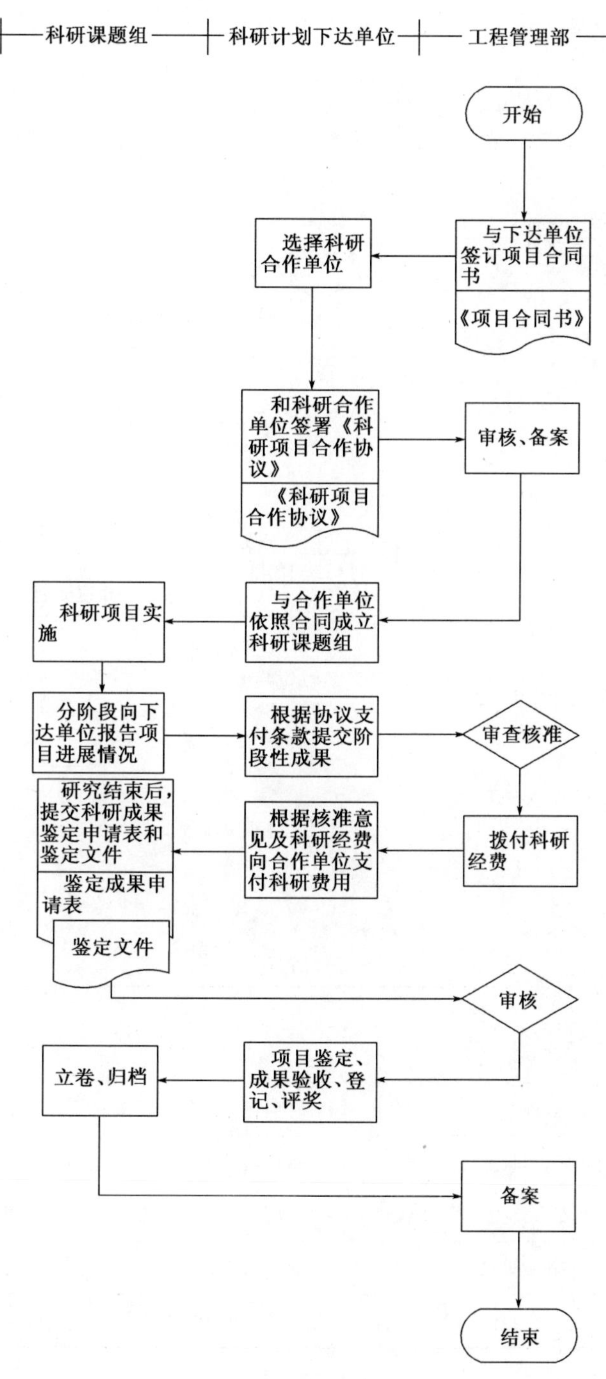

图 12-1 科研合作任务管理流程图

(2)科研项目申请研究流程图

如图 12-2 所示。

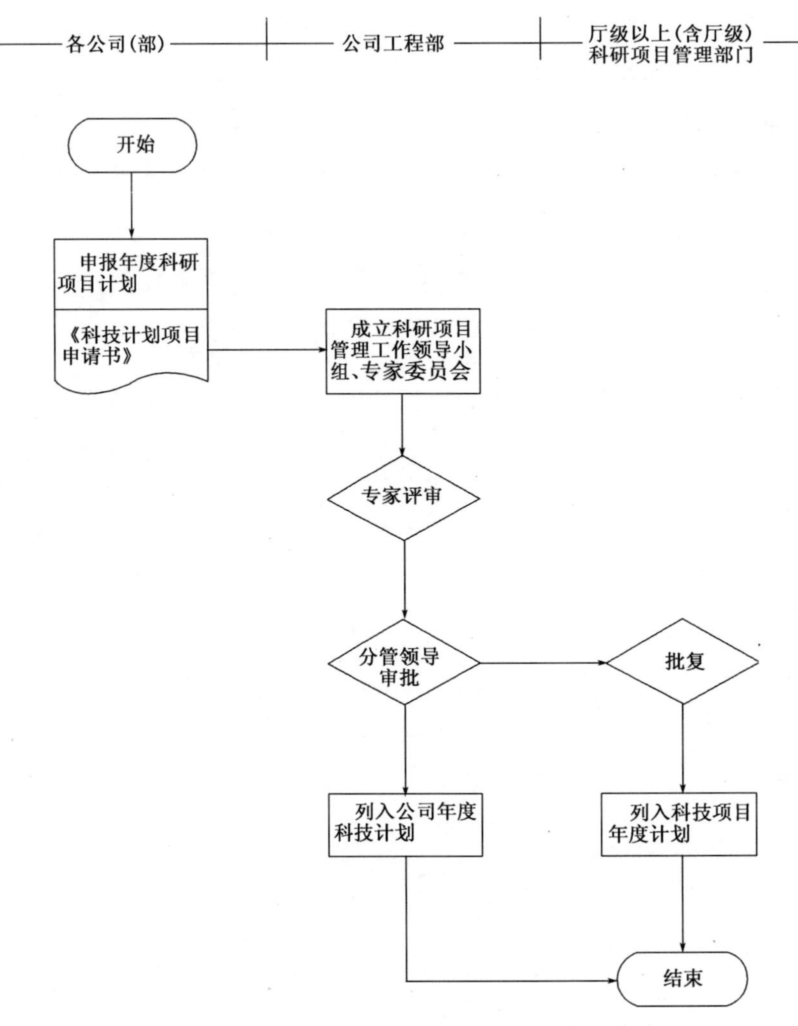

图 12-2　科研项目申请研究流程图

7)控制目标

如表 12-2 所示。

控 制 目 标　　表 12-2

序号	《内部控制规范》具体控制目标编号	拟实现的内控目标	内控目标具体描述
1	CT12.1-1	合法合规性目标	保证公司科研项目管理符合国家有关法规和公司规章制度规定
2	CT12.1-2	财务报告目标	保证公司科研项目管理使财务公允
3	CT12.1-3	资产安全目标	保证公司科研项目管理所涉及的资金、资产的安全性
4	CT12.1-4	经营效率和效果目标	提升公司科研项目管理水平以促进公司经营效率与效果
5	CT12.1-5	发展战略目标	保证公司科研项目管理支持公司发展战略目标

8)控制矩阵

如表 12-3 所示。

控制矩阵

表 12-3

风险编号	风险描述	对应控制目标编号	关键控制措施编号	控制措施	对应制度	控制痕迹	风险责任部门	风险责任岗位
R12.1-1	科研项目未经科学论证或论证不充分,可能导致创新不足或资源浪费	CT12.1-4	CA12.1-1	相关科研课题的研究应经过立项决策,通过立项申请,由相关专家小组对开题报告进行评审。 立项基本条件:应注重解决制约交通发展的因素及对策问题。以注重解决工程建设中的疑难问题和关键技术点的创新,合理降低工程造价,以及交通运输安全与应急保障、节能环保、智能化交通运输等方面。要求项目研究开发目标明确,内容重点突出,技术路线清晰,主要技术经济指标科学、合理,阶段目标和年度进展计划明确,经费预算合理	《科研项目管理办法》第4条	立项评审记录	工程管理部	工程管理部部长
R12.1-2	研发人员配备不合理或研发过程管理不善,可能导致研发成本过高、舞弊或研发失败	CT12.1-4	CA12.1-2	科研课题组的成立。科研项目负责单位同合作单位依据合同成立项目科研课题组。科研课题组组成应结构合理、人员精干、相对稳定,研究人员原则上不超过15人。科技项目组组长通常由项目研究方案的主要设计者担任,对完成项目研究任务负全责,同时享有相应权利	《科研项目管理办法》第11条	科研课题组人员构成	工程管理部	工程管理部部长
R12.1-3	研究成果转化应用不足、保护措施不力,可能导致企业利益受损	CT12.1-4	CA12.1-3	相关课题研究完成后,应及时按相关制度进行专利注册或进行相关研究成果保护措施;同时科研小组应提交相关报告,并附带相关成果转化应用建议,工程管理部针对相关成果制定成果转化计划,组织相关岗位员工进行学习及应用研究	无	成果转化计划	工程管理部	工程管理部部长
R12.1-4	企业未根据实际需要及公司战略编制研发计划,可能导致研发方向不符合公司发展,浪费企业研发资源	CT12.1-4	CA12.1-4	工程管理部每年应根据公司发展战略制定相关科研工作计划,计划报相关分管领导、总经理审批后执行	无	年度科研计划	工程管理部	工程管理部部长
R12.1-5	未制订科研项目的具体分解实施计划,可能导致研发规划流于形式,得不到落实执行或落实进度达不到规划要求	CT12.1-4	CA12.1-5	公司工程管理部作为公司科研主管部门,对各项目公司(部)管辖的科研项目进行监督,各项目公司(部)应建立科研项目管理台账,公司每半年检查一次科研项目的实施情况,并予以通报	《科研项目管理办法》第14条	科研项目管理台账	工程管理部	工程管理部部长

续上表

风险编号	风险描述	对应控制目标编号	关键控制措施编号	控制措施	对应制度	控制痕迹	风险责任部门	风险责任岗位
R12.1-6	公司未根据研发计划编制研究项目立项申请,并编制可行性研究报告,可能导致研发失败	CT12.1-4	CA12.1-6	立项申请:各公司(部)应于上一年度向公司工程管理部申报下一年度科研项目计划。提交的《科技计划项目申请书》应详细列出项目主要研究内容、实施计划、科研经费、预期成果等内容	《科研项目管理办法》第6条	科技计划项目申请书	工程管理部	工程管理部部长
R12.1-7	科研项目立项未按公司规定的审议程序审批,可能导致科研项目缺乏执行效力或创新不足或资源浪费	CT12.1-4	CA12.1-7	只有经厅级以上单位和公司审批的科研项目方可立项,不允许私自立项	《关于科研项目管理有关要求的通知》第2条	科研项目立项申请	工程管理部	工程管理部部长
R12.1-8	企业研发工作未合理配备专业人员,未实行岗位责任制,可能导致研发失败	CT12.1-4	CA12.1-8	科研课题组的成立。科研项目负责单位同合作单位依据合同成立项目科研课题组。科研课题组组成应结构合理、人员精干、相对稳定,研究人员原则上不超过15人。科技项目组组长通常由项目研究方案的主要设计者担任,对完成项目研究任务负全责,同时享有相应权利	《科研项目管理办法》第11条	科研课题组人员构成	工程管理部	工程管理部部长
R12.1-9	未定期对科研项目的进展进行评估,可能导致无法及时掌控科研项目的实际情况,造成资源浪费	CT12.1-4	CA12.1-9	工程管理部应定期(6个月)对各科研项目进行跟踪检查。根据检查结果出具相关工作总结报告,分析各项目计划执行情况及科研进展,对确实无法达到预期的项目进行评估,根据评估结果进行调整或暂停,防止公司资源浪费	无	科研项目执行情况检查记录	工程管理部	工程管理部部长
R12.1-10	企业与其他单位合作进行研究的未签订书面合作研究合同,明确双方投资、分工、权利义务、研究成果产权归属等,可能导致研发成果纠纷	CT12.1-4	CA12.1-10	科研合作单位的选择。由承担科研项目的公司(部)根据科研工作需要向公司提交科研项目合作单位的科技研发能力及主要参与人员基本情况等,提出初步选定意见。各公司(部)根据《科技项目合同书》,参照《公司科技项目合作合同》样本格式,与合作单位签署《科研项目合作协议》	《科研项目管理办法》第10条	科研项目合作协议	工程管理部	工程管理部部长
R12.1-11	企业未建立研究成果验收制度,并组织专业人员对研究成果进行独立评审和验收,可能导致研究成果不符合企业需求	CT12.1-4	CA12.1-11	科技项目研究结束,应提交科技成果鉴定申请表和鉴定文件。主要包括鉴定大纲、工作报告、研究报告、查新报告、社会经济效益分析报告、用户报告、项目合同书、源程序等,公司工程管理部对鉴定文件进行初步审核后,上报上级管理部门或项目下达单位申请项目鉴定。公司将参与各单位科研项目鉴定验收工作,及时了解有关情况	《科研项目管理办法》第20条	科技成果鉴定申请表	工程管理部	工程管理部部长

续上表

风险编号	风险描述	对应控制目标编号	关键控制措施编号	控制措施	对应制度	控制痕迹	风险责任部门	风险责任岗位
R12.1-12	研发人员未进行保密管理，并签署符合国家有关法律法规要求的保密协议，可能导致核心机密外泄	CT12.1-4	CA12.1-12	工程管理部应配合人事劳动部，对科研岗位进行识别，制定相关保密协议模板，并跟相关员工签订保密协议	无	保密协议	工程管理部	工程管理部部长
R12.1-13	企业未建立研究成果保护制度，缺乏对专利权、非专利技术、商业秘密及研发过程中形成的各类涉密图纸、程序、资料的管理，可能导致核心机密外泄	CT12.1-4	CA12.1-13	工程管理部应制定科研成果保护细则，规范专利注册、非专利技术、商业秘密、研发相关档案资料的保管流程及要求，明确各岗位员工的职责及权限	无	制度文件	工程管理部	工程管理部部长
R12.1-14	企业未建立研发活动评估制度及流程，加强对立项与研究、开发与保护等过程的全面评估，认真总结研发管理经验，分析存在的薄弱环节，不利于企业研发管理工作效率的提升	CT12.1-4	CA12.1-14	工程管理部应在科研项目结束半年内对研究成果进行后评价，对项目成果，项目研发管理过程进行分析，对研发经验进行总结，根据评价结果出具评价报告，并通报各科研小组进行讨论学习	无	后评价报告	工程管理部	工程管理部部长

13 工程项目管理

13.1 工程项目管理

1)流程目标概述

本流程规定了公司有关工程项目的管理要求,旨在规范公司工程项目管理的工作流程,努力规避或降低公司在工程项目管理中的风险。

2)适用范围

适用于公司及所属单位。

3)相关制度

(1)《公路工程基本建设程序》

(2)《高速公路建设项目的可行性研究》

(3)《高速公路建设项目的设计管理》

(4)《高速公路建设项目的征迁安置》

(5)《高速公路建设项目招投标管理》

(6)《招标评标实施细则》

(7)《高速公路建设项目合同管理》

(8)《高速公路建设项目的投资控制》

(9)《高速公路建设项目的进度控制》

(10)《高速公路建设项目的质量控制》

(11)《高速公路建设项目的安全与文明施工》

(12)《高速公路建设项目的检查与评比》

(13)《高速公路建设项目的竣(交)工验收》

4)职责分工

(1)工程管理部

①指导项目公司开展项目前期工作,参与初步设计、施工图设计及方案等相关专题研究,负责审查项目总体实施方案,指导办理施工许可;

②负责指导建设项目工程技术管理工作;

③指导建设项目建设期管理工作;

④负责项目的总体调度和过程监管,督促项目年度投资计划的执行及进度、投资统计;

⑤按照设计变更审批权限,负责审核、审批建设项目设计变更;

⑥指导建设项目建设管理工作,负责组织对项目建设中的质量、进度、环保、安全文明施工等进行指导、监督、检查;

⑦指导项目建设"新材料、新技术、新设备和新工艺"的推广应用,推动项目创优质工程工作的开展;

⑧督促、指导建设项目交竣工验收工作;

⑨配合有关部门,参与建设项目的投诉、举报等信访事件处理工作,参与建设项目质量、安全责任事故的调查处理工作;

⑩履行公司招投标工作领导小组办公室职能，负责公司所辖单位招投标工作的规范管理和指导；
⑪负责公司基建类中、小固定资产投资项目的施工图设计审核工作。
(2)分管领导
①审核工程投资方案；
②审核工程招标方案；
③审核、审批大额设计变更。
(3)董事长
①审核、审批工程投资方案，超出权限报集团审批；
②审批工程招标方案。
(4)项目公司
①负责整体路段的施工、运营、建设、管理；
②根据上级机构要求编制项目公司各管理单元管理制度。
5)不相容职责——工程项目管理
如表 13-1 所示。

不相容职责 表 13-1

岗位职责	工程项目立项	工程项目立项审批	工程项目标书编制	工程项目标书审批	工程施工	工程监督、巡检	工程审计
工程项目立项		X		X	X		X
工程项目立项审批	X		X		X		X
工程项目标书编制	X	X		X			X
工程项目标书审批	X		X		X		X
工程施工	X	X		X		X	X
工程监督、巡检					X		X
工程审计	X	X	X	X	X	X	

注："X"表示不相容职责。

6)流程图
(1)工程招标管理流程图
如图 13-1 所示。
(2)工程设计变更管理流程
如图 13-2 所示。
7)控制目标
如表 13-2 所示。

控制目标 表 13-2

序号	《内部控制规范》具体控制目标编号	拟实现的内控目标	内控目标具体描述
1	CT13.1-1	合法合规性目标	保证工程项目管理符合国家有关法规和公司规章制度规定
2	CT13.1-2	财务报告目标	保证工程项目管理结构使财务公允
3	CT13.1-3	资产安全目标	保证工程项目管理所涉及的资金、资产的安全性
4	CT13.1-4	经营效率和效果目标	提升工程项目管理水平以促进公司经营效率与效果
5	CT13.1-5	发展战略目标	保证工程项目管理支持公司发展战略目标

8)内部控制矩阵
如表 13-3 所示。

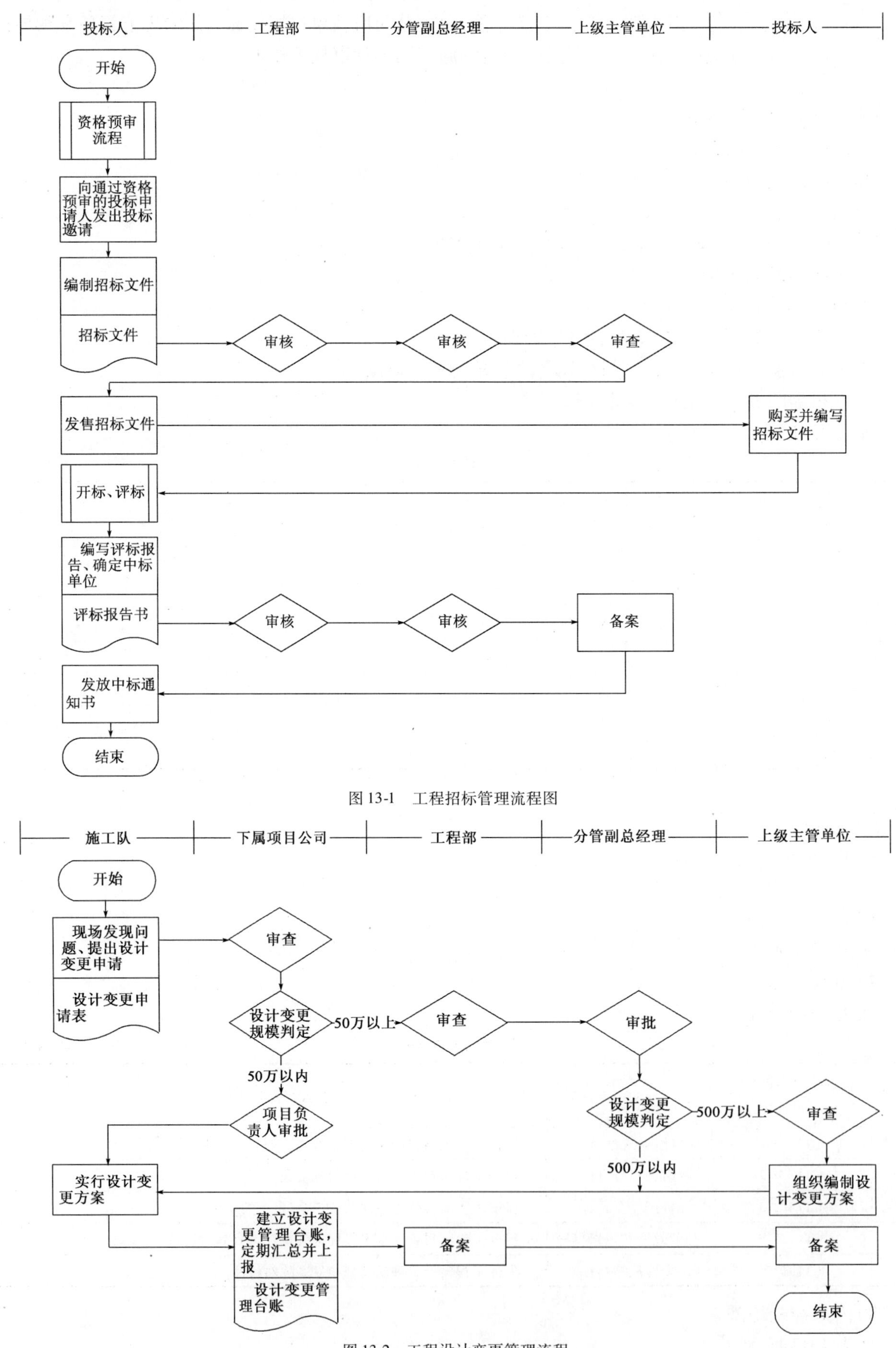

图 13-1　工程招标管理流程图

图 13-2　工程设计变更管理流程

内部控制矩阵

表 13-3

风险编号	风险描述	对应控制目标编号	关键控制措施编号	控制措施	对应制度	控制痕迹	风险责任部门	风险责任岗位
R13.1-1	公司内部工程建设项目相关管理制度未完善,未明确内部工程建设各相关部门及岗位职责及权限,可能导致工程建设项目管理无序,信息沟通不流畅	CT13.1-1 CT13.1-3	CA13.1-1	新建、改建固定资产基础设施项目的项目管理由公司工程管理部门牵头,相关部室及项目所在地单位参与组成项目组,负责工程管理	《公路工程基本建设程序》	项目组成员清单	工程管理部	工程管理部部长
R13.1-2	立项可行性研究流于形式,决策不当,盲目上马,可能导致难以实现预期效益或项目失败	CT13.1-1 CT13.1-3	CA13.1-2	公司下属各管理公司、养护公司、三产公司因工作需要新增或改建固定资产基础设施,需向公司提出书面的《新建/改建固定资产基础设施项目申请报告》,《项目申请报告》内容包括项目建设的必要性、总体假设规模,投资估算等。公司对口业务部室根据管理权限对《项目申请报告》的可行性提出书面的具体意见,经公司主管领导批准后方可进入立项程序	《公路工程基本建设程序》	《新建/改建固定资产基础设施项目申请报告》	工程管理部	工程管理部部长
R13.1-3	未就内部工程项目资金使用分配合理审批权限,项目审批程序混乱,可能影响项目决策及可能导致越权审批或舞弊风险	CT13.1-1 CT13.1-3	CA13.1-3	新建、改建固定资产基础设施项目的投资金额应严格控制在上级主管部门批复文件或公司预算范围内实施。凡超出上级主管部门批复金额或公司预算范围的项目,超出部分应报请原审批部门,书面批准后方可追加投资	《公路工程基本建设程序》	主管部门批复文件、公司预算方案	工程管理部	工程管理部部长
R13.1-4	未能进行工程项目成本概预算等,并进行有效分析,可能影响工程造价成本,造成成本过高风险	CT13.1-1 CT13.1-3	CA13.1-4	在进行投资估算之前,估算编制人员要了解业主对建设项目中有关资金筹措、实施计划、水电供应、配套工程、土地拆迁赔偿、工程监理等安排意见,掌握设计方案的具体工程数量和设计实施方案,参与实地调查研究,搜集工程所在地有关估算编制的基础资料,包括人工工资,材料供应和价格、运输条件和运价、施工条件以及各种赔偿单价等,这是进行投资估算的前提	《高速公路建设项目的可行性研究》	投资估算相关资料	工程管理部	工程管理部部长
R13.1-5	工程项目未编制可行性分析报告,并对其项目概况、项目建设的必要性、市场预测、项目建设选址及建设条件论证、建设规模和建设内容、项目外部配套建设、总投资及资金来源、经济和社会效益、项目建设周期及进度安排,招投标法规定的相关内容等进行分析,可能导致工程项目实施困难,可行性不强	CT13.1-1 CT13.1-3	CA13.1-5	新建、改建固定资产基础设施项目的投资金额应严格控制在上级主管部门批复文件或公司预算范围内实施。凡超出上级主管部门批复金额或公司预算范围的项目,超出部分应报请原审批部门,书面批准后方可追加投资	《公路工程基本建设程序》	主管部门批复文件、公司预算方案	工程管理部	工程管理部部长

续上表

风险编号	风险描述	对应控制目标编号	关键控制措施编号	控制措施	对应制度	控制痕迹	风险责任部门	风险责任岗位
R13.1-6	公司在工程项目立项后、正式施工前，未能依法取得用地、环保、用电、安全和施工等方面的许可，可能影响后续施工过程	CT13.1-1 CT13.1-3	CA13.1-6	工程项目立项后，项目组应立即依法办理用地、环保、用电、安全和施工等方面的许可，并在开工前办理完毕。未能全部取得相关许可的项目不能开工，如特殊情况，需报公司总经理进行审批后方能进行开工	无	工程施工相关许可文件	工程管理部	工程管理部部长
R13.1-7	工程立项未按照规定的权限和程序对工程项目进行决策，可能导致工程项目违规审批，不符合“三重一大“的要求	CT13.1-1 CT13.1-3	CA13.1-7	公司下属各管理公司、养护公司、三产公司因工作需要新增或改建固定资产基础设施，需向公司提出书面的《新建/改建固定资产基础设施项目申请报告》，《项目申请报告》内容包括项目建设的必要性、总体假设规模，投资估算等。公司对口业务部室根据管理权限对《项目申请报告》的可行性提出书面的具体意见，经公司主管领导批准后方可进入立项程序	《公路工程基本建设程序》	《新建/改建固定资产基础设施项目申请报告》	工程管理部	工程管理部部长
R13.1-8	公司针对工程项目未有相应部门归口管理，可能导致工程管理工作执行不力，影响工作开展	CT13.1-1 CT13.1-3	CA13.1-8	新建、改建固定资产基础设施项目的项目管理由公司工程管理部门牵头，相关部室及项目所在地单位参与组成项目组，负责工程管理	《公路工程基本建设程序》	项目组成员清单	工程管理部	工程管理部部长
R13.1-9	工程设计不够优化，可能造成工程招投标文件内容与实际出入较大	CT13.1-1 CT13.1-3	CA13.1-9	新建项目的工程设计应组织进行设计论证，只有通过论证后的设计才能进行施工，保证工程施工过程中尽量降低设计变更	无	设计论证记录	工程管理部	工程管理部部长
R13.1-10	未能及时按照国家相关规定取得征地拆迁及其他政府许可等手续即进行施工，可能产生合规风险	CT13.1-1 CT13.1-3	CA13.1-10	1999年1月修订的《中华人民共和国土地管理法》规定，基本建设用地，必须坚持“先征后用”的原则，高速公路建设项目用地必须待国土资源部门批复后方能使用	《高速公路建设项目的征迁安置》	建设用地申请及审批文件	工程管理部	工程管理部部长
R13.1-11	设计单位未按国家和地方相关法律法规要求单独编制安全、环保、职业卫生、消防、节能专篇，可能造成公司法律风险和经济损失	CT13.1-1 CT13.1-3	CA13.1-11	新建项目的工程设计应组织进行设计论证，只有通过论证后的设计才能进行施工；设计论证过程中，应同时关注设计单位是否按国家和地方相关法律法规要求单独编制安全、环保、职业卫生、消防、节能专篇	无	设计论证记录	工程管理部	工程管理部部长
R13.1-12	公司对重大或超过一定金额的内部工程项目未进行公开招标或邀标选择承包单位和监理单位，可能导致对承包单位和监理单位的资质不满足要求或工程服务商选择舞弊	CT13.1-1 CT13.1-3	CA13.1-12	公司全额投资或控股投资的高速公路建设项目、固定资产投资项目的勘察、设计、施工、监理以及与工程建设有关的重要设备、材料等的采购，达到下列标准之一的，必须进行招标： （1）施工单项合同估算价在100万元人民币以上的； （2）重要设备、材料等设备的采购，单项合同估算价在100万元人民币以上的； （3）勘察、设计、监理等服务的采购，单项合同估算价在30万原人民币以上的； （4）单项合同估算价低于（1）、（2）、（3）项规定标准，但项目总投资额在1000万元人民币以上的	《招标评标实施细则》	招标评价相关资料	工程管理部	工程管理部部长

续上表

风险编号	风险描述	对应控制目标编号	关键控制措施编号	控制措施	对应制度	控制痕迹	风险责任部门	风险责任岗位
R13.1-13	内部工程的招投标行为未按照国家招投标法规及公司建设项目管理相关制度进行，可能导致招投标流于形式，对承包方选择不当，影响后续项目实施和投资控制	CT13.1-1 CT13.1-3	CA13.1-13	招标人或其委托的招标代理机构负责招标工作的组织实施，招标评标工作应按下列程序实施： （1）招标人准备资格预审样稿和资格预审文件； （2）招标人将资格预审公告样稿和资格预审文件报公司审核后上报上级管理部门备案； （3）在制定的媒体上公开发布资格预审公告； （4）发售资格预审文件； （5）投标申请人编写资格预审申请书，递交资格预审申请书； （6）招标人在上级管理部门"公路建设项目评标专家库"随机抽取专家； （7）编制资格预审评审报告，报公司审核后上报上级交通主管部门备案； （8）向通过资格预审的投标申请人发出投标邀请； （9）招标人将编制的《招标文件》，上报公司审核后上报上级管理部门审查； （10）《招标文件》审查通过后，招标人方可发售招标文件； （11）投标人编写《投标文件》； （12）开标、评标； （13）编写《评标报告》，确定中标单位，报公司审核后上报上级管理部门备案； （14）发放中标通知书	《招标评标实施细则》	资格预审申请书、资格预审评审报告	工程管理部	工程管理部部长
R13.1-14	项目招标暗箱操作，存在商业贿赂，可能导致中标人实质上难以承担工程项目、中标价格失实及相关人员涉案	CT13.1-1 CT13.1-3	CA13.1-14	招标人或其委托的招标代理机构负责招标工作的组织实施，招标评标工作应按下列程序实施： （1）招标人准备资格预审样稿和资格预审文件； （2）招标人将资格预审公告样稿和资格预审文件报公司审核后上报上级管理部门备案； （3）在制定的媒体上公开发布资格预审公告； （4）发售资格预审文件； （5）投标申请人编写资格预审申请书，递交资格预审申请书； （6）招标人在上级管理部门"公路建设项目评标专家库"随机抽取专家；	《招标评标实施细则》	资格预审申请书、资格预审评审报告	工程管理部	工程管理部部长

续上表

风险编号	风险描述	对应控制目标编号	关键控制措施编号	控制措施	对应制度	控制痕迹	风险责任部门	风险责任岗位
R13.1-14	项目招标暗箱操作，存在商业贿赂，可能导致中标人实质上难以承担工程项目、中标价格失实及相关人员涉案	CT13.1-1 CT13.1-3	CA13.1-14	(7)编制资格预审评审报告，报公司审核后上报上级管理部门备案； (8)向通过资格预审的投标申请人发出投标邀请； (9)招标人将编制的《招标文件》，上报公司审核后上报上级管理部门审查； (10)《招标文件》审查通过后，招标人方可发售招标文件； (11)投标人编写《投标文件》； (12)开标、评标； (13)编写《评标报告》，确定中标单位，报公司审核后上报上级管理部门备案； (14)发放中标通知书	《招标评标实施细则》	资格预审申请书、资格预审评审报告	工程管理部	工程管理部部长
R13.1-15	承包单位采购物资不当，可能导致物资不符合设计标准和合同要求，可能影响工程质量	CT13.1-1 CT13.1-3	CA13.1-15	原材料是工程实体的组成部分，对工程质量有着直接关系。因此，要求施工单位：一是把好材料采购关；二是对原材料进行测试鉴定；三是严禁使用不合格材料和半成品	《高速公路建设项目的质量控制》	原材料采购相关资料	工程管理部	工程管理部部长
R13.1-16	自行采购工程物资不当，可能影响后续施工进程和工程质量	CT13.1-1 CT13.1-3	CA13.1-16	检验标准主要是技术规范、操作规程和质量检验评定标准。即达到规范化、规程化、标准化、管理制度化。检验内容主要是对原材料、半成品或成品、结构整体和部件进行物理、力学性能检验，使质量事故尽可能地消失在施工过程中，使工程质量符合规定的标准	《高速公路建设项目的质量控制》	原材料、成品、半成品检验记录	工程管理部	工程管理部部长
R13.1-17	工程设计频繁变更，可能影响施工效率和效果	CT13.1-1 CT13.1-3	CA13.1-17	新建、改建固定资产基础设施项目的设计变更应该遵循“满足使用、方便施工、节省投资”的原则。施工中应尽量减少设计变更，如果必须变更的，必须按照国家、行业及公司规定的设计变更程序进行	《公路工程基本建设程序》	设计变更申请	工程管理部	工程管理部部长
R13.1-18	未能对设计变更进行评价考核，可能导致无法对变更作出有效评价和认识	CT13.1-1 CT13.1-3	CA13.1-18	发生设计变更的，需按相关权限进行审核；为超过50万元的设计变更，由项目负责人审批，超过50万元的，由工程部进行审查，分管领导审批，超过500万元的，需报上级单位进行变更申请审查，并组织编制变更方案	无	设计变更审核记录	工程管理部	工程管理部部长

续上表

风险编号	风险描述	对应控制目标编号	关键控制措施编号	控制措施	对应制度	控制痕迹	风险责任部门	风险责任岗位
R13.1-19	设备安装前未能取得相关验收证明和技术资料，可能导致安装不合理，影响工程质量	CT13.1-1 CT13.1-3	CA13.1-19	设备进场前，应由项目组组织相关部门进行验收，交接相关技术资料，然后移交施工单位进行安装。相关验收资料应及时送交相关部门，同时留底备查	无	验收资料	工程管理部	工程管理部部长
R13.1-20	公司项目管理部门未能建立有效的工程签证报告和审批程序，可能导致公司无法获知工程变更信息，影响后续工程施工行为和过程中的成本控制	CT13.1-1 CT13.1-3	CA13.1-20	新建、改建固定资产基础设施项目施工中出现必须变更的工程项目，承包商首先要填写《××省交通重点工程设计变更申请表》，明确变更部位、原设计方案、变更原因、变更后的技术方案及变更方案的经济技术分析。《申请表》待监理单位、设计单位、项目则明确处理意见后，上报公司。公司相关业务部门审核并报请公司领导同意后，出具书面的审批意见，承包商方可进入工程的施工。未经公司批准即实施的变更项目，一律不予计量	《公路工程基本建设程序》	××省交通重点工程设计变更申请表	工程管理部	工程管理部部长
R13.1-21	公司项目管理部门未建立工程变更文件联络台账，可能导致无有效文件支持工程变更情况，影响进度款项的支付	CT13.1-1 CT13.1-3	CA13.1-21	公司核准变更单价后书面批复项目组，承包商按照审核后的单价，补充有关资料，即可申报变更工程的计量支付	《公路工程基本建设程序》	变更工程计量支付	工程管理部	工程管理部部长
R13.1-22	公司未能保管完整的变更书面文件和相关资料，并组织实施竣工决算审计，可能导致无法办理竣工验收手续，而无法进行验收决算	CT13.1-1 CT13.1-3	CA13.1-22	项目组要明确计量审核人和审核意见，严格把关变更工程计量资料的完整性、全面性和真实性，待确定资料完整无误后再上报公司予以支付	《公路工程基本建设程序》	工程变更资料	工程管理部	工程管理部部长
R13.1-23	进度款支付不规范，可能导致价款结算不合理，影响造价成本	CT13.1-1 CT13.1-3	CA13.1-23	业主与监理工程师必须遵守工程建设施工合同中各项有关条款，严格按照合同规定的时限及时计量和足额支付工程款项，不得拖延。若滞后支付工程款，对滞后支付的金额应按同期银行贷款利率计算利息。若因此造成承包人放慢施工进度或暂停施工，其一切后果业主应承担违约责任	《高速公路建设项目合同管理》	施工合同	工程管理部	工程管理部部长
R13.1-24	施工时，各工段交叉施工，可能出现相互影响进度的情况，产生施工安全隐患风险	CT13.1-1 CT13.1-3	CA13.1-24	项目组应审核施工单位提交的施工计划，审核时应关注各工段交叉施工时是否会影响进度及存在相关施工安全隐患。 在施工时，项目组应定期对施工计划执行情况进行检查，对计划外的交叉施工的工段进行施工安全评估	无	施工计划审核记录、施工计划检查记录	工程管理部	工程管理部部长

续上表

风险编号	风 险 描 述	对应控制目标编号	关键控制措施编号	控 制 措 施	对应制度	控制痕迹	风险责任部门	风险责任岗位
R13.1-25	未能与工程主体同时设计、同时施工、同时投入使用安全和职业健康防护措施,可能导致施工出现意外	CT13.1-1 CT13.1-3	CA13.1-25	安全生产要坚持“以人为本”、“安全第一、预防为主”的原则,抓好源头管理,完善安全管理体系,落实安全生产应急预案。严格执行国家有关安全生产的法律、法规、国家标准及行业标准,建立健全安全生产的各项规章制度,明确安全责任,采取强有力的措施,狠抓施工安全生产的薄弱环节,确保安全生产落到实处	《高速公路建设项目的安全与文明施工》	安全生产应急预案	工程管理部	工程管理部部长
R13.1-26	工程预算未经过相应的审核、审批导致预算管理混乱,影响工程的正常运转	CT13.1-1 CT13.1-3	CA13.1-26	凡立项手续不完善或未列入公司年度预算就擅自实施的项目,一概不予计量支付,并严格追究相关责任人的责任	《公路工程基本建设程序》	工程预算申请及审批文件	工程管理部	工程管理部部长
R13.1-27	竣工结算时,未能按照公司相关管理规定进行审计或委托审计,可能导致量价结算不准确	CT13.1-1 CT13.1-3	CA13.1-27	新建、改建固定资产基础设施项目最后一期计量支付前,应由公司组织人员对工程造价进行审计,并由公司内部审计部门或独立的工程造价咨询机构出具书面审计意见,未经审计的项目不得进行竣工验收	《公路工程基本建设程序》	工程造价审计	工程管理部	工程管理部部长
R13.1-28	企业未建立工程监理制度,工程施工过程中未聘请监理对承包单位在施工质量、工期、进度、安全和资金使用等方面实施监督,可能导致工程质量不符合设计及质量要求	CT13.1-1 CT13.1-3	CA13.1-28	建立一个严密的强有力的质量管理体系,是确保质量的关键,有利于工程监理工作的开展和全过程质量的监控作用。为此,要加强“三个层次”的控制和各层次的职能,即政府监督、项目监理和企业自检,要在健立公路监理的制度上,逐步建立起三个层次的管理体制	《高速公路建设项目的质量控制》	与监理单位签订的合同	工程管理部	工程管理部部长
R13.1-29	未经工程监理人员签字,工程物资在工程上使用或者安装或进入下一道工序施工,导致原材料得不到把控,影响工程质量	CT13.1-1 CT13.1-3	CA13.1-29	项目组应定期进行工程物资检查,对未经工程监理人员签字,工程物资在工程上使用或者安装或进入下一道工序施工的违规现象向施工单位下达警告或依据合同进行相应处罚	无	工程物资检查记录	工程管理部	工程管理部部长
R13.1-30	重大的项目变更未按照项目决策和概预算控制的有关程序和要求重新履行审批手续,可能导致工程预算过高	CT13.1-1 CT13.1-3	CA13.1-30	新建、改建固定资产基础设施项目施工中出现必须变更的工程项目,承包商首先要填写《××省交通重点工程设计变更申请表》,明确变更部位、原设计方案、变更原因、变更后的技术方案及变更方案的经济技术分析。《申请表》待监理单位、设计单位、项目则明确处理意见后,上报公司。公司相关业务部门审核并报请公司领导同意后,出具书面的审批意见,承包商方可进入工程的施工。未经公司批准即实施的变更项目,一律不予计量	《公路工程基本建设程序》	××省交通重点工程设计变更申请表	工程管理部	工程管理部部长

续上表

风险编号	风险描述	对应控制目标编号	关键控制措施编号	控制措施	对应制度	控制痕迹	风险责任部门	风险责任岗位
R13.1-31	工程发生变更时未按照规定的权限和程序进行审批,可能导致频繁设计变更,影响工程质量并增加工程预算	CT13.1-1 CT13.1-3	CA13.1-31	新建、改建固定资产基础设施项目施工中出现必须变更的工程项目,承包商首先要填写《××省交通重点工程设计变更申请表》,明确变更部位、原设计方案、变更原因、变更后的技术方案及变更方案的经济技术分析。《申请表》待监理单位、设计单位、项目则明确处理意见后,上报公司。公司相关业务部门审核并报请公司领导同意后,出具书面的审批意见,承包商方可进入工程的施工。未经公司批准即实施的变更项目,一律不予计量	《公路工程基本建设程序》	××省交通重点工程设计变更申请表	工程管理部	工程管理部部长
R13.1-32	公司项目管理部门未建立工程设计变更台账,可能出现无有效文件支持工程变更情况,影响进度款项的支付	CT13.1-1 CT13.1-3	CA13.1-32	一般设计变更项目由项目法人自行管理。项目法人在自己的设计变更审批权限内,应加快审批速度,压缩环节,尽量减少计量支付与实际进度的差距。项目法人应建立设计变更管理台账,定期对审计变更情况进行汇总,并应将每半年的汇总情况备案	《高速公路建设项目的投资控制》	设计变更管理台账	工程管理部	工程管理部部长
R13.1-33	建设项目中施工单位未按照国家安全环卫等相关法律法规执行,可能导致事故产生,影响公司合法合规类目标	CT13.1-1 CT13.1-3	CA13.1-33	安全生产要坚持“以人为本”“安全第一、预防为主”的原则,抓好源头管理,完善安全管理体系,落实安全生产应急预案。严格执行国家有关安全生产的法律、法规、国家标准及行业标准,建立健全安全生产的各项规章制度,明确安全责任,采取强有力的措施,狠抓施工安全生产的薄弱环节,确保安全生产落到实处	《高速公路建设项目的安全与文明施工》	安全生产应急预案	工程管理部	工程管理部部长
R13.1-34	竣工验收不规范,最终把关不严,可能导致工程交付使用后存在重大隐患	CT13.1-1 CT13.1-3	CA13.1-34	公路工程应按照《公路工程竣(交)工验收办法》相关流程进行竣工验收,未经验收或者验收不合格的,不得交付使用	《公路工程竣(交)工验收办法》	竣工验收资料	工程管理部	工程管理部部长
R13.1-35	未能对工程项目进行后评估考核,可能导致无法对工程项目实际运营情况与预期进行分析评价,奖罚不分明	CT13.1-1 CT13.1-3	CA13.1-35	工程管理部应在工程项目结束半年内对项目进行后评价,对项目工期、项目预决算、项目施工管理过程进行分析,对项目管理及施工经验进行总结,根据评价结果出具评价报告,并通报工程项目组进行讨论学习	无	工程项目后评价报告	工程管理部	工程管理部部长

14　合同及法律事务管理

14.1　合同管理

1)流程目标概述

本流程规定了公司合同的草拟、会签、审批、签订以及合同执行与持续监督的工作流程,旨在促进企业加强合同合法性审查,维护企业合法权益,努力避免或降低公司在合同内容的起草、谈判、签订过程中的风险。

2)适用范围

适用于公司及所属单位。

3)相关制度

《合同管理办法(试行)》

4)职责分工

(1)法律事务部职责:

①建立健全公司合同管理制度;

②监督公司的合同依法、依程序签订;

③登记备案经法律事务部合法性审查后的合同,建立合同合法性审查档案;

④审核公司合同,参与公司重大合同的谈判和起草工作。

(2)办公室职责:

建立合同档案,对合同进行统一编号、登录、统计、保管、跟踪及办理其他相关手续。

(3)承办人或部门职责:

①合同签订前,对合同另一方当事人的主体资格和资信进行了解和审查,并提出审查意见书;

②对合同的执行履约情况进行持续的跟进;

③收到对方履行异议时,承办人亦应在法定或约定期限内以法定或约定方式予以答复;

④合同发生纠纷时,承办人应及时向上一级领导汇报,通知有关部门和人员,并报法律事务部门备案。

5)不相容职责——合同管理

如表 14-1 所示。

不相容职责　　表 14-1

岗位职责	合同拟定	合同审批	实施合同	审计监督
合同拟定		X		X
合同审批	X			X
实施合同		X		X
审计监督	X	X	X	

注:"X"表示不相容职责。

6)流程图

(1)合同合法合规性审核

如图 14-1 所示。

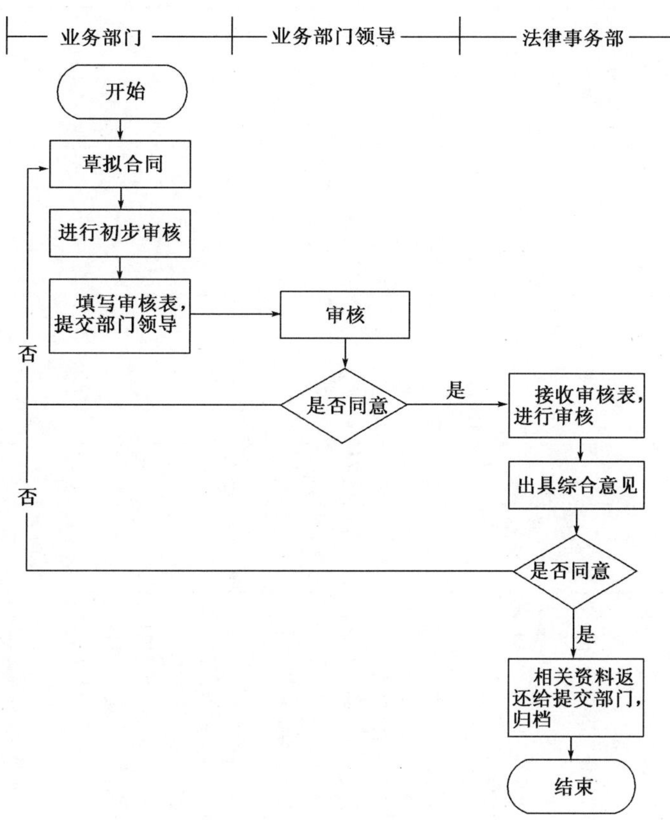

图 14-1 合同合法合规性审核

(2)合同签订审批管理流程

如图 14-2 所示。

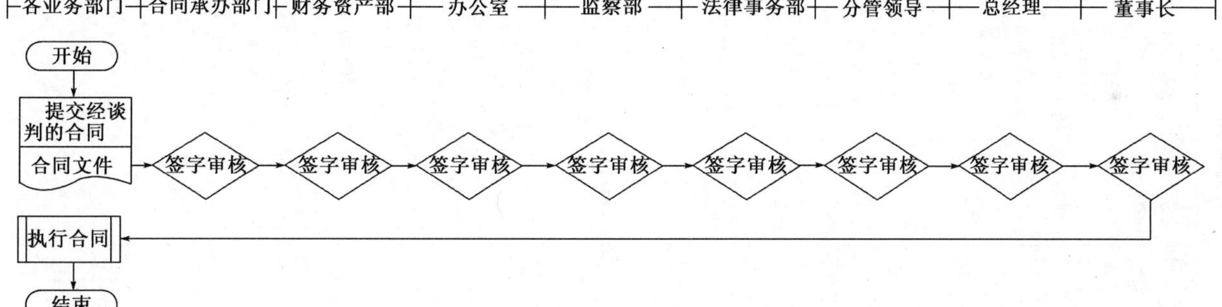

图 14-2 合同签订审批管理流程

7)控制目标

如表 14-2 所示。

控制目标 表 14-2

序号	《内部控制规范》具体控制目标编号	拟实现的内控目标	内控目标具体描述
1	CT14.1-1	合法合规性目标	保证合同管理符合国家有关法规和公司规章制度规定
2	CT14.1-2	财务报告目标	保证合同管理使财务公允
3	CT14.1-3	资产安全目标	保证合同管理所涉及的资金、资产的安全性
4	CT14.1-4	经营效率和效果目标	提升合同管理水平以促进公司经营效率与效果
5	CT14.1-5	发展战略目标	保证合同管理支持公司发展战略目标

8)控制矩阵

如表 14-3 所示。

控制矩阵

表 14-3

风险编号	风险描述	对应控制目标编号	关键控制措施编号	控制措施	对应制度	控制痕迹	风险责任部门	风险责任岗位
R14.1-1	公司未制订合同管理制度，可能导致合同管理程序不清、职责不明，影响经营效率和效果	CT14.1-1 CT14.1-4	CA14.1-1	为规范公司合同管理，防范公司在对外经济活动中的法律风险，维护公司合法权益，根据公司章程，制定《合同管理办法（试行）》	《合同管理办法（试行）》	《合同管理办法（试行）》	法律事务部	法律事务部部长
R14.1-2	无部门对合同进行归口管理，可能导致合同文件分散在各部门无法得到有效管理	CT14.1-1 CT14.1-4	CA14.1-2	公司办公室是公司合同管理职能部门，履行下列职责： （1）指导、检查公司范围内合同管理工作，统计合同签订、履行情况； （2）保管合同专用章，对履行完毕审批程序的合同文本加盖合同专用章并予以登记； （3）负责统一编制、登记合同序号、合同签订日期，保存合同正本及与合同有关的其他档案材料原件。 （4）对合同原件进行归档，接收和保管合同档案	《合同管理办法（试行）》	部门职责	办公室	办公室主任
R14.1-3	合同条款违反国家法律法规规定，导致合同效力出现瑕疵或者引发诉讼纠纷，造成企业经济及名誉损失	CT14.1-1 CT14.1-4	CA14.1-3	法律事务部履行下列职责： 起草（修订）或参与起草公司各类示范性合同文本，必要时，配合合同承办部门进行重大合同的可行性研究、谈判、拟定合同文本； 对合同承办部门送交的合同文本内容的合法性进行审查，并提出法律审查意见	《合同管理办法（试行）》	合同审批表	法律事务部	法律事务部部长
R14.1-4	未对拟签约对象进行针对合同条款中的履约能力和独立承担民事责任的能力进行评审，可能影响后续合同的执行，产生法律风险	CT14.1-1 CT14.1-4	CA14.1-4	合同承办部门在合同签订前，对需要开展资信调查的，应当审查和了解合同对方下列情况： （1）主体资格及资质：姓名或企业名称、住址或地址、营业执照、经营范围、注册资本等；法律、法规对主体资格或资质有特殊要求的，应当要求合同对方提供或出示相应的证明文件； （2）资信情况及履约能力：资产负债、技术设备、产品质量、商业信誉等； （3）合同对方经办人员的资格或代理权限：代理人的身份证明、授权委托证明、授权范围及期限等； （4）应当审查和了解的其他情况	《合同管理办法（试行）》	订立合同签的相关审核资料	合同经办部门	合同经办部门部长
R14.1-5	合同谈判的重要事项没有形成文件记录，出现争议时无据可依，可能影响后续合同的签订	CT14.1-1 CT14.1-4	CA14.1-5	经过立项的项目，合同承办部门应当及时就合同主要内容进行筹划、准备，与对方进行接触、协商、谈判（如需要形成谈判纪要，应当按照本规定的原则履行合同的签订手续），并着手起草合同文本	《合同管理办法（试行）》	文书、函件、传真等	合同经办部门	合同经办部门部长

续上表

风险编号	风险描述	对应控制目标编号	关键控制措施编号	控制措施	对应制度	控制痕迹	风险责任部门	风险责任岗位
R14.1-6	签订合同未使用公司示范文本,可能导致公司在合同履行过程中处于被动地位,甚至遭受损失	CT14.1-1 CT14.1-4	CA14.1-6	合同承办部门应首先选择公司或行业推荐的示范性合同文本;没有示范性合同文本的,合同各方协商确定。除与金融、供电、供水、供气等单位签订的合同外,一般不得直接使用对方提供的合同文本。 适用示范性合同文本的,必要时,合同具体内容应当根据需要予以调整	《合同管理办法(试行)》	格式合同	合同经办部门	合同经办部门部长
R14.1-7	合同关键条款不够明确,可能导致权责不清,造成经济损失和产生法律风险	CT14.1-1 CT14.1-4	CA14.1-7	合同文本中所有文字应当具有排他性解释,对可能引起歧义的文字和某些非法定专用词语,应在合同中作出详细具体的解释	《合同管理办法(试行)》	合同审批表	法律事务部	法律事务部部长
R14.1-8	合同签订人未经授权签署合同,或授权范围、期间不明确、被授权人不符合授权条件,可能产生法律风险	CT14.1-1 CT14.1-4	CA14.1-8	公司可以分别采用固定期限授权、业务授权的方式,授权公司所属单位或其他人员按照公司制度签订合同。 固定期限授权是指公司授权所属单位或其他人员在授权期限内就某一类事务在授权范围内签订合同的授权方式。 业务授权是指公司授权所属单位或其他人员就特定授权事项按照“一事一授权”的形式签订合同的授权方式。 固定期限授权、业务授权均采用书面形式。 严禁公司各部门、各分公司、其他不具有法人地位的所属单位及其负责人有下列行为: (1)未经公司授权,以本部门或本单位自己的名义对外签订合同; (2)违反本规定,授权所在部门或单位员工对外签订合同	《合同管理办法(试行)》	授权委托书	合同经办部门	合同经办部门部长
R14.1-9	公司部门未经授权或委托签订超越权限的合同,可能产生舞弊风险和经济损失风险	CT14.1-1 CT14.1-4	CA14.1-9	严禁公司各部门、各分公司、其他不具有法人地位的所属单位及其负责人有下列行为: (1)未经公司授权,以本部门或本单位自己的名义对外签订合同; (2)违反本规定,授权所在部门或单位员工对外签订合同	《合同管理办法(试行)》	合同审核表	合同经办部门	合同经办部门部长

续上表

风险编号	风险描述	对应控制目标编号	关键控制措施编号	控制措施	对应制度	控制痕迹	风险责任部门	风险责任岗位
R14.1-10	合同审批中提出的审核意见未具体落实到最终合同条款中，可能产生法律风险及经济损失	CT14.1-1 CT14.1-4	CA14.1-10	有关部门审查合同文本时，认为合同内容有一定的风险和漏洞或明显不利于公司的，应当建议合同承办部门补充修改；合同承办部门不同意修改的，有关部门应当在合同审批表内注明情况；必要时，报告公司领导	《合同管理办法(试行)》	合同修改意见	合同经办部门	合同经办部门部长
R14.1-11	合同签订未履行审批程序或倒签审批合同，可能产生法律风险和经济损失	CT14.1-1 CT14.1-4	CA14.1-11	合同承办部门起草合同文本后，应当填写《合同签订审批表》送交有关部门和公司领导签署意见	《合同管理办法(试行)》	合同签订审批表	合同经办部门	合同经办部门部长
R14.1-12	合同未全面履行合同或合同履行监控不当，可能导致企业诉讼失败、经济利益受损	CT14.1-1 CT14.1-4	CA14.1-12	合同承办部门应当设立合同管理台账，按照合同履行情况一事一记。 合同约定履行期限1年以上的，合同承办部门应当组织定期对账，确认双方债权债务。 在合同对方发生合并、分立、改制或其他重大事项，以及公司或合同对方的主要合同承办人员发生变动时，合同承办部门应当及时组织对账，确认合同效力及双方债权债务	《合同管理办法(试行)》	合同台账	合同经办部门	合同经办部门部长
R14.1-13	无有效合同审批文件即加盖合同专用章，可能导致合同签订错误或法律风险	CT14.1-1 CT14.1-4	CA14.1-13	合同专用章的保管人员加盖合同专用章时，应当审查下列材料并将原件存档： (1)已签署完毕审批意见的《合同签订审批表》； (2)签署的合同文本原件； (3)合同各方授权书及授权人的身份证明(授权签订时)； (4)根据合同内容，应当存档的其他材料	《合同管理办法(试行)》	合同专用章使用记录	办公室	办公室主任
R14.1-14	合同未能统一进行分类且连续编号，可能导致合同难以查找，影响对合同的有序管理	CT14.1-1 CT14.1-4	CA14.1-14	公司办公室是公司合同管理职能部门，履行下列职责： (1)指导、检查公司范围内合同管理工作，统计合同签订、履行情况； (2)保管合同专用章，对履行完毕审批程序的合同文本加盖合同专用章并予以登记； (3)负责统一编制、登记合同序号、合同签订日期，保存合同正本及与合同有关的其他档案材料原件。 (4)对合同原件进行归档，接收和保管合同档案	《合同管理办法(试行)》	部门职责	办公室	办公室主任

续上表

风险编号	风险描述	对应控制目标编号	关键控制措施编号	控制措施	对应制度	控制痕迹	风险责任部门	风险责任岗位
R14.1-15	合同签订后，合同副本及相关审核资料未交由档案管理部门进行归档，导致对合同无留档管理	CT14.1-1 CT14.1-4	CA14.1-15	一般情况下，公司保存的合同文本不得少于3份。 合同签订后，合同正本及相关材料由公司办公室存档，合同承办部门留存合同副本1份。 按照公司财务管理制度，应当由公司财务资产部留存相关材料原件的，公司办公室保存相应材料复印件	《合同管理办法（试行）》	合同副本移交记录	合同经办部门	合同经办部门部长
R14.1-16	出现纠纷时，未经合同归口管理部门和主管领导审核批准，合同承办部门或个人即向对方做出实质性答复或承诺、接受或向对方提供不利于我方的处理纠纷的资料，可能导致法律风险和经济损失	CT14.1-1 CT14.1-4	CA14.1-16	合同履行过程中发生违约情况的，合同承办部门应当及时收集整理合同各方履行合同的有关材料，包括各方的违约事实和证据，并认真保存。 违约情形发生后，合同承办部门应当及时与合同对方沟通协商并采取必要措施，消除违约带来的负面影响，防止损失扩大；必要时，应当及时通报法律事务部。 有确切证据证明合同对方有重大违约情况，公司需要立即中止合同义务履行的，合同承办部门经报请公司领导同意后，应当立即通知财务资产部暂停付款或暂停其他履行行为，并应当及时通报法律事务部。 未经公司领导同意，合同承办部门不得自行决定承担或减免违约责任	《合同管理办法（试行）》	关于合同纠纷的汇报文件	合同经办部门	合同经办部门部长
R14.1-17	合同商务条款难以在审核阶段充分识别风险，给合同履行带来较大不确定性，造成合同纠纷发生	CT14.1-1 CT14.1-4	CA14.1-17	经过立项的项目，合同承办部门应当及时就合同主要内容进行筹划、准备，与对方进行接触、协商、谈判（如需要形成谈判纪要，应当按照本规定的原则履行合同的签订手续），并着手起草合同文本。 国家对签订合同有招（投）标等强制性规定要求的，合同承办部门应当严格履行相关法律法规的规定。 根据法律法规规定，参考合同的性质、内容、标的额、重要程度等，应对合同各方的违约责任做出适当约定，保持合同的相对公平性和有效救济性 下列合同，必要时，法律事务部应当结合律师事务所出具的法律意见书进行审查： （1）设立公司、收购、股权转让等对外投资合同； （2）单项金额50万元以上的合同； （3）履行期限3年以上的合同； （4）对外担保的合同（含担保条款）； （5）法律事务部认为有必要结合法律意见书进行审查的其他合同	《合同管理办法（试行）》	协商纪要、签订手续	合同经办部门	合同经办部门部长

14.2 法律事务管理

1)流程目标概述

本流程规定了公司有关法律事务处理工作,旨在案件处理及时、策划充分、程序合法,避免或减少企业损失,维护企业合法利益。

2)适用范围

适用于公司及所属单位。

3)相关制度

《法律纠纷案件管理规定(试行)》

4)职责分工

法律事务部职责如下:

(1)正确执行国家法律、法规,按照规定对企业重大经营决策提供法律意见;

(2)参与公司的合并、分立、投融资、担保、租赁、招投标及改制、重组、上市等重大经济活动,处理有关法律事务;

(3)办理公司工商登记以及商标、专利、商业秘密保护、公证、鉴证等有关法律事务,做好公司商标、专利、商业秘密等知识产权保护工作;

(4)受公司法定代表人委托,协助处理公司法律纠纷,参加公司的诉讼、仲裁、行政复议和听证等活动;

(5)负责为公司诉讼案件或非诉讼法律事务选聘律师,办理委托手续,并对其工作进行有效监督和评价;

(6)提供与公司各项经营管理活动有关的法律咨询;

(7)负责对公司职工进行法制宣传教育。

5)不相容职责——法律事务管理

如表14-4所示。

不相容职责　　表14-4

岗位职责	提起诉讼申请	申请审批	法律文书编制	法律文书归档
提起诉讼申请		X		
申请审批	X		X	X
法律文书编制		X		
法律文书归档		X		

注:“X”表示不相容职责。

6)流程图

如图14-3所示。

7)控制目标

如表14-5所示。

控制目标　　表14-5

序号	《内部控制规范》具体控制目标编号	拟实现的内控目标	内控目标具体描述
1	CT14.2-1	合法合规性目标	保证公司法律事务管理符合国家有关法规和公司规章制度规定
2	CT14.2-2	财务报告目标	保证公司法律事务管理使财务公允
3	CT14.2-3	资产安全目标	保证公司法律事务管理所涉及的资金、资产的安全性

续上表

序号	《内部控制规范》具体控制目标编号	拟实现的内控目标	内控目标具体描述
4	CT14.2-4	经营效率和效果目标	提升公司法律事务管理水平以促进公司经营效率与效果
5	CT14.2-5	发展战略目标	保证公司法律事务管理支持公司发展战略目标

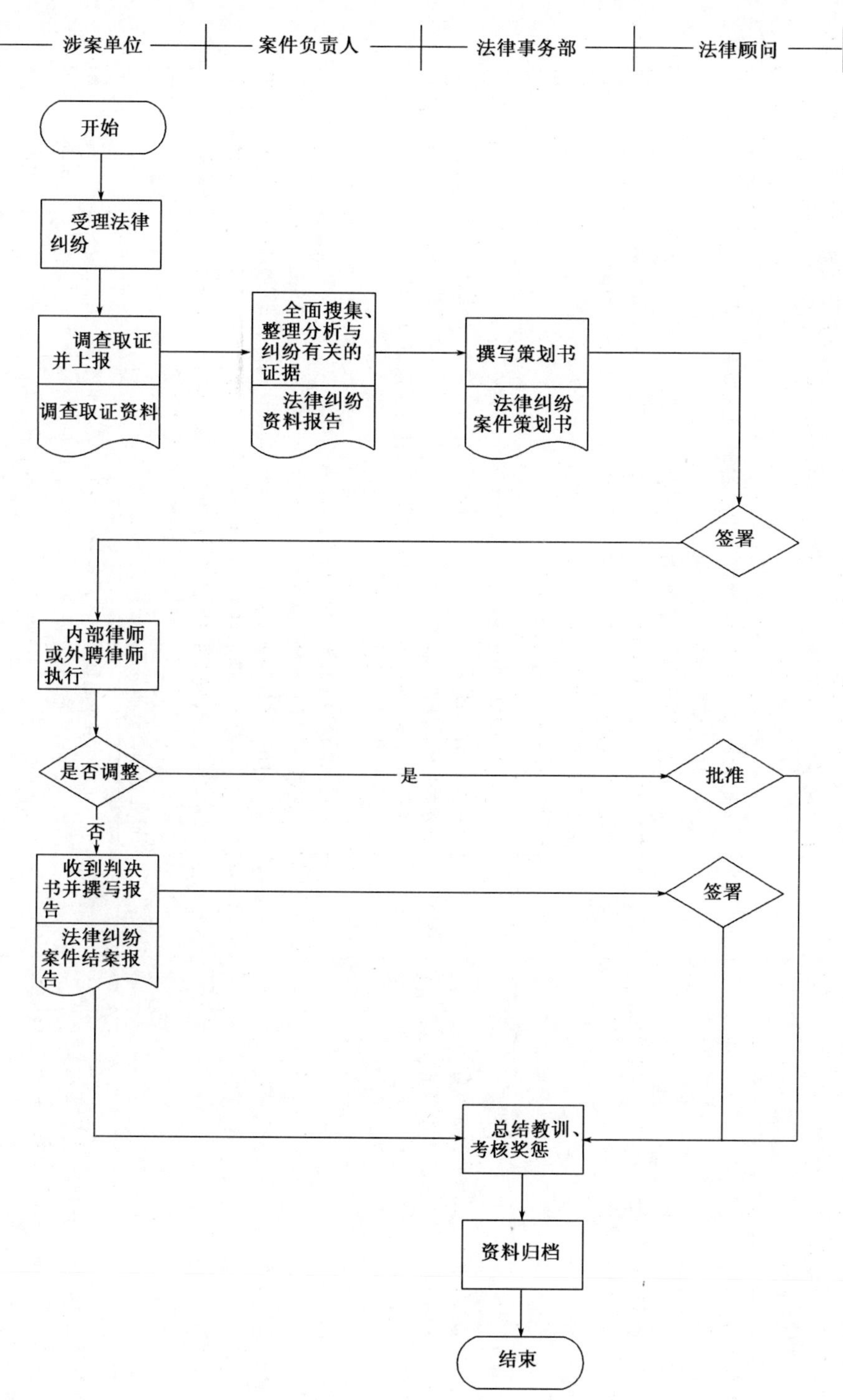

图 14-3 法律纠纷案件处理流程

8)控制矩阵

如表 14-6 所示。

表 14-6

控制矩阵

风险编号	风险描述	对应控制目标编号	关键控制措施编号	控制措施	对应制度	控制痕迹	风险责任部门	风险责任岗位
R14.2-1	公司未制订法律事务管理制度，可能导致法律事务管理程序不清，职责不明，影响经营效率和效果	CT14.2-1 CT14.2-3 CT14.2-4	CA14.2-1	为加强法律风险防范，保障公司经营安全，预防法律纠纷案件发生，规范法律纠纷案件管理，维护公司合法权益，根据公司章程，制定《法律纠纷案件管理规定（试行）》	《法律纠纷案件管理规定（试行）》	《法律纠纷案件管理规定）（试行）》	法律事务部	法律事务部部长
R14.2-2	未能及时、恰当地处理法律纠纷案件，使企业利益受到损失	CT14.2-3	CA14.2-2	未进入诉讼程序的法律纠纷由各单位（部门）先行处理，必要时，法律事务部予以支持。 子公司在着手处理诉讼案件时，应当同时向法律事务部通报，并及时将案件情况录入"诉讼案件动态管理系统"予以报送；属于重大法律纠纷案件的，应当报请法律事务部予以指导、管理。"诉讼案件动态管理系统"由法律事务部负责维护管理	《法律纠纷案件管理规定（试行）》	法律事务部工作报告	法律事务部	法律事务部部长
R14.2-3	公司各部门或个人未经授权批准擅自代表公司对外提出法律诉讼和仲裁活动，可能导致公司面临法律风险	CT14.2-1 CT14.2-3	CA14.2-3	以公司为主体的法律纠纷案件以及分公司、其他不具有法人地位的公司所属单位的法律纠纷案件由法律事务部直接管理。 子公司的法律纠纷案件处理活动以子公司的名义进行，法律事务部予以指导、监督	《法律纠纷案件管理规定（试行）》	案件授权委托书、签署文件	合同经办部门	部长
R14.2-4	部门未能将诉讼情况上报公司，可能导致公司无法及时获知诉讼事件，无法合理处理事件	CT14.2-1 CT14.2-3	CA14.2-4	未进入诉讼程序的法律纠纷由各单位（部门）先行处理，必要时，法律事务部予以支持。 子公司在着手处理诉讼案件时，应当同时向法律事务部通报，并及时将案件情况录入"诉讼案件动态管理系统"予以报送；属于重大法律纠纷案件的，应当报请法律事务部予以指导、管理。"诉讼案件动态管理系统"由法律事务部负责维护管理	《法律纠纷案件管理规定（试行）》	下属公司诉讼案件动态管理系统	合同经办部门	部长
R14.2-5	案件管理缺乏公正、合理的考核，影响案件管理工作效率的提高，不利于有效维护公司利益	CT14.2-4	CA14.2-5	公司法律事务部每年一次对各控股企业的法律事务工作进行指导、监督、检查，对在法律事务工作中成绩显著的，公司予以表彰和奖励，对存在工作疏漏造成公司损失的，应上报公司进行处罚	无	案件监督/检查记录	法律事务部	法律事务部部长
R14.2-6	公司进行法律诉讼或仲裁程序不合法合规，可能导致公司的诉讼行为无效	CT14.2-1	CA14.2-6	公司在经营管理过程中发生的有关合同管理、诉讼、仲裁以及其他涉及法律风险的重要事务都应该按照法定程序及公司制度进行。涉及法律代理的案件，法律事务部应与外聘律师事务所共同商定出具法律策划书或法律意见书，并上报法律事务部部长审核	无	法律策划书或法律意见书	法律事务部	法律事务部部长

续上表

风险编号	风险描述	对应控制目标编号	关键控制措施编号	控制措施	对应制度	控制痕迹	风险责任部门	风险责任岗位
R14.2-7	公司聘请律师担任诉讼代理人时，未进行评估，可能导致聘请的律师能力不满足要求，影响诉讼结果	CT14.2-1 CT14.2-3	CA14.2-7	法律事务部应当健全选聘律师事务所及代理律师的管理制度，完善内部审批程序，并对代理律师的服务进行监督和评价。 一般情况下，公司委托的代理律师应同时具备下列条件： （1）连续执业3年以上； （2）职业道德、社会关系和社会声誉良好，无受惩处记录； （3）熟悉相关法律法规，具有丰富的、与拟代理的案件有关的执业经验； （4）具有高度的敬业精神； （5）拟代理的案件需要的其他条件	《法律纠纷案件管理规定（试行）》	外聘律师审核表	法律事务部	法律事务部部长
R14.2-8	公司未对法律事务进行责任追究，可能导致法律事务责任不清，损害公司利益	CT14.2-3	CA14.2-8	各单位（部门）及公司员工有下列行为之一的，由公司有关部门按照公司有关规定追究相应责任： （1）因存在过错、重大过失及违法行为，引发公司与其他主体发生法律纠纷； （2）丢失或未按要求制作、保存经营管理原始资料，造成公司在案件处理中举证不能或不足的； （3）在与公司有关的案件处理过程中，不积极履行作证义务或不及时收集、固定、保存证据的； （4）在与公司有关的案件处理中擅自对外作证或提供材料的； （5）不按本规定履行报告、报请审查义务造成损失或有造成损失风险的； （6）其他应当承担责任的行为。 所在单位领导负有领导责任的，比照直接责任人追究责任	《法律纠纷案件管理规定（试行）》	责任追究记录	法律事务部	法律事务部部长

15 行政综合

15.1 档案管理

1)流程目标概述

本流程规定了公司档案管理的流程及要求,旨在规范各类资料与档案的处理、使用规范和保存工作,避免或降低档案管理中的风险。

2)适用范围

适用于公司及所属单位。

3)相关制度

《档案管理办法》

4)职责分工

(1)办公室职责

①负责公司的档案管理工作;

②负责收集、整理、保管具有保存价值的文件、材料;

③负责档案的立卷(件)、归档、装订、目录编写等各项工作;

④负责档案借阅、登记、统计上报工作;

⑤负责档案安全、保密工作;

⑥负责指导检查所属分公司的档案管理工作;

⑦负责相关资料信息的收集、汇总和整理。

(2)办公室主任职责

①档案借阅审批;

②审核及批准档案销毁。

(3)相关部门职责:

①保管好资料原件;

②及时将资料归档。

5)不相容职责——档案管理

如表15-1所示。

不相容职责 表15-1

岗位职责	提供	保存	审批	监督
提供			X	X
保存			X	X
审批	X	X		X
监督	X	X	X	

注:"X"表示不相容职责。

6)流程图

(1)档案借阅流程

如图 15-1 所示。

(2)档案归档销毁流程

如图 15-2 所示。

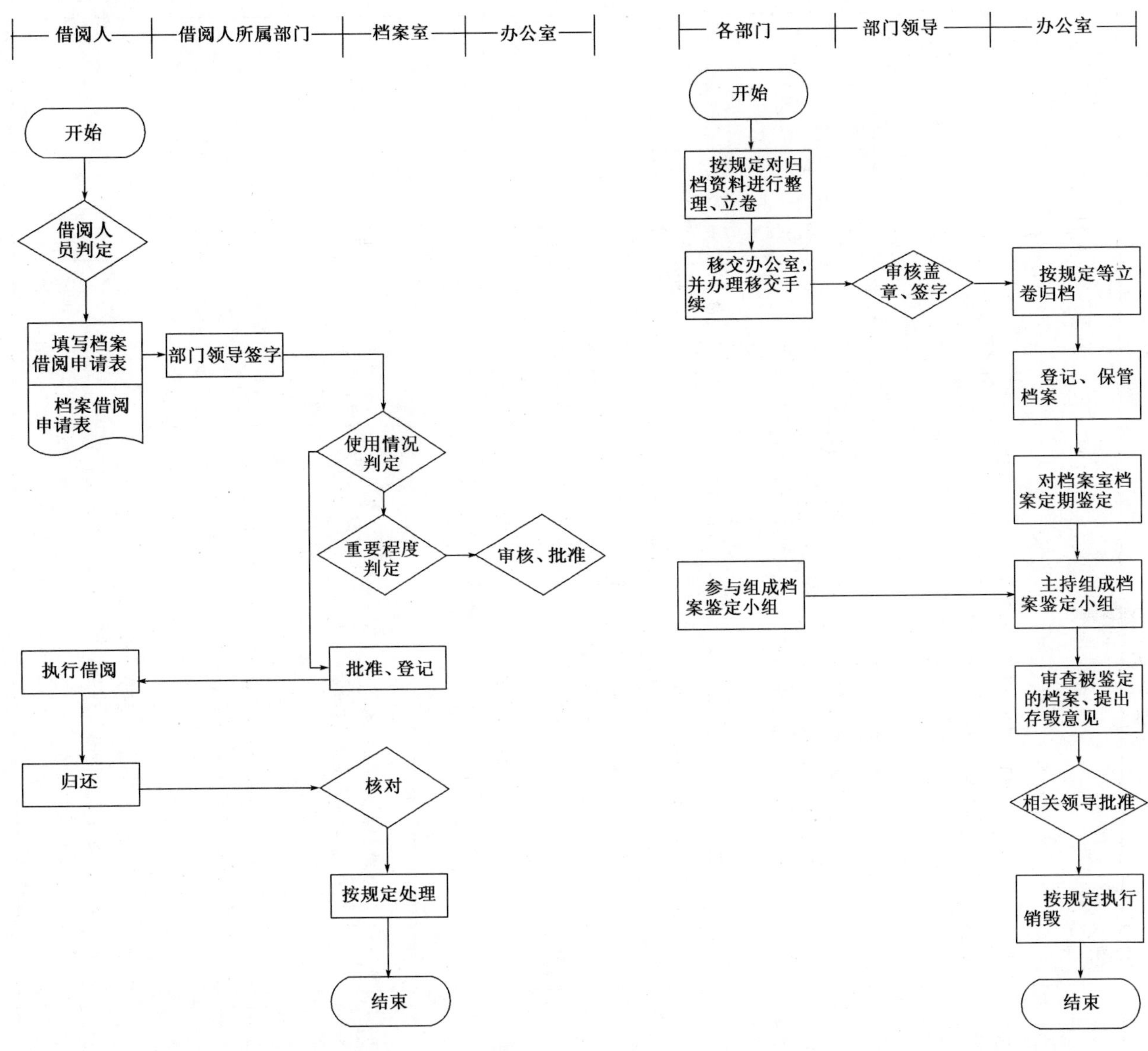

图 15-1　档案借阅流程

图 15-2　档案归档销毁流程

7)控制目标

如表 15-2 所示。

控制目标　　表 15-2

序号	《内部控制规范》具体控制目标编号	拟实现的内控目标	内控目标具体描述
1	CT15.1-1	合法合规性目标	保证公司档案管理符合国家有关法规和公司规章制度规定
2	CT15.1-2	财务报告目标	保证公司档案管理使财务公允
3	CT15.1-3	资产安全目标	保证公司档案管理所涉及的资金、资产的安全性
4	CT15.1-4	经营效率和效果目标	提升公司档案管理水平以促进公司经营效率与效果
5	CT15.1-5	发展战略目标	保证公司档案管理支持公司发展战略目标

8)控制矩阵

如表 15-3 所示。

控制矩阵

表 15-3

风险编号	风险描述	对应控制目标编号	关键控制措施编号	控制措施	对应制度	控制痕迹	风险责任部门	风险责任岗位
R15.1-1	公司档案管理违反国家有关法律、法规,可能使公司遭受外部处罚或产生法律风险	CT15.1-1 CT15.1-4	CA15.1-1	为了加强公司系统的档案管理,实现档案管理的规范化、制度化、更好地为公司各项工作服务,根据《中华人民共和国档案法》的有关规定,结合公司实际情况,制订《档案管理办法》	《档案管理办法》第 1 章第 1 条	《档案管理办法》	办公室	办公室主任
R15.1-2	公司未制订档案管理制度,或制度未对资料归类、编码规则、归档期限等予以明确,无法满足运营中的档案管理需求,可能影响公司档案管理的质量及效果	CT15.1-1 CT15.1-4	CA15.1-2	办公室应制订档案管理细则,对资料归类、编码规则、归档期限等予以明确,同时会同各部门整理资料归集清单,每年年初依据档案归集清单归档上一年度档案资料	无	档案归档记录	办公室	办公室主任
R15.1-3	未对各部门应归档资料予以明确,可能导致重要的资料未归档,影响归档的重要性和完整性	CT15.1-1 CT15.1-4	CA15.1-3	公司文件材料应归档的有: (1)公司颁发的(包括转发及其他单位联合颁发的)各种正式文件的签发稿、印本、重要文件的修改稿; (2)公司及各部门的工作计划、总结、报告; (3)公司召开的各种会议的全套文件以及会议形成的文件材料; (4)公司领导公务、外事活动形成的文件材料; (5)公司与有关单位签订的各种合同、协议书等文件材料	《档案管理办法》第 2 章第 11 条	归档清单	办公室	办公室主任
R15.1-4	各部门未在规定期限内将资料及时进行归档,可能导致重要资料无法及时得到有效管理	CT15.1-1 CT15.1-4	CA15.1-4	公司各部门应在每年 3 月底以前将上年度办理完毕、需归档的文件材料整理、立卷,向公司办公室移交	《档案管理办法》第 3 章第 13 条	档案归档记录	各部门	部门负责人
R15.1-5	各部门未保管好资料原件,可能导致归档的资料因原件遗失而归档复印件,影响资料的后期管理	CT15.1-1 CT15.1-4	CA15.1-5	各部门的负责人应重视本部门文件资料的管理和文书立卷工作,配备专职或兼职人员负责此项工作	《档案管理办法》第 1 章第 3 条	档案移交记录、档案归档记录	各部门	部门负责人
R15.1-6	档案室硬件条件差,温度、湿度等不适宜档案存放,可能造成档案资料受损	CT15.1-1 CT15.1-4	CA15.1-6	档案安全管理工作遵循严格管理、预防为主、防治结合、确保安全的原则;档案室的温度、湿度等必须符合档案存放的标准	无	档案室内部环境监测记录	办公室	办公室主任

续上表

风险编号	风险描述	对应控制目标编号	关键控制措施编号	控制措施	对应制度	控制痕迹	风险责任部门	风险责任岗位
R15.1-7	未制定档案库房人员出入制度，可能导致无关人员随意进出档案库房，造成档案资料丢失或受损	CT15.1-1 CT15.1-4	CA15.1-7	严格执行档案管理制度，严禁无关人员入内，做好档案、人员出入库登记，确保档案安全万无一失	无	档案室进出记录簿	办公室	办公室主任
R15.1-8	档案借阅登记表信息填写不全，包括经办人等信息，可能导致档案管理人员无法有效跟踪被借阅的档案资料	CT15.1-1 CT15.1-4	CA15.1-8	借阅档案必须严格履行登记手续，公司相关人员利用档案必须进行登记。利用部门档案，需要经过部门负责人审批同意；利用其他部门档案，需经过公司档案室负责人审批同意；利用公司档案中的绝密、机密级档案，需经过公司分管领导审批同意。归还的档案要进行检查、清点，并在登记薄上注销	《档案管理办法》第6章第23条	档案借阅及审批记录	办公室	办公室主任
R15.1-9	没有对电子档案的安全性进行规定，可能造成公司财产损失	CT15.1-1 CT15.1-4	CA15.1-9	档案管理人员要建立其保管档案的电子目录，便于及时有效地为公司提供档案查找、阅览、复制、摘要等服务。 电子档案需定期进行备份，相关备份规范参考公司信息系统管理相关制度及细则执行	《档案管理制度》第7章第28条	电子档案资料	办公室	办公室主任

15.2 印章管理

1)流程目标概述

本流程规定了公司印章管理的相关流程及规范,旨在有效管理公司各类印章,保护公司的法定权益,加强企业内部管理,规范企业运行活动行为,避免或降低公司在印章管理中的风险。

2)适用范围

适用于公司及所属单位。

3)相关制度

《印章管理制度》

4)职责分工

(1)办公室

①负责监督公司印章的保管与使用;

②负责公司及各部门印章的刻制、登记、启用、作废、回收及销毁;

③监督管理公章。

(2)财务部

监督管理法人章、财务专用章。

(3)各业务、职能部门

①负责各自所属部门印章的保管及使用;

②监督印章的保管和使用审批。

5)不相容职责——印章管理

如表 15-4 所示。

不相容职责　　表 15-4

岗位职责	用印登记	印章保管	制印审批	监督
用印登记			X	X
印章保管			X	X
制印审批	X	X		X
印章销毁	X	X	X	

注:“X”表示不相容职责。

6)流程图

(1)印章刻制流程

如图 15-3 所示。

(2)印章销毁流程

如图 15-4 所示。

(3)公章使用流程

如图 15-5 所示。

(4)合同章使用流程图

如图 15-6 所示。

7)控制目标

如表 15-5 所示。

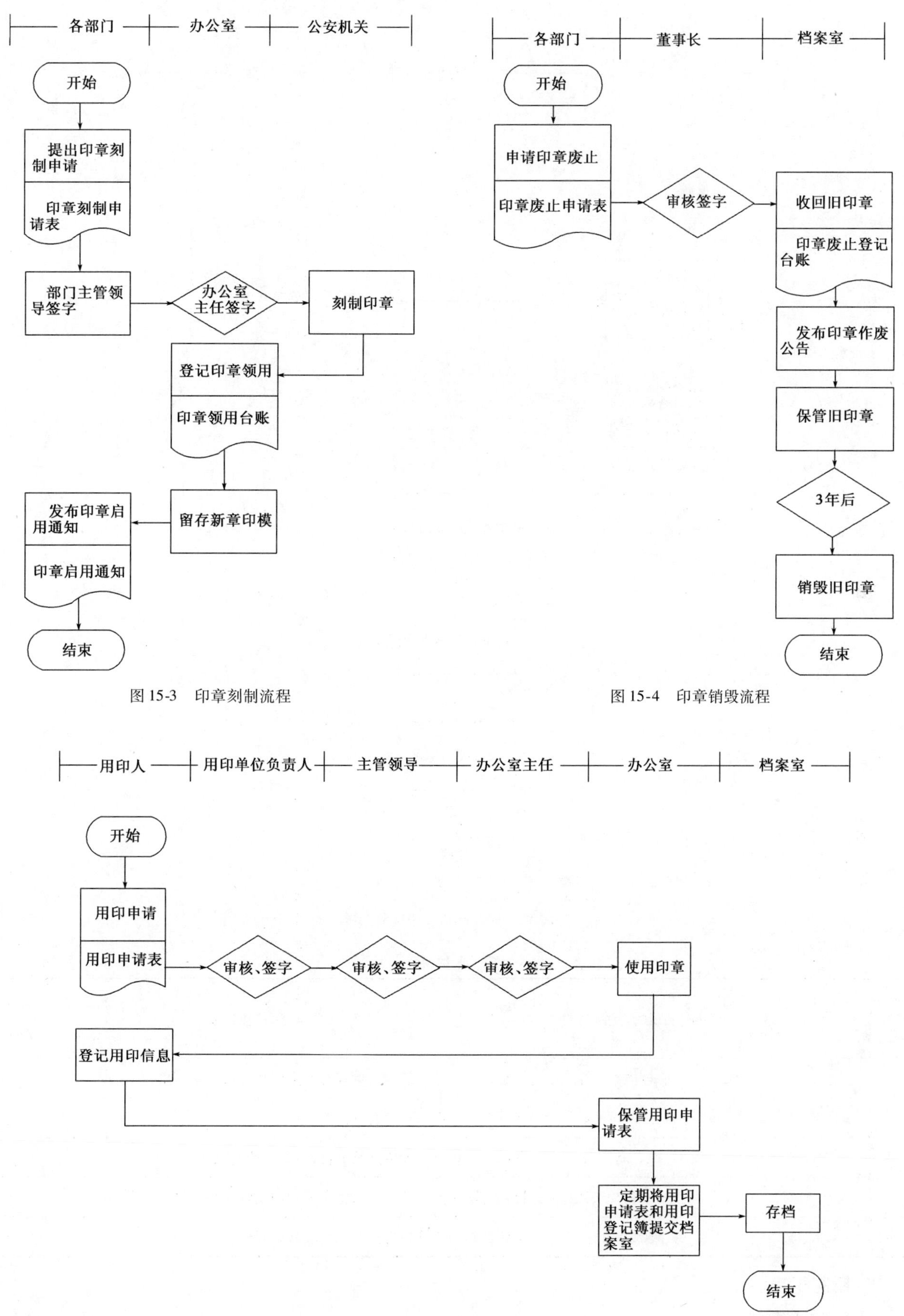

图 15-3　印章刻制流程

图 15-4　印章销毁流程

图 15-5　公章使用流程

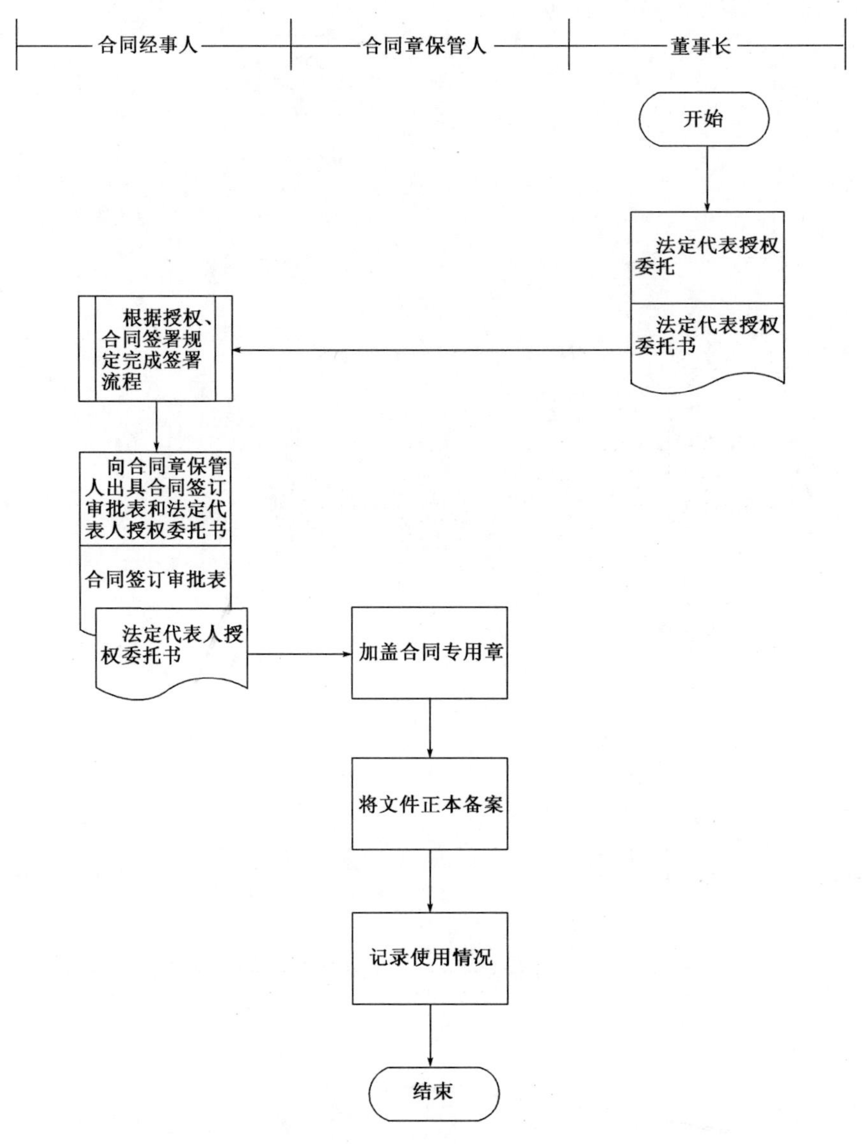

图 15-6　合同章使用流程图

控 制 目 标　　表 15-5

序号	《内部控制规范》具体控制目标编号	拟实现的内控目标	内控目标具体描述
1	CT15. 2-1	合法合规性目标	保证公司印章管理符合国家有关法规和公司规章制度规定
2	CT15. 2-2	财务报告目标	保证公司印章管理使财务公允
3	CT15. 2-3	资产安全目标	保证公司印章管理所涉及的资金、资产的安全性
4	CT15. 2-4	经营效率和效果目标	提升公司印章管理水平以促进公司经营效率与效果
5	CT15. 2-5	发展战略目标	保证公司印章管理支持公司发展战略目标

8）控制矩阵

如表 15-6 所示。

表 15-6

控制矩阵

风险编号	风险描述	对应控制目标编号	关键控制措施编号	控制措施	对应制度	控制痕迹	风险责任部门	风险责任岗位
R15.2-1	公司未制订印章管理制度，印章未进行归口管理，可能导致舞弊事件的发生，扰乱企业生产经营的顺利进行	CT15.2-1 CT15.2-4	CA15.2-1	为保证公司印章管理和使用的合法性、严肃性和安全性，有效维护公司利益和公司形象，制定《印章管理制度》	《印章管理制度》	印章管理制度	办公室	办公室主任
R15.2-2	未经领导审批刻制公司印鉴，可能导致假冒公司名义从事非法活动，造成法律风险或经济损失	CT15.2-1 CT15.2-4	CA15.2-2	公司印章的刻制由公司办公室统一办理，公司办公室凭刻章部门递交并由主管领导和办公室主任签字的“印章刻制申请表”到当地公安机关指定的刻章单位刻章，旧章留存档案室，公司其他任何部门和个人不得私自刻制公司各类印章	《印章管理制度》第3章第1条	印章刻制申请表	办公室	办公室主任
R15.2-3	印鉴刻制完成后，未及时更新台账记录并登记印章样式、刻制时间、授权使用时间、刻制部门等关键信息，可能导致重要印鉴被挪为私用，造成公司法律风险或经济损失	CT15.2-1 CT15.2-4	CA15.2-3	印章刻制完毕，换印章部门发布印章启用通知，通知中应明确发布印章全称、启用日期、启用章模，公司办公室做好印章领用登记台账，并留存新章印模	《印章管理制度》第3章第2条	印章领用登记台账	办公室	办公室主任
R15.2-4	公章、法人章等印鉴未指定保管岗位，可能导致印鉴保管责任不明确	CT15.2-1 CT15.2-4	CA15.2-4	公司印章、法人章、合同专用章、财务专用章等由公司主管领导指定负责人保管，部门印章由相关部门指定专人保管	《印章管理办法》第4章第1条	印章管理制度	办公室	办公室主任
R15.2-5	用于支付的印鉴由一人负责保管，可能导致印鉴保管人员发生舞弊行为，造成法律风险或经济损失	CT15.2-1 CT15.2-4	CA15.2-5	公司财务专用章、银行预留印鉴(法人章或私人印鉴)应该分开保管，不能由同一个人保管	无	印章台账	办公室	办公室主任
R15.2-6	印鉴使用未经适当审批，可能导致违规使用印鉴，造成公司法律风险或经济损失	CT15.2-1 CT15.2-4	CA15.2-6	用印流程： (1)用印人填写用印申请表，包括：用印单位、用印人姓名、用印时间、内容和份数等信息；一张用印申请表填写一项用印内容，一表不允许填多项内容； (2)用印单位负责人在申请表上签字； (3)送公司主管领导审核签字(重要内容需公司董事长签字)； (4)送公司办公室主任签字； (5)办公室用印	《印章管理办法》第5章第1条	用印申请表	办公室	办公室主任

续上表

风险编号	风险描述	对应控制目标编号	关键控制措施编号	控制措施	对应制度	控制痕迹	风险责任部门	风险责任岗位
R15.2-7	无印鉴使用登记记录，可能导致发生问责事故时无法追究事故责任人	CT15.2-1 CT15.2-4	CA15.2-7	用印登记要求： 用印人用印后要求对用印信息进行登记，如用印内容、批办人、用印单位、用印时间、印别、份数等；正式文件用印要求增加文件号、文件主送单位等；合同用印要求增加合同号、签约方名称、合同金额等内容	《印章管理制度》第5章第4条	印鉴使用登记记录	办公室	办公室主任
R15.2-8	未经领导授权将重要印鉴携带外出使用，且无印章保管员陪同，可能导致印鉴违规使用，造成舞弊风险	CT15.2-1 CT15.2-4	CA15.2-8	重要印鉴（公章、法人章、财务专用章、合同专用章等）需要携带外出使用的，在原有审批流程外需进行外出用印申请，经公司领导审批同意后，由印章保管员陪同外出用印	无	外出用印审批记录	办公室	办公室主任
R15.2-9	未定期对印鉴保管情况进行检查，可能导致印章管理制度未被完全执行	CT15.2-1 CT15.2-4	CA15.2-9	从印章启用起，各领用部门和印章专管人员将无条件承担该印章使用人一切责任，对因印章使用，保管不慎给公司权益造成损害的，应追究相关责任人的责任。 办公室、审计部需定期对印章使用情况进行监督检查	《印章管理制度》第4章第3条	印章管理制度	办公室	办公室主任

15.3 公文管理

1)流程目标概述

本流程规定了公司公文管理的流程及要求,旨在规范各类公文的处理和保存工作,最大限度避免可能产生的法律纠纷,努力避免或降低公文管理中的潜在风险。

2)适用范围

适用于公司及所属单位。

3)相关制度

《公文处理办法》

4)职责分工

(1)办公室职责

①制订、实施本公司公文处理各项工作的具体规章制度和业务规范;

②负责本公司的收文、发文、及公文管理、立卷归档等工作;

③负责公文办理过程中的安全保密工作;

④负责公文借阅及销毁审批工作;

⑤负责上级和外单位各种公文的收发、登记、送领导签批、传递、催办、保管等工作,做到文件周转及时、不遗失;

⑥负责公司办公系统部门公文的收发以及上级单位批转的各类电子、纸质公文函件,做好上传下达、下传上报。

(2)相关部门职责

①配合公司办公室对公文进行管理;

②负责本部门权限内的发文、收文、公文管理。

5)不相容职责——公文管理

如表 15-7 所示。

不相容职责　　表 15-7

岗位职责	公文拟稿	公文审核	公文发文	记录归档
公文拟稿		X		X
公文审核	X		X	X
公文发文		X		X
记录归档	X	X	X	

注:“X”表示不相容职责。

6)流程图

(1)集团收文管理流程图

如图 15-7 所示。

(2)公文管理流程

如图 15-8 所示。

7)控制目标

如表 15-8 所示。

8)控制矩阵

如表 15-9 所示。

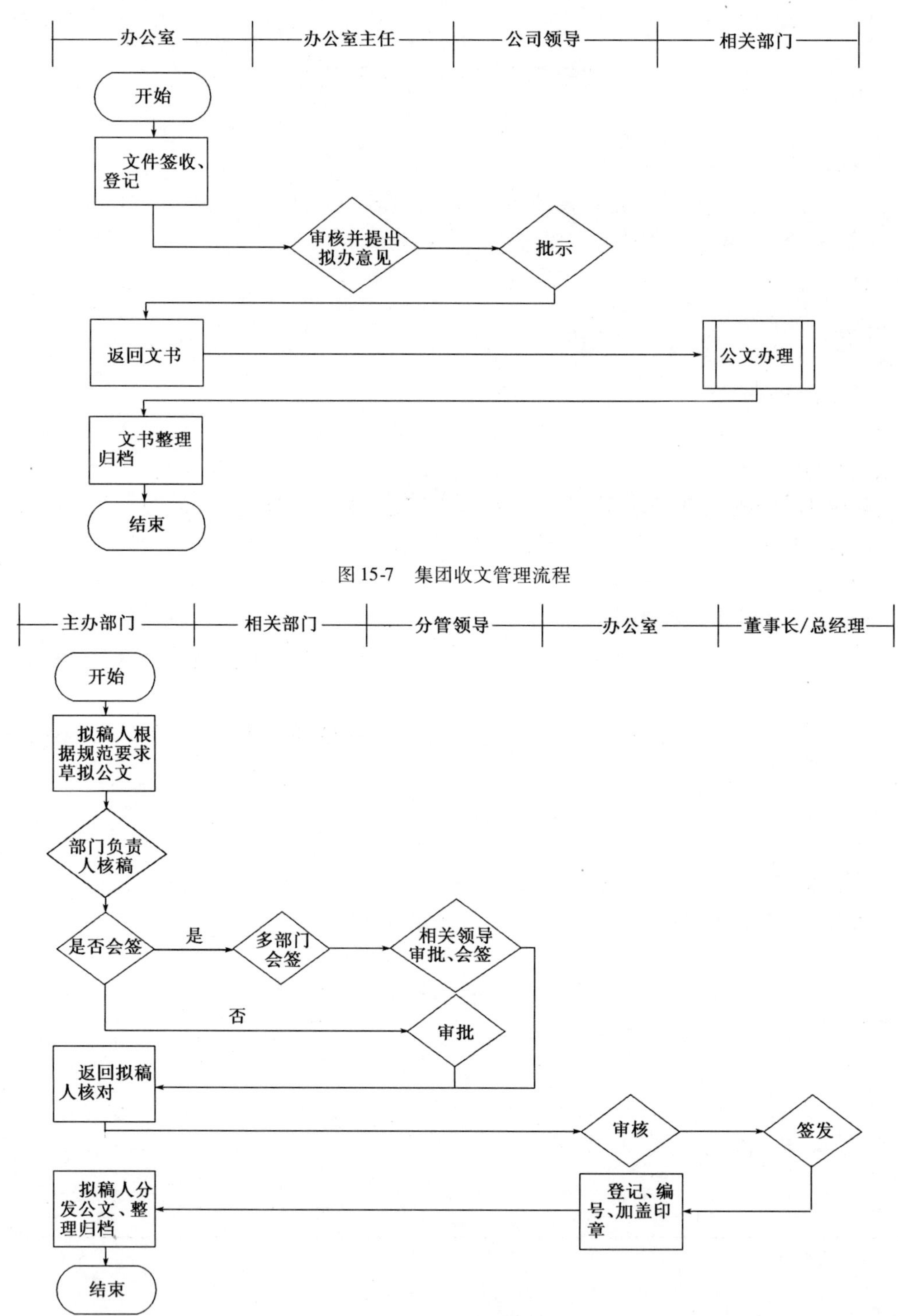

图 15-7 集团收文管理流程

图 15-8 公文管理流程

控 制 目 标 表 15-8

序号	《内部控制规范》具体控制目标编号	拟实现的内控目标	内控目标具体描述
1	CT15.3-1	合法合规性目标	保证公司公文管理符合国家有关法规和公司规章制度规定
2	CT15.3-2	财务报告目标	保证公司公文管理使财务公允
3	CT15.3-3	资产安全目标	保证公司公文管理所涉及的资金、资产的安全性
4	CT15.3-4	经营效率和效果目标	提升公司公文管理水平以促进公司经营效率与效果
5	CT15.3-5	发展战略目标	保证公司公文管理支持公司发展战略目标

控制矩阵

表 15-9

风险编号	风险描述	对应控制目标编号	关键控制措施编号	控制措施	对应制度	控制痕迹	风险责任部门	风险责任岗位
R15.3-1	未制定公司公文管理制度,可能导致公文管理混乱,影响工作效率和公司形象	CT15.3-1 CT15.3-4	CA15.3-1	根据《党政机关公文处理工作条例》和《××省人民政府公文形式与格式细则》的有关规定,按照集团公司有关要求,结合公司实际,制定《公文处理办法》	《公文处理办法》	公文处理办法	办公室	办公室主任
R15.3-2	公司公文未实行归口管理,可能导致文件管理混乱	CT15.3-1 CT15.3-4	CA15.3-2	公司办公室是行政公文处理的管理机构,负责公司机关行政公文处理工作,并对所属单位的行政公文处理工作进行指导	《公文处理办法》	公文处理办法	办公室	办公室主任
R15.3-3	未对公文拟稿、审批、报送、密级等进行规范,出现拟稿责任主体不明、推诿的情况,或审批、报送流程不明确,可能导致审批遗漏、报送错误或泄密	CT15.3-1 CT15.3-4	CA15.3-3	公文拟稿、审核、签发等相关流程按公司规定(流程图)执行。 涉及秘密的公文应当标明密级和保密期限。如有具体保密期限应当明确标注,凡未标明或者未通知保密期限的秘密事项,保密期限按照绝密级事项30年、机密级事项20年、秘密级事项10年认定。属密级文件的,应明确发放范围	《公文处理办法》	公文管理台账	办公室	办公室主任
R15.3-4	对公文接收无记录或反馈,可能导致公文接收信息不明确,甚至公文遗失	CT15.3-1 CT15.3-4	CA15.3-4	公司收文,由办公室负责签收、拆封、登记,统一办理。登记包括:来文单位、文号、标题、来文日期、收文编号等,一般事务性来文可视情况确定是否登记。各部门须将收到的应统一加签办理的公文及时转交办公室	《公文处理办法》	公司收文台账	办公室	办公室主任
R15.3-5	未对公文归档、保管工作进行规范,可能导致历史公文资料管理混乱,保管环境不符合安全条件	CT15.3-1 CT15.3-4	CA15.3-5	公文办理完毕后,应当根据《中华人民共和国档案法》及其他有关规定,及时整理、归档。个人不得保存应当归档的公文	《公文处理办法》	收发文归档记录	办公室	办公室主任

15.4 车辆管理

1)流程目标概述

本流程规定了公司车辆管理的流程及要求,对公司现有车辆的保管、使用、油耗支出、车辆维修、报销等一系列资产保全活动进行管理,旨在加强公司车辆管理,促使车辆管理工作高效、安全、有序地运行,避免或降低车辆管理中的潜在风险。

2)适用范围

适用于公司及所属单位。

3)相关制度

(1)《车辆使用管理(暂行)规定》

(2)《设备(车辆)管理办法》

4)职责分工

(1)办公室

①负责制定公司设备管理办法,根据公司发展实际,适时对设备管理办法进行修订;

②负责公司机关车辆使用费、车辆购置年度预算的编制及公司所属各单位车辆使用费、车辆购置年度预算的审核,按照财务资产部提供上级主管部门批复的年度预算数据,对各单位车辆使用费、车辆购置费进行分解;

③负责公司车辆的采购、验收、调拨、调配、设备报废的鉴定等工作;

④参与公司路产、养护、机电、经营等部门专用设备的采购、验收等工作;

⑤负责公司豫 A 牌照车辆的审验和车辆保险的办理。

(2)机关车队

①在办公室的领导下,具体保障公司机关车辆的使用和机关驾驶员的管理;

②负责建立机关车队设备使用台账,对设备的使用、维修、保养、外借、事故、审验、改造、报废进行记录;

③负责对公司机关车队驾驶员的培训、安全教育、考核、认证等工作;

④负责对公司机关车辆的事故处理;

⑤按月上报机关车辆的行驶里程、各种车辆使用费的有关业务报表。

5)不相容职责——车辆管理

如表 15-10 所示。

不相容职责　　表 15-10

岗位职责	使用申请	使用审批	车辆保管	保管监督	维修申请	维修审批	报废申请	报废审批
使用申请		X						
使用审批	X							
车辆保管				X				
保管监督			X					
维修申请						X		
维修审批					X			
报废申请								X
报废审批							X	

注:“X”表示不相容职责。

6)流程图

(1)车辆使用申请流程

如图 15-9 所示。

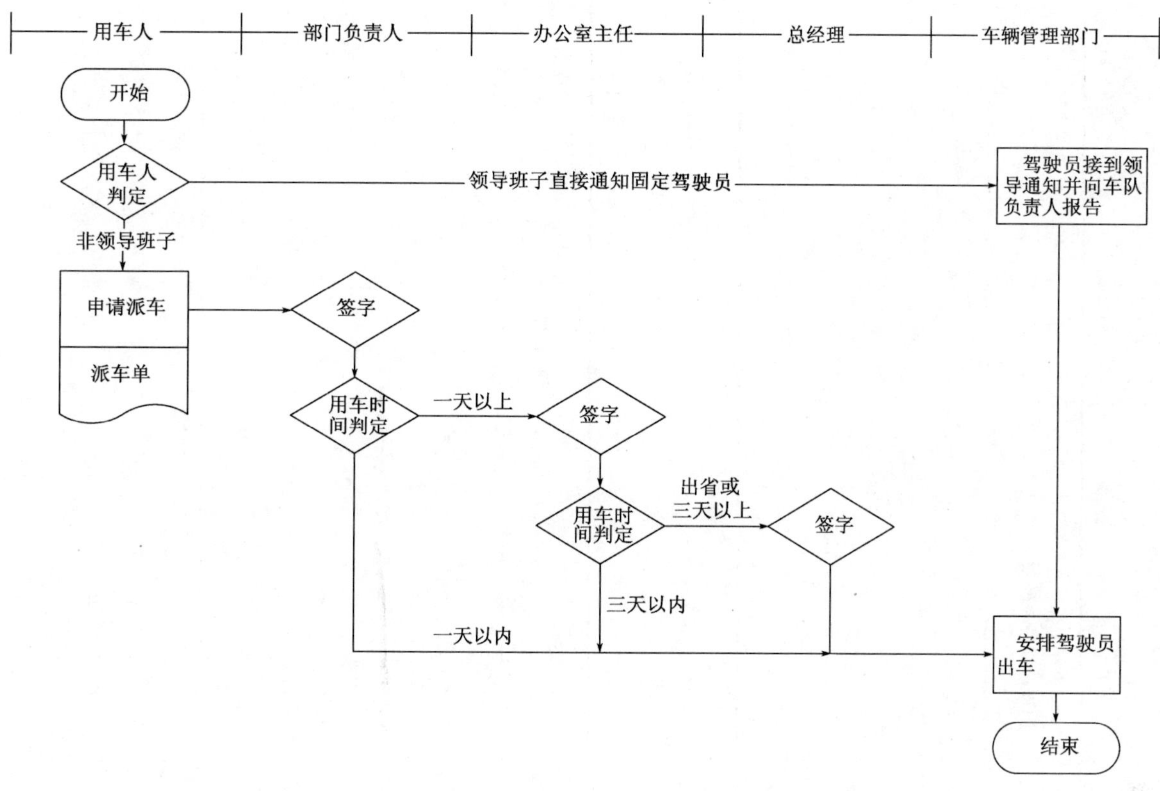

图 15-9 车辆使用申请流程

(2)车辆维修维护流程

如图 15-10 所示。

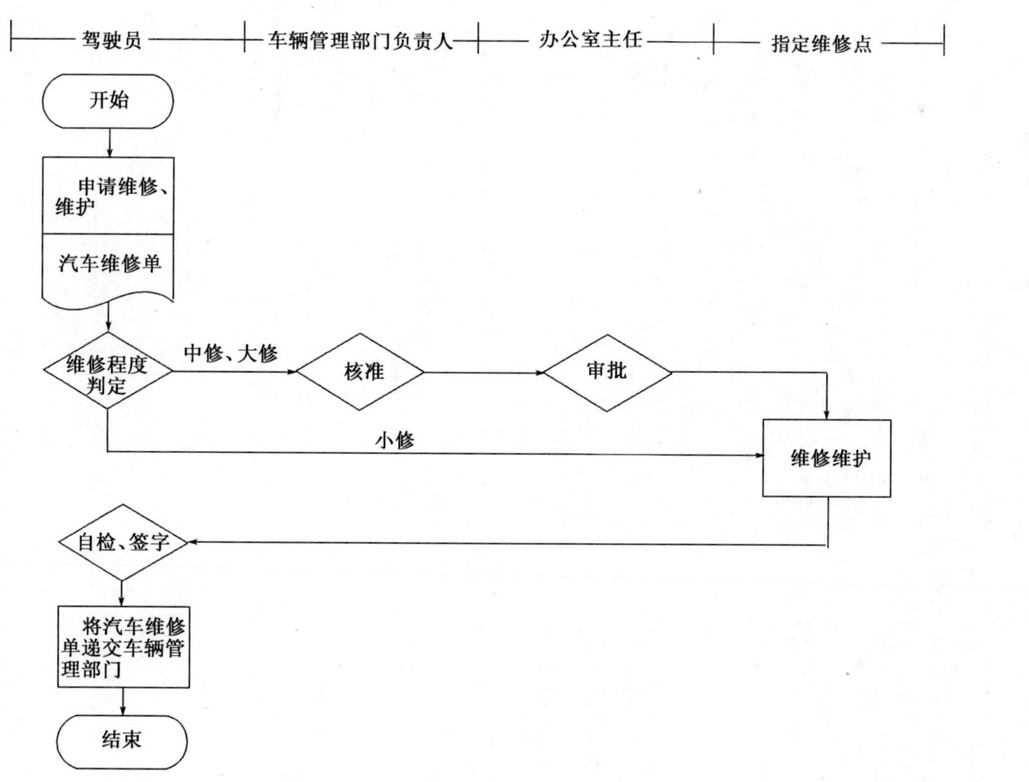

图 15-10 车辆维修维护流程

7)控制目标

如表15-11所示。

控制目标　　表15-11

序号	《内部控制规范》具体控制目标编号	拟实现的内控目标	内控目标具体描述
1	CT15.4-1	合法合规性目标	保证公司车辆管理符合国家有关法规和公司规章制度规定
2	CT15.4-2	财务报告目标	保证公司车辆管理使财务公允
3	CT15.4-3	资产安全目标	保证公司车辆管理所涉及的资金、资产的安全性
4	CT15.4-4	经营效率和效果目标	提升公司车辆管理水平以促进公司经营效率与效果
5	CT15.4-5	发展战略目标	保证公司车辆管理工作符合公司发展战略目标

8)控制矩阵

如表15-12所示。

控制矩阵　　表15-12

风险编号	风险描述	对应控制目标编号	关键控制措施编号	控制措施	对应制度	控制痕迹	风险责任部门	风险责任岗位
R15.4-1	用车申请未经审批,可能导致车辆调度不合理,影响公司的正常运营	CT15.4-1 CT15.4-3	CA15.4-1	车辆派遣由汽车队(车辆管理部门)统一调度,实行派车单制度。一天以内需由用车部门负责人在派车单上签字,一天以上、三天以内需由办公室负责人及用车部门主管领导签字,出省车辆及三天以上用车需由公司总经理或董事长签字,上述签字不全的不予派车,驾驶员接到车队(车辆管理部门)的安排后方可出车,否则按私自出车处理	《车辆使用管理(暂行)规定》	派车单	办公室	办公室主任
R15.4-2	公司未统一办理充值加油卡,可能导致驾驶员伪造加油记录,造成公司资金损失	CT15.4-1 CT15.4-3	CA15.4-2	车辆用油实行统一管理。驾驶员用油时应将实际里程数报与油料管理人员;按照汽车出厂规定经济时速耗油量核定油数,并根据车况车型的新旧程度及季节变化因素适量增减	《车辆使用管理(暂行)规定》	加油卡使用明细	办公室	办公室主任

续上表

风险编号	风险描述	对应控制目标编号	关键控制措施编号	控制措施	对应制度	控制痕迹	风险责任部门	风险责任岗位
R15.4-3	公司没有针对每辆车分别建立车辆管理档案，包括行驶里程、耗油量、维修费台账等，可能导致车辆使用成本提升，影响公司运营效率效果	CT15.4-1 CT15.4-3	CA15.4-3	办公室负责建立车辆档案，对每辆车的信息进行记录并定期更新，包括行驶里程、耗油量、维修费台账等，同时将车辆使用情况纳入驾驶员考核范围	无	车辆管理档案	办公室	车辆管理员
R15.4-4	驾驶员没有注重车辆的日常维修和保养工作，可能导致车辆维修不及时和养护不到位，造成车辆提前报废的风险	CT15.4-1 CT15.4-3	CA15.4-4	设备的修理是恢复设备良好技术状况的主要手段，有计划的进行预防检修是设备修理的基本原则。 驾驶员应定期对车辆进行保养，并将保养情况记入车辆档案，办公室不定期对车辆保养情况进行监督检查	《设备（车辆）管理办法》	车辆维修保养单	办公室	车辆管理员
R15.4-5	车辆的维修、保养未经审批，可能导致驾驶员和维修点相互串通，损害公司利益等风险	CT15.4-1 CT15.4-3	CA15.4-5	车辆送修、保养。由驾驶员提出申请保养、维修项目，汽车队（车辆管理部门）负责人核准、办公室主任审批后送修。维修保养后由驾驶员自检签字，并将维修单交汽车队作结账凭证，更换的旧配件必须带回	《车辆使用管理（暂行）规定》	车辆维修、保养申请单及审批单	办公室	办公室主任
R15.4-6	对车辆维修和养护的维修点未进行定点规定，可能导致维修成本变化不定，不利于成本管控	CT15.4-1 CT15.4-3	CA15.4-6	车辆的维修保养，应根据车辆使用情况，一律凭“汽车修理单”在相应的修理厂维修（坏在外地的除外）。相应的修理厂应定期（每年）进行筛选，根据相关采购流程进行审批，并签订相关合同	《车辆使用管理（暂行）规定》	汽车修理单	办公室	办公室主任
R15.4-7	没有对车辆使用情况进行数据分析和后评价，可能导致车辆使用成本上升而未被发现	CT15.4-1 CT15.4-3	CA15.4-7	办公室每年对公司所有车辆使用情况进行分析，对车辆使用成本进行评价，针对成本异常上升的现象找出相关原因，并及时提交公司进行讨论整改	无	车辆管理年度报告	办公室	车辆管理员

16　信息系统管理

16.1　信息系统规划管理

1)流程目标概述

本流程规定了公司有关信息系统规划管理方面的具体要求,旨在保证信息系统安全有效运行,确保系统数据真实、完整、准确、安全。

2)适用范围

适用于公司及所属单位。

3)相关制度

无。

4)职责分工

(1)信息化领导小组

①负责信息系统建设规划;

②负责审核信息系统建设申请的必要性、合理性;

③负责信息系统建设过程的监督管理;

④参与信息系统验收。

(2)相关部门

①负责信息系统建设需求的申请;

②负责参与信息系统建设;

③负责信息系统验收。

5)不相容职责——信息系统规划管理

如表 16-1 所示。

不相容职责　　表 16-1

岗位职责	信息系统变更申请	信息系统变更审批	信息系统变更方案编制	信息系统变更方案审批	信息系统变更执行	信息系统变更验收	监督评价
信息系统变更申请		X					
信息系统变更审批	X		X		X	X	X
信息系统变更方案编制		X		X			X
信息系统变更方案审批			X		X		X
信息系统变更执行		X		X		X	X
信息系统变更验收		X	X		X		X
监督评价		X	X	X	X	X	

注:“X”表示不相容职责。

6)流程图

如图 16-1 所示。

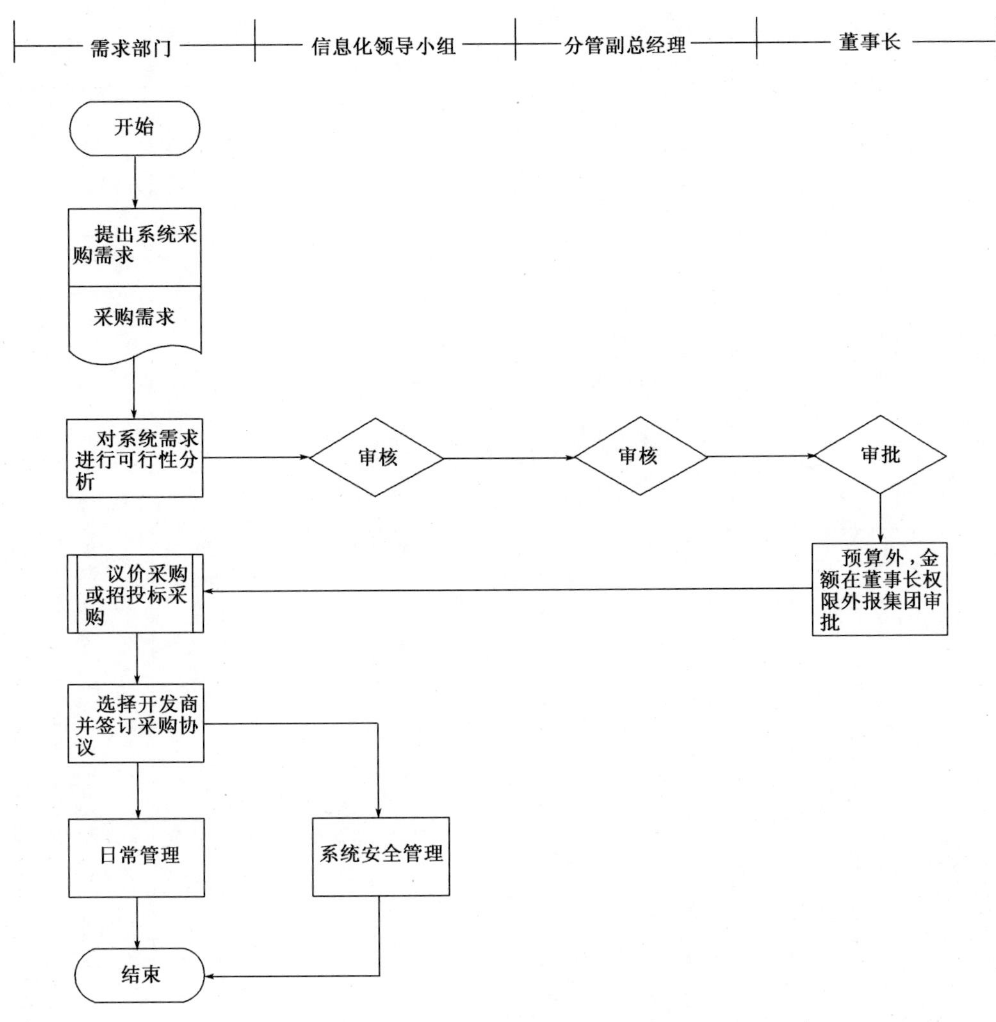

图 16-1　信息采购流程

7)控制目标

如表 16-2 所示。

控 制 目 标　　表 16-2

序号	《内部控制规范》具体控制目标编号	拟实现的内控目标	内控目标具体描述
1	CT16.1-1	合法合规性目标	保证公司信息系统规划管理符合国家有关法规和公司规章制度规定
2	CT16.1-2	财务报告目标	保证公司信息系统规划管理使财务公允
3	CT16.1-3	资产安全目标	保证公司信息系统规划管理所涉及的资金、资产的安全性
4	CT16.1-4	经营效率和效果目标	提升公司信息系统规划管理水平以促进公司经营效率与效果
5	CT16.1-5	发展战略目标	保证公司信息系统规划符合公司发展战略目标

8)控制矩阵

如表 16-3 所示。

控制矩阵

表16-3

风险编号	风险描述	对应控制目标编号	关键控制措施编号	控制措施	对应制度	控制痕迹	风险责任部门	风险责任岗位
R16.1-1	信息系统建设缺乏规划或规划不合理，造成信息孤岛或重复建设，可能导致企业经营管理效率低下	CT16.2-1 CT16.2-3 CT16.2-4	CA16.1-1	公司信息系统归口管理部门应制定公司中长期信息系统规划，并每年根据规划实施情况进行调整； 信息系统规划应遵循下列原则，在信息化的过程中，需要将公司的各类资源如人员、设备、资金、组织机构、物料等各种数据建立满足系统应用的基础数据库，制定适合信息化数据传递的标准规范和各应用系统间的集成标准，保证数据的统一性和一致性，达到数据高度共享	无	系统开发需求报告	信息化领导小组	信息化领导小组
R16.1-2	信息系统规划未经过科学论证和充分讨论，形成的可行性报告不深入、不客观或不完整，可能导致信息系统规划决策质量不高	CT16.2-1 CT16.2-3 CT16.2-4	CA16.1-2	信息系统开发立项应进行可行性研究，相关决策应根据可行性研究报告进行科学论证及充分讨论，经相关授权人员审批后方可进行立项开发	无	可行性研究报告、立项审批表	信息化领导小组	信息化领导小组
R16.1-3	信息系统规划未按照公司审批程序审批，可能导致信息系统规划不具备执行效力	CT16.2-1 CT16.2-3 CT16.2-4	CA16.1-3	信息系统规划应由分管领导审核，总经理审批，超出权限的应由董事长进行审批	无	立项审批表	信息化领导小组	信息化领导小组
R16.1-4	公司未指定专门机构对信息系统建设实施归口管理，相关部门的信息系统职责权限不明确，造成信息系统规划管理组织混乱或重复建设，可能导致企业信息系统效率低下	CT16.2-1 CT16.2-3 CT16.2-4	CA16.1-4	公司交通机电运营维护中心为信息系统的归口管理部门，负责公司信息系统建设从规划、立项、开发、供应商选择、验收以及后期维护的工作	无	部门职责	信息化领导小组	信息化领导小组
R16.1-5	信息系统规划未进行适当分解，形成年度计划和信息系统预算，可能导致信息系统规划流于形式或未得到按期执行	CT16.2-1 CT16.2-3 CT16.2-4	CA16.1-5	信息系统规划应有较为详细的分解计划，包括相关项目的进度计划、预算等，保证信息系统规划具有可执行性	无	信息系统规划	信息化领导小组	信息化领导小组
R16.1-6	信息系统规划未进行定期评估，使得影响信息系统规划的内外部条件已经发生根本性改变而未得到及时识别，可能导致信息系统规划不具备前瞻性或可行性，造成资源浪费或影响规划质量、实现进度	CT16.2-1 CT16.2-3 CT16.2-4	CA16.1-6	交通机电运营维护中心应每年对信息系统规划做评估，评估规划执行情况，包含预算执行情况，进度计划执行情况等。同时对信息系统规划所涉及的内外部环境变化做相应分析，使得公司信息系统规划符合公司自身发展需求	无	信息系统规划评估报告	信息化领导小组	信息化领导小组

16.2　信息系统安全管理

1)流程目标概述

本流程规定了公司有关信息系统安全管理方面的具体要求,涉及公司信息系统使用中的权限设定、物理管理、灾害恢复的流程。旨在保证信息系统安全有效运行,确保系统数据真实、完整、准确、安全。

2)适用范围

适用于公司及所属单位。

3)相关制度

(1)《涉密计算机维修、更换、报废保密管理规定》

(2)《办公管理系统管理办法》

(3)《涉密计算机保密管理制度》

(4)《网站管理规定》

4)职责分工

信息化领导小组职责如下:

(1)判断申请人所申请的信息系统权限是否存在,职责名称是否准确;

(2)负责给申请人配置/更改所申请的信息系统权限;

(3)负责执行具体的权限变更或新增工作;

(4)负责审核所申请的外网权限是否合理;

(5)负责定期组织各部门对系统进行检查、杀毒、备份;

(6)负责定期组织各部门对系统权限及流程进行梳理;

(7)负责对机房环境进行监控检查;

(8)负责对委外维修计算机保密工作进行监督;

(9)负责定期对信息系统硬件及安全环境进行检测维护;

(10)负责机房的出入管理。

5)不相容职责——信息系统安全管理

如表16-4所示。

不相容职责　　表16-4

岗位职责	信息系统开发	信息系统维护管理	信息系统操作	系统变更申请	系统变更审批	系统变更实现	系统变更验收
信息系统开发		X	X				
信息系统维护管理	X		X				
信息系统操作	X	X					
系统变更申请					X	X	
系统变更审批				X		X	
系统变更实现				X	X		X
系统变更验收						X	

注:“X”表示不相容职责。

6)控制目标

如表16-5所示。

7)控制矩阵

如表16-6所示。

控制目标

表 16-5

序号	《内部控制规范》具体控制目标编号	拟实现的内控目标	内控目标具体描述
1	CT16.2-1	合法合规性目标	保证公司信息系统安全管理符合国家有关法规和公司规章制度规定
2	CT16.2-2	财务报告目标	保证公司信息系统安全管理使财务公允
3	CT16.2-3	资产安全目标	保证公司信息系统安全管理所涉及的资金、资产的安全性
4	CT16.2-4	经营效率和效果目标	提升公司信息系统安全管理水平以促进公司经营效率与效果
5	CT16.2-5	发展战略目标	保证公司信息系统安全管理支持公司发展战略目标

控制矩阵

表 16-6

风险编号	风险描述	对应控制目标编号	关键控制措施编号	控制措施	对应制度	控制痕迹	风险责任部门	风险责任岗位
R16.2-1	系统运行维护和安全措施不到位,可能导致信息泄漏或受损,系统无法正常运行	CT16.2-1 CT16.2-3 CT16.2-4	CA16.2-1	信息系统管理部门制定信息系统维护及安全管理的细则,定期对系统进行维护及安全措施执行情况检查	无	信息系统维护记录、安全措施执行情况检查	信息化领导小组	信息化领导小组
R16.2-2	公司未制定信息系统工作程序、信息管理制度以及各模块子系统的具体操作规范,使得系统操作、系统管理不规范,可能导致系统管理工作混乱,系统操作失误,影响系统工作效率与效果	CT16.2-1 CT16.2-3 CT16.2-4	CA16.2-2	信息系统管理部门应对公司各信息系统编制系统操作规范手册,指导信息系统使用人员规范操作各信息系统	各信息系统操作手册	各信息系统操作手册	信息化领导小组	信息化领导小组
R16.2-3	未制订信息系统变更管理流程,信息系统操作人员擅自进行系统软件的删除、修改等操作;擅自升级、改变系统软件版本;擅自改变软件系统环境配置,系统变更管理混乱,可能导致系统程序遭到破坏或系统数据丢失	CT16.2-1 CT16.2-3 CT16.2-4	CA16.2-3	信息系统变更应进行事前小范围模拟及试运行,同时相关方案应获得分管领导审批后方可进行。 应加强公司高级权限账户的监督管理,禁止任何人在无授权的情况下擅自对信息系统进行升级、变更或其他影响信息系统安全的操作	无	信息系统更新试运行记录	信息化领导小组	信息化领导小组
R16.2-4	企业未制订相应的安全保障预案,可能导致系统遇到突发事件,未能进行合理应对,影响系统安全运行和业务开展	CT16.2-1 CT16.2-3 CT16.2-4	CA16.2-4	公司应制定信息系统安全保障预案,制定信息系统恢复操作细则,并定期对相关预案进行演练	无	网络安全应急预案	信息化领导小组	信息化领导小组
R16.2-5	公司未建立不同等级信息的授权使用制度,使得未经授权获取、使用机密信息,可能导致系统信息泄密,损害公司利益	CT16.2-1 CT16.2-3 CT16.2-4	CA16.2-5	公司应制定信息系统权限管理细则,规范信息系统权限获取、变更、撤销的相关流程,明确相关部门及岗位的职责权限。 公司应定期梳理信息系统权限,对违规事项进行及时整改及处理	无	信息系统权限管理细则	信息化领导小组	信息化领导小组
R16.2-6	公司未建立系统安全保密与泄密追究制度,可能导致系统接触人员未能对数据保密,公司机密数据外泄,损害公司利益	CT16.2-1 CT16.2-3 CT16.2-4	CA16.2-6	公司网站做到涉密的信息不上网,上网的信息不涉密。坚持"谁上网谁负责"的原则,加强上网人员的保密教育和管理,提高上网人员的保密观念,增强防范意识,自觉执行有关规定	《涉密计算机保密管理制度》第3条	涉密计算机保密管理制度	信息化领导小组	信息化领导小组

续上表

风险编号	风险描述	对应控制目标编号	关键控制措施编号	控制措施	对应制度	控制痕迹	风险责任部门	风险责任岗位
R16.2-7	委托专业机构进行系统运行与维护管理的，未审查该机构的资质，未与其签订服务合同和保密协议，可能导致该机构的资质达不到要求，或其泄露公司秘密而未受到约束和惩罚，损害公司利益	CT16.2-1 CT16.2-3 CT16.2-4	CA16.2-7	委托专业机构进行系统运行与维护管理的，应审查该机构的资质，并与其签订服务合同和保密协议	《涉密计算机维修、更换、报废保密管理规定》	资质审查记录、服务合同、保密协议	信息化领导小组	信息化领导小组
R16.2-8	系统中未安装有效安全软件或采取有效措施防范系统受到病毒等恶意软件的感染和破坏，可能导致系统无法持续稳定运行，影响公司日常经营活动	CT16.2-1 CT16.2-3 CT16.2-4	CA16.2-8	在信息系统上线时应同时安装系统安全软件，并通过设置其他安全措施保护公司信息系统安全，定期对安全软件进行更新，查找相关漏洞	无	信息系统安全软件更新记录	信息化领导小组	信息化领导小组
R16.2-9	公司未建立用户管理制度，未对重要业务系统进行访问权限管理，未定期审阅系统账号，使得授权不当或存在非法授权账号，不相容职务用户账号的交叉操作，可能导致系统信息被非法访问、泄密或恶意篡改，损害公司利益	CT16.2-1 CT16.2-3 CT16.2-4	CA16.2-9	公司应建立健全的系统用户管理体系，对重要业务系统进行访问权限管理；定期对系统权限进行梳理及审查，对授权不当或存在非法授权账号的情况进行及时处理，对不相容职务用户账号的情况及时报告相关部门进行处理	无	系统权限核查记录	信息化领导小组	信息化领导小组
R16.2-10	对于发生岗位变化或离岗的系统相关用户，未能及时调整、取消系统中账号的访问权限，可能导致数据被非法更改、利用或泄露	CT16.2-1 CT16.2-3 CT16.2-4	CA16.2-10	对于各信息系统权限的开设、变更及撤销，各单位应填写书面申请，经相关授权人员审批后，报信息系统管理部门进行权限的开设、变更及撤销	《办公管理系统管理办法》	系统权限开设、变更、撤销申请审批记录	信息化领导小组	信息化领导小组
R16.2-11	对于通过网络传输的涉密或关键数据，未采取加密措施，不能确保信息传递的保密性、准确性和完整性，可能导致机密信息或关键数据泄密、被非授权用户获取或丢失	CT16.2-1 CT16.2-3 CT16.2-4	CA16.2-11	对于通过网络传输的涉密或关键数据，采取加密措施，使用加密软件或系统加密算法对信息进行加密	《涉密计算机保密管理制度》	涉密计算机保密管理制度	信息化领导小组	信息化领导小组
R16.2-12	企业未建立系统数据定期备份制度，未明确备份范围、频度、方法、责任人、存放地点、有效性检查等内容，使得系统数据遇到故障、突发事件，可能导致数据丢失或数据毁坏	CT16.2-1 CT16.2-3 CT16.2-4	CA16.2-12	公司应制定信息系统数据备份细则，明确各信息系统备份的范围、频度、方法、责任人、存放地点、有效性检查等内容； 同时，交通机电运营维护中心根据相关细则，对各部门备份情况进行定期检查，发现违规事项及时处理	无	信息系统数据备份记录	信息化领导小组	信息化领导小组
R16.2-13	公司未能对服务器等关键系统硬件设备建立良好的物理环境并指定专人日常负责，未经授权可随意进出设备存放地，无法有效防范设备出现异常或遭遇人为破坏，影响公司日常经营	CT16.2-1 CT16.2-3 CT16.2-4	CA16.2-13	公司应针对信息系统硬件设备的储存地点（机房）建立相关管理细则，规范信息系统硬件管理的相关要求及禁止事项，明确相关部门及岗位的职责权限；指定专人对机房进行日常巡查	无	机房巡查记录	信息化领导小组	信息化领导小组

17　突发事件管理

17.1　突发事件管理

1)流程目标概述

本流程规定了公司有关突发事件的管理工作,旨在加强突发事件管理,控制危险源、预防突发事件发生,及时妥善处理突发事件,努力避免或降低公司在突发事件管理中的风险。

2)适用范围

适用于公司及所属单位。

3)相关制度

无。

4)职责分工

(1)应急领导部门职责(路产、养护、工程部门等):

①拟定突发事件处理方案;

②组织指挥突发事件处理工作;

③协调和组织突发风险事件处置过程中对外宣传报道工作,拟定统一的对外宣传解释口径;

④负责保持与各相关部门或政府的有效联系和衔接;

⑤突发事件处理过程中的其他事项。

(2)相关部门职责:

①配合应急小组做好事故处理工作;

②对事故进行调查,并及时采取处理措施。

5)不相容职责——突发事件管理

如表17-1所示。

不相容职责　表17-1

岗位职责	事故上报	事故调查	决　策	监督评价
事故上报		X	X	X
事故调查	X			X
决策	X	X		X
监督评价	X	X	X	

注:“X”表示不相容职责。

6)流程图

如图17-1所示。

7)控制目标

如表17-2所示。

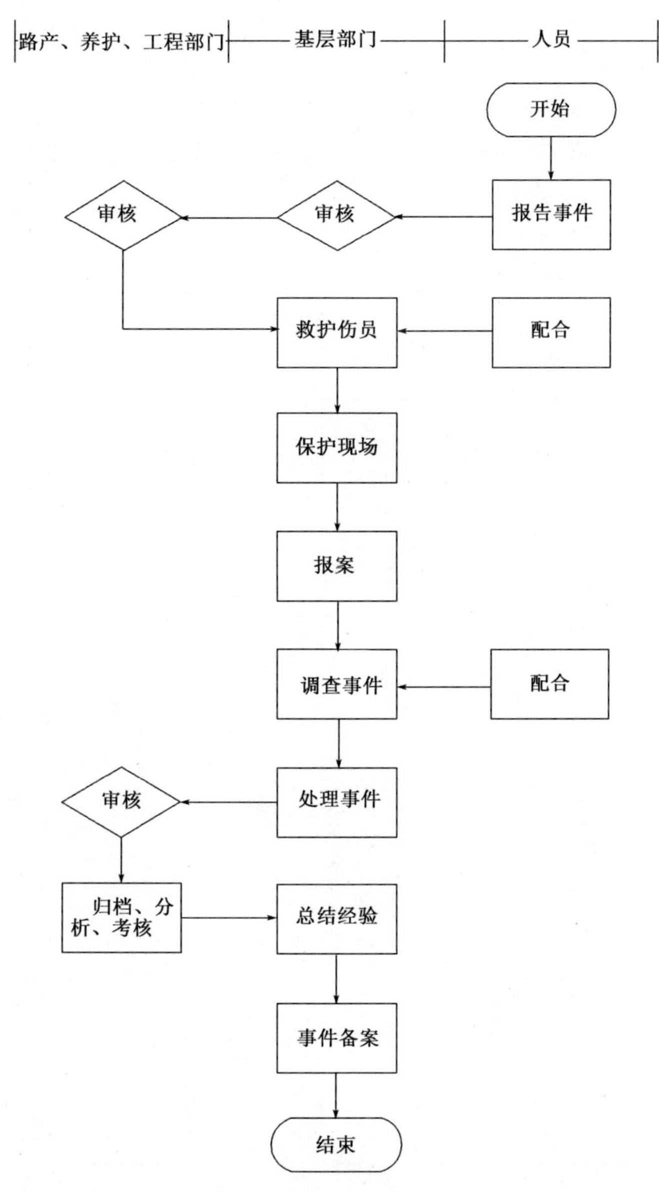

图 17-1 突发事件处理流程图

控制目标 表 17-2

序号	《内部控制规范》具体控制目标编号	拟实现的内控目标	内控目标具体描述
1	CT17.1-1	合法合规性目标	保证公司对突发事件的管理符合国家有关法规和公司规章制度规定
2	CT17.1-2	财务报告目标	保证公司对突发事件的管理使财务公允
3	CT17.1-3	资产安全目标	保证公司突发事件管理所涉及的资金、资产的安全性
4	CT17.1-4	经营效率和效果目标	提升公司突发事件管理水平以促进公司经营效率与效果
5	CT17.1-5	发展战略目标	保证公司突发事件管理符合公司发展战略目标

8）控制矩阵

如表 17-3 所示。

控制矩阵

表 17-3

风险编号	风险描述	对应控制目标编号	关键控制措施编号	控制措施	对应制度	控制痕迹	风险责任部门	风险责任岗位
R17.1-1	公司重大事件应急管理不符合国家有关法律、法规及公司有关规章制度的要求，可能引起法律风险，外部处罚，导致经济损失和信誉损失	CT17.1-1 CT17.1-4	CA17.1-1	公司应根据国家法律法规要求，制订符合公司规章制度的《突发事件应急处置制度》。相关制度应提交相关部门审核，保证制度符合国家法律法规及公司实际运营情况	无	制度文件	路产管理部、工程管理部、养护管理部	相关部门部长
R17.1-2	公司未制订突发事件管理制度，无归口部门负责应急管理，可能导致未能有效预防突发事件	CT17.1-1 CT17.1-4	CA17.1-2	公司应根据国家法律法规要求，制订符合公司规章制度的《突发事件应急处置制度》。 路产管理部、工程管理部、养护管理部为各自业务领域的突发事件归口管理部门	无	制度文件、部门职责	路产管理部、工程管理部、养护管理部	相关部门部长
R17.1-3	公司不能及时提供有效应对措施，造成重大人员伤亡、财产损失、生态环境破坏和严重社会危害，危及公司安全及公共安全	CT17.1-1 CT17.1-4	CA17.1-3	遇到相关突发事件，根据应急预案快速展开工作，保证有效及时的处理相关突发事件。 公司对突发事件的处理实行统一领导、统一组织，快速反应、协同应对。公司成立突发事件处置工作领导小组，由公司高级管理人员和相关职能部门负责人组成	无	应急预案	路产管理部、工程管理部、养护管理部	相关部门部长
R17.1-4	无应急管理体系和应急预案，可能导致发生突发事件时未能做出有效反应，造成人员伤亡和财产损失	CT17.1-1 CT17.1-4	CA17.1-4	应急领导小组是公司突发事件处理工作的领导机构，统一领导公司突发事件应急处理，就相关重大问题做出决策和部署，主要职责包括决定启动和终止突发事件处理系统以及拟定突发事件处理方案等。 各归口管理部门应制订相关应急预案，统一报公司领导审批后执行；同时，原则上定期（每年）对应急预案进行更新	无	应急预案	路产管理部、工程管理部、养护管理部	相关部门部长
R17.1-5	应急措施和程序安排不当，导致公司成本加大，解决问题效率低下，影响公司的正常生产经营	CT17.1-1 CT17.1-4	CA17.1-5	发生突发事件时，应急领导小组要立即采取措施控制事态发展，组织开展应急救援工作，并根据职责和规定的权限启动制订的相关应急预案，及时有效地进行前期处置，控制事态	无	会议纪要、应急预案	路产管理部、工程管理部、养护管理部	相关部门部长

续上表

风险编号	风险描述	对应控制目标编号	关键控制措施编号	控制措施	对应制度	控制痕迹	风险责任部门	风险责任岗位
R17.1-6	日常生产中未能对应急预案进行演练并评审，可能导致预案难以执行，突发事故时人员未能及时做出救援反应	CT17.1-1 CT17.1-4	CA17.1-6	公司建立突发事件的预警、预防机制，定期检查及汇报部门或公司有关情况，做到及时提示、提前控制，将事态控制在萌芽状态中。 同时归口管理部门应针对应急预案定期开展培训及演练	无	培训记录、演练记录	路产管理部、工程管理部、养护管理部	相关部门部长
R17.1-7	发生突发事件时，未能对信息进行有效控制，可能导致公司声誉、经济利益受损	CT17.1-1 CT17.1-4	CA17.1-7	突发事件发生后，公司应及时将事件情况、已采取的措施、联络人及联系方式等上报上级有关部门；同时，在掌握事件的具体情况后，应将事件的详细情况书面报送上级有关部门，不得迟报、谎报、瞒报和漏报	无	信息披露审核	路产管理部、工程管理部、养护管理部	相关部门部长
R17.1-8	突发事件处置完成后，未能形成书面总结，可能导致未能总结经验，进行责任追究	CT17.1-1 CT17.1-4	CA17.1-8	突发事件结束后，应及时对突发事件的起因、过程、性质、责任、影响、恢复重建以及事件处理效果等事项进行调查评估，并在此基础上总结经验吸取教训	无	突发事件处理结果报告	路产管理部、工程管理部、养护管理部	相关部门部长
R17.1-9	对于高速公路突发事件（如冻雪冻雨和交通事故等自然灾害和人为灾害等），善后处理及媒体报道应对不当，对公司声誉造成损害	CT17.1-1 CT17.1-4	CA17.1-9	公司办公室为对外宣传的归口管理部门，负责善后处理及官方信息发布；所有对外发布信息及相关处理方案应及时由相关领导审核后及时发布及实施	无	信息发布及处理方案审核记录	办公室	办公室主任

18 子公司管理

18.1 子公司管理

1)流程目标概述

本流程规定了公司有关子公司管理的流程及规范,旨在建立有效的控制机制,对子公司的组织、资源、资产、投资及运营进行风险控制,提高子公司整体运作效率和抗风险能力,保护全体投资者利益,避免或降低公司在子公司管理中的风险。

2)适用范围

适用于公司及所属单位。

3)相关制度

《经营性公司工作管理办法》

4)职责分工

(1)董事会职责

《公司章程》所规定的权利及职责。

(2)多种经营部职责(以下“经营公司”即“子公司”)

①采取科学手段,开展市场调查,研究市场轨迹,把市场开发与各企业经营相关的信息资料进行收集、整理、汇总、分析、评价,为企业尽快占有市场、发挥优势、实现经营目标提供科学可靠依据;

②负责制订公司所属经营公司年度财务预算和经营目标,采取有效措施,规范管理,健全制度,实现企业价值最大化和社会效益最大化目标;

③加强对经营公司经营管理,制订成本和预算控制管理办法,强化对经营公司各项内部管理制度的监督与检查,严把工程质量关、产品质量关、服务质量关、卫生质量关和合同管理关。

(3)委派人员职责

①掌握子公司生产经营管理情况,积极参与子公司经营管理;

②亲自出席子公司每一次董事会、监事会,确实不能参加时,必须就拟议事项书面委托其他董事、监事代为表决;

③通过子公司董事会、监事会,执行公司关于子公司的重大经营决策、人事任免等方案;

④及时向公司报告子公司重大情况;

⑤年末撰写年度工作述职报告,总结行使职责情况和子公司生产经营管理情况。

(4)审计部职责

①定期或不定期实施对子公司的审计监督;

②定期对公司及控股公司所有业务循环进行内部控制审计。

(5)人事劳动部职责

①对控股企业人员招聘计划进行审核,并进行内部协调调配;

②对控股企业与员工签订的无固定期劳动合同进行审核。

(6)考核督查办公室

对委派人员履职情况进行考核。

5)不相容职责—子公司管理

如表 18-1 所示。

不相容职责 表 18-1

岗位职责	派遣提名	派遣审批	政策评估	管控监督
派遣提名		X	X	X
派遣审批	X		X	X
政策评估	X	X		X
管控监督	X	X	X	

注:"X"表示不相容职责。

6)控制目标

如表 18-2 所示。

控制目标 表 18-2

序号	《内部控制规范》具体控制目标编号	拟实现的内控目标	内控目标具体描述
1	CT18.1-1	合法合规性目标	保证公司子公司管理符合国家有关法规和公司规章制度规定
2	CT18.1-2	财务报告目标	保证公司子公司管理使财务公允
3	CT18.1-3	资产安全目标	保证公司子公司管理所涉及的资金、资产的安全性
4	CT18.1-4	经营效率和效果目标	提升公司子公司管理水平以促进公司经营效率与效果
5	CT18.1-5	发展战略目标	保证公司子公司管理支持公司发展战略目标

7)控制矩阵

如表 18-3 所示。

控制矩阵

表 18-3

风险编号	风险描述	对应控制目标编号	关键控制措施编号	控制措施	对应制度	控制痕迹	风险责任部门	风险责任岗位
R18.1-1	公司未制订对子公司的控制政策及程序,使得公司对子公司的管理原则不清晰、管理职能交叉,可能导致对子公司管理混乱,管理效率低下或缺乏管理	CT18.1-1 CT18.1-4	CA18.1-1	公司应制订子公司管理制度,明确子公司管理体系、原则及相关授权程序,规范子公司重大事项报备流程,明确各相关部门及岗位的职责权限	无	制度文件	多种经营部	多种经营部部长
R18.1-2	未明确向控股子公司委派的董事、监事及重要高级管理人员的选任方式和职责权限等,可能导致对子公司的管理控制政策未得到落实	CT18.1-1 CT18.1-4	CA18.1-2	公司应明确向控股子公司委派的董事、监事及重要高级管理人员的选任方式和职责权限;出现委派及任免事项,应根据相关程序及权限进行审批	无	委派高级管理人员聘任书及审批文件	多种经营部	多种经营部部长
R18.1-3	参控股公司派出人员的日常监管,各相关业务部门之间职责不清晰且缺乏系统和有效的协同管控措施和手段,可能造成管理失误,影响母公司利益	CT18.1-1 CT18.1-4	CA18.1-3	多种经营部组织各经营公司每季度召开一次经营分析会议,各经营公司须提前准备汇报材料,内容包括:主要经营指标完成情况,对营业收入、费用、利润总额等与上年度同期进行对比分析,并详细说明相关经营指标上升或下降的原因;经营工作中存在的问题和困难,以及针对存在的问题和困难采取的措施和建议,下一步工作计划及预期实现的经营目标	《经营性公司管理办法》	经营分析会议记录	多种经营部	多种经营部部长
R18.1-4	未对子公司发展战略、年度财务预决算、重大投融资、重大担保、大额资金使用、主要资产处置、重要人事任免、内部控制体系建设等重要事项采取有效的管理控制措施,可能导致子公司发展脱离规划、面临重大风险或承担重大损失	CT18.1-1 CT18.1-4	CA18.1-4	公司多种经营部对经营性公司重大支出事项的审核以健全制度、规范程序、监管与服务相结合为原则,促进经营性公司建立起依法决策、科学决策、民主决策和面向市场的经营风险管理机制	《经营性公司管理办法》	重大支出事项审核记录	多种经营部	多种经营部部长
R18.1-5	母公司对子公司,缺少如风险管理信息系统等有效控制手段和工具,导致管控力度偏弱	CT18.1-3 CT18.1-4	CA18.1-5	公司应定期对子公司进行内部控制审计,针对子公司运营管理现状进行审查,发现相关缺陷及时提出整改要求,加强对子公司的风险管控	无	审计报告	多种经营部	多种经营部部长

续上表

风险编号	风 险 描 述	对应控制目标编号	关键控制措施编号	控 制 措 施	对应制度	控制痕迹	风险责任部门	风险责任岗位
R18.1-6	未建立子公司报告程序，可能导致总公司无法及时了解子公司经营状况，影响总公司对子公司经营规划的掌控	CT18.1-1 CT18.1-2 CT18.1-4	CA18.1-6	多种经营部组织各经营公司每季度召开一次经营分析会议，各经营公司须提前准备汇报材料，内容包括：主要经营指标完成情况，对营业收入、费用、利润总额等与上年度同期进行对比分析，并详细说明相关经营指标上升或下降的原因；经营工作中存在的问题和困难，以及针对存在的问题和困难采取的措施和建议，下一步工作计划及预期实现的经营目标	《经营性公司管理办法》第3章第1条	经营分析会议记录	多种经营部	多种经营部部长
R18.1-7	内部审计、监事会等监督职能效果受主观及客观因素限制，监督效果不明显，造成弱化母子公司管控力度	CT18.1-1 CT18.1-4	CA18.1-7	公司多种经营部对经营性公司实行季度巡查制度。 审计部应对子公司进行定期或不定期的日常审计及专项审计，加强对子公司的监督管理。 若子公司自建有审计管理体系，公司应通过子公司监事会定期的审计会议加强对子公司的监督管理	《经营性公司管理办法》	巡查记录、审计报告	多种经营部	多种经营部部长
R18.1-8	公司未定期对子公司的控制政策和程序进行评估，使得监管要求、控股子公司的情况已发生重大变化未被及时识别，可能导致对子公司的管理制度已失去有效性，影响子公司的管理效率与效果	CT18.1-1 CT18.1-4	CA18.1-8	在重大项目完成(或竣工)一年后，经营性公司组织进行后评估工作。经营性公司将重大合同及合同完成后评估报告报公司多种经营部备案	《经营性公司管理办法》	重大合同及合同完成后评估报告	多种经营部	多种经营部部长

19　内部审计与监督

19.1　内部审计

1)流程目标概述

本流程规定了公司内部审计管理流程及规范,旨在确保审计程序、审计方法符合有关内部审计行业标准和公司内部规章制度的要求,保证审计人员的业务技能和审计质量满足内部审计业务的需要,避免或降低公司在内部审计管理中的风险。

2)适用范围

适用于公司及所属单位。

3)相关制度

(1)《内部审计制度汇编》

(2)《内部审计管理办法(试行)》

4)职责分工

(1)审计部职责

①制定并提交部门年度工作计划、具体项目审计计划;

②负责贯彻、落实国家有关的审计法规、政策和各项规章制度;

③负责公司各项审计管理办法、制度的制定或修改,并督促贯彻执行;

④根据公司工作部署,负责编制年度审计计划和审计预算,按规定程序提交公司或上级部门审核批准;

⑤负责组织实施财务收支、经济效益、经济责任、竣工财务决算等各项审计工作,出具审计报告,通报审计结果;

⑥依照审计法规和公司审计管理办法,检查被审计单位的会计凭证、会计账簿、财务会计报告以及其他与审计工作有关的资料和资产,监督财务收支的真实、合法和效益情况;

⑦依照有关规定、标准、项目目标进行审计评价,对违反国家规定的财务收支行为,在职权范围内作出处理,下发处罚决定或建议。违反党纪、政纪的移交纪检、监察部门处理;

⑧负责组织复查审计决定和审计意见书的执行情况,被审计单位在规定期限内不执行的,责令限期执行,并建议有关主管部门对直接负责的主管人员和其他直接责任人员给予处分;

⑨配合和接受上级主管单位的业务指导和监督。定期或不定期向公司董事会或主管领导报告工作;

⑩加强和规范审计信息建设和管理,负责审计信息的交流、传递和应用,审计部门和审计人员负有保密义务;

⑪负责会同有关部门,制订审计人员培训计划,组织审计人员的学习和培训,增强审计人员的执业能力。

(2)所属单位审计职责

收到审计通知后配合审计部的审计工作,参与审计讨论,提交反馈意见,按审计建议提出整改措施,并将责任落实到个人。

5)不相容职责——内部审计

如表19-1所示。

不相容职责　　表 19-1

岗位职责	制定审计计划	审批	审计执行	落实整改	整改情况复核
制定审计计划		X		X	
审批	X		X	X	X
审计执行		X		X	
落实整改	X	X	X		X
整改情况复核		X		X	

注:"X"表示不相容职责。

6)流程图

(1)审计计划报批流程

如图 19-1 所示。

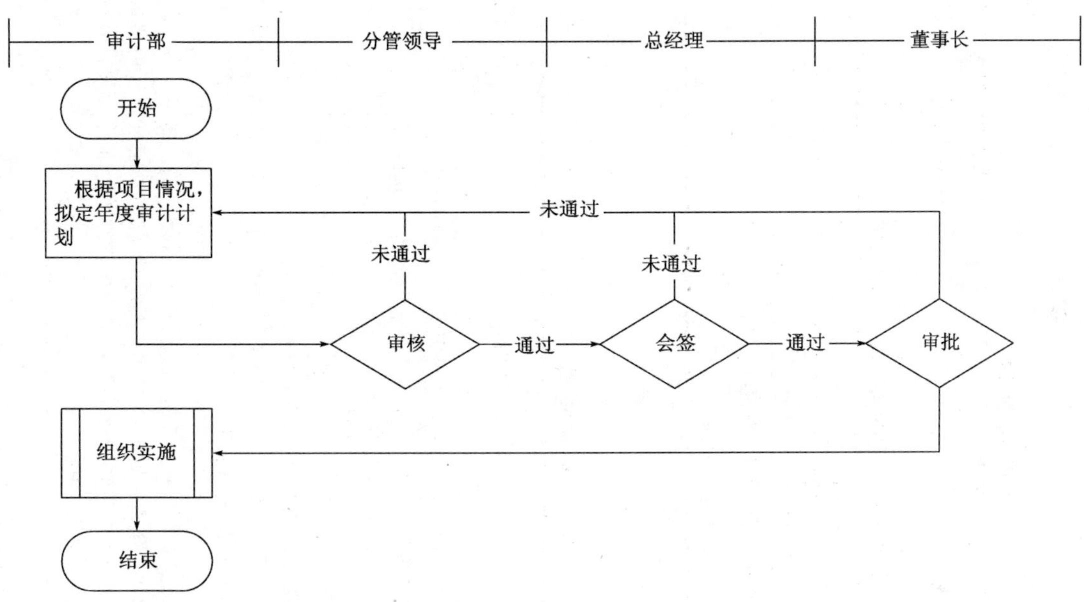

图 19-1　审计计划报批流程

(2)审计报告报批流程

如图 19-2 所示。

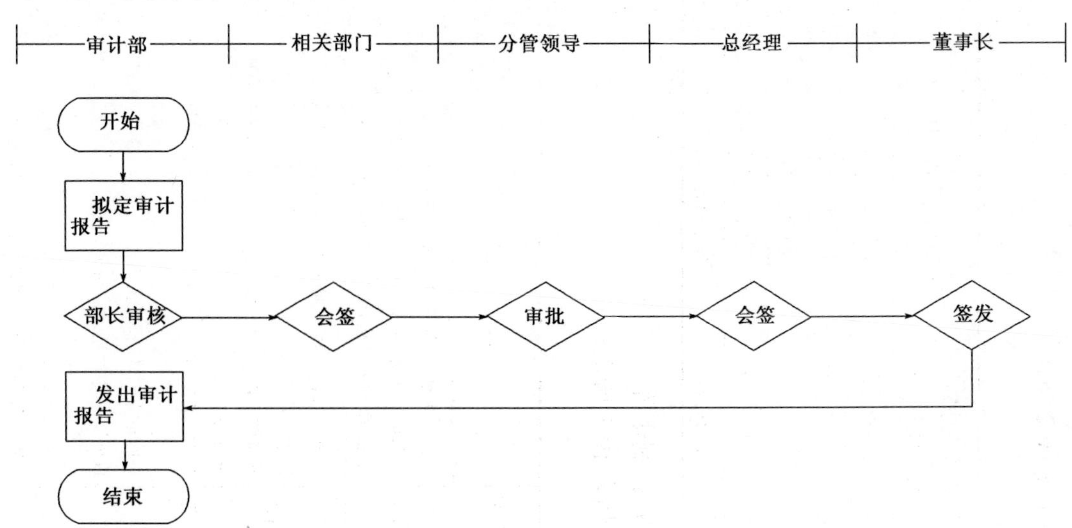

图 19-2　审计报告报批流程

7)控制目标

如表 19-2 所示。

控制目标 表 19-2

序号	《内部控制规范》具体控制目标编号	拟实现的内控目标	内控目标具体描述
1	CT19.1-1	合法合规性目标	保证公司内部审计管理符合国家有关法规和公司规章制度规定
2	CT19.1-2	财务报告目标	保证公司内部审计管理使财务公允
3	CT19.1-3	资产安全目标	保证公司内部审计管理所涉及的资金、资产的安全性
4	CT19.1-4	经营效率和效果目标	提升公司内部审计管理水平以促进公司经营效率与效果
5	CT19.1-5	发展战略目标	保证公司内部审计管理支持公司发展战略目标

8)控制矩阵

如表 19-3 所示。

控制矩阵 表 19-3

风险编号	风险描述	对应控制目标编号	关键控制措施编号	控制措施	对应制度	控制痕迹	风险责任部门	风险责任岗位
R19.1-1	公司未制订内部审计制度,可能导致内部审计无章可循,内部审计工作管理混乱,影响内部审计工作效率与效果	CT19.1-1 CT19.1-4	CA19.1-1	公司应根据国家相关法律法规,制定符合公司运营情况的内部审计制度,规范内部审计流程,明确相关部门及岗位的职责权限	《内部审计制度汇编》	制度文件	审计部	审计部部长
R19.1-2	审计机构不够尽职尽责,未能按审计计划履行监督职能,未能发现企业存在的舞弊、渎职等不良现象,影响企业的健康发展	CT19.1-1 CT19.1-4	CA19.1-2	审计人员应当恪守严格依法、正直坦诚、客观公正、勤勉尽责、保守秘密的基本审计职业道德。 公司审计委员会应定期核查审计部工作,对审计计划执行情况进行监督	《内部审计制度汇编》	审计计划、审计底稿、审计报告	审计部	审计部部长
R19.1-3	内审人员不足或无内审人员,可能导致内审工作计划无法按期开展	CT19.1-1 CT19.1-4	CA19.1-3	企业应该按照国家有关规定,建立相对独立的内部审计机构,配备相应的专职工作人员,建立健全内部审计工作规章制度,有效开展内部审计工作,强化企业内部监督和风险控制	《内部审计制度汇编》	内部审计机构人员配置	审计部	审计部部长
R19.1-4	审计计划的制订和调整不合理,包括审计范围、时间、人员安排及确定下一年度审计工作实施重点等,可能导致审计资源分配不合理,影响审计工作的正常开展	CT19.1-1 CT19.1-4	CA19.1-4	企业内部审计机构应当根据国家有关规定,结合企业实际情况,制订企业年度审计工作计划,对内部审计工作提出合理安排,并报经企业主要负责人或审计委员会批准后实施	《内部审计制度汇编》	年度审计计划及相关批复文件	审计部	审计部部长

续上表

风险编号	风险描述	对应控制目标编号	关键控制措施编号	控制措施	对应制度	控制痕迹	风险责任部门	风险责任岗位
R19.1-5	未充分考虑参与项目内审人员的独立性，可能导致无法发现重大舞弊等审计风险，影响内部审计的效率效果	CT19.1-1 CT19.1-4	CA19.1-5	为保证内部审计工作的独立、客观、公正，企业内部审计人员与审计事项有利害关系的，应当回避	《内部审计制度汇编》	审计方案、审计小组名单	审计部	审计部部长
R19.1-6	内审人员缺乏相应的胜任能力，未能发现下属单位存在的舞弊等影响企业健康发展的不良现象，可能导致内审工作的质量无法达标，影响内部审计的效率效果	CT19.1-1 CT19.1-4	CA19.1-6	企业内部审计人员应当具备审计岗位所必须的会计、审计等专业知识和业务能力；内部审计机构的负责人应当具备相应的专业技术职称资格	《内部审计制度汇编》	审计部人员资质说明、相关审计底稿	审计部	审计部部长
R19.1-7	审计实施方案的设计和调整不合理，包括审计目的、方法、步骤、程序、执行人员及日期等，可能导致未发现被审项目的重大风险，审计工作无法达到预期效果	CT19.1-1 CT19.1-4	CA19.1-7	在审计计划实施前，应制订完善的审计实施方案，明确相关审计目的、方法、步骤、程序、执行人员及日期等，审计人员根据方案严格执行审计，确保达到预期审计效果	《内部审计制度汇编》	审计方案	审计部	审计部部长
R19.1-8	审计工作底稿填写不完整，审计资料收集不全，可能导致审计数据失真，影响审计报告的准确性	CT19.1-1 CT19.1-4	CA19.1-8	审计人员应当真实、完整地记录实施审计的过程，填写相关审计工作底稿，并根据审计底稿准确描述审计项目有关的重要管理事项及审计结果	《内部审计制度汇编》	审计工作底稿	审计部	审计部部长
R19.1-9	审计证据与事实缺乏相关性，可能导致审计证据缺乏有效的说服力，影响审计报告的准确性	CT19.1-1 CT19.1-4	CA19.1-9	审计人员获取的审计证据，应当具有适当性和充分性。适当性是对审计证据质量的衡量，即审计证据在支持审计结论方面具有的相关性和可靠性。相关性是指审计证据与审计事项及其具体审计目标之间具有实质性联系。充分性是对审计证据数量的衡量，即审计证据的样本量可以推导出审计结论，而不是特例	《内部审计制度汇编》	审计工作底稿	审计部	审计部部长
R19.1-10	审计底稿和结论未经审计组长复核，可能导致工作底稿中存在检查漏洞未及时发现，影响审计报告的准确性	CT19.1-1 CT19.1-4	CA19.1-10	审计组起草审计报告前，审计组组长应当对审计工作底稿的下列事项进行审核： （1）具体审计目标是否实现； （2）审计措施是否有效执行； （3）事实是否清楚； （4）审计证据是否适当、充分； （5）得出的审计结论及其相关标准是否适当； （6）其他有关重要事项	《内部审计制度汇编》	审计工作底稿	审计部	审计部部长

续上表

风险编号	风险描述	对应控制目标编号	关键控制措施编号	控制措施	对应制度	控制痕迹	风险责任部门	风险责任岗位
R19.1-11	内审工作结束后，审计小组对审计发现的问题没有进行讨论分析并提出审计意见，可能导致问题重复出现，无法达到内审目标	CT19.1-1 CT19.1-4	CA19.1-11	审计报告上报企业董事会或主要负责人审定后，企业内部审计机构应当根据审计结论，向被审计单位下达审计意见（决定）	《内部审计制度汇编》	审计意见、整改通知	审计部	审计部部长
R19.1-12	内审工作结束，下发审计意见后，审计部门未要求下属被审计单位报送审计意见执行情况报告，可能导致下属被审计单位未及时采取整改措施，问题重复出现，无法达到内审目标	CT19.1-1 CT19.1-4	CA19.1-12	企业内部审计机构对主要审计项目应当进行后续审计监督，监督检查被审计单位对审计意见的采纳情况和对审计决定的执行情况	《内部审计制度汇编》	整改通知、整改报告	审计部	审计部部长
R19.1-13	未对下属单位定期或根据实际情况不定期进行专项审计，可能导致不能及时发现下属单位存在的问题，影响下属单位运营的效率效果	CT19.1-1 CT19.1-4	CA19.1-13	为保证企业年度财务决算报告的真实和完整，企业内部审计机构应按照国资委相关工作要求，对下列特殊情况的子企业组织进行定期内部审计工作： （1）按照国家有关规定，涉及国家安全不适宜中介机构审计的特殊子企业； （2）依据所在国家及地区法律规定，在境外进行审计的境外子企业； （3）国家法律、法规未规定须委托社会中介机构审计的企业内部有关单位	《内部审计制度汇编》	专项审计资料	审计部	审计部部长
R19.1-14	未将审计资料及底稿分类归档保存，可能导致重要的审计资料及底稿保管不全或遗失，造成相关部门对审计结论存在意见时，无法查找对应的审计证据，影响审计结论的真实准确性	CT19.1-1 CT19.1-4	CA19.1-14	审计机关应当按照国家有关规定，建立健全审计项目档案管理制度，明确审计项目归档要求、保存期限、保存措施、档案利用审批程序等。 审计项目归档工作实行审计组组长责任制，审计组组长应当确定立卷责任人。立卷责任人应当收集审计项目的文件材料，并在审计项目终结后及时立卷归档，由审计组组长审查验收	《内部审计制度汇编》	审计归档目录及移交手续	审计部	审计部部长

19.2　内部控制

1)流程目标概述

本流程规定了公司有关内部控制的管理要求,旨在规范公司内部制度检查、监督、内控评价、整改的工作流程,努力避免或降低公司在内部控制管理过程中的风险。

2)适用范围

适用于公司及所属单位。

3)相关制度

无。

4)职责分工

(1)审计委员会

①审核内控评价计划与方案;

②审核监督检查部门提交的内部控制监督检查工作报告和后续报告。

(2)审计部

①负责内部控制监督检查工作;

②每年不少于一次对内部控制进行监督检查,并形成评价报告;

③对评价报告所指出的问题进行后续跟踪。

(3)各职能与业务部门

①配合审计部对内控制度执行情况进行检查。

②对审计提出的问题进行整改落实。

5)不相容职责——内部控制

如表 19-4 所示。

不相容职责　　表 19-4

岗位职责	检查计划方案提出	审核审批	执行检查	问题整改
检查计划方案提出		X		
审核审批	X		X	
执行检查		X		X
问题整改			X	

注:“X”表示不相容职责。

6)控制目标

如表 19-5 所示。

控制目标　　表 19-5

序号	《内部控制规范》具体控制目标编号	拟实现的内控目标	内控目标具体描述
1	CT19.2-1	合法合规性目标	保证公司内部控制管理符合国家有关法规和公司规章制度规定
2	CT19.2-2	财务报告目标	保证公司内部控制管理使财务公允
3	CT19.2-3	资产安全目标	保证公司内部控制管理所涉及的资金、资产的安全性
4	CT19.2-4	经营效率和效果目标	提升公司内部控制管理水平以促进公司经营效率与效果
5	CT19.2-5	发展战略目标	保证公司内部控制管理支持公司发展战略目标

7)控制矩阵

如表 19-6 所示。

控制矩阵

表 19-6

风险编号	风险描述	对应控制目标编号	关键控制措施编号	控制措施	对应制度	控制痕迹	风险责任部门	风险责任岗位
R19.2-1	公司未制订内部控制管理制度，可能导致公司内部控制工作组织混乱，内控薄弱，影响公司内控目标的实现或不符合监管部门的要求，受到监管部门的处罚	CT19.2-1 CT19.2-4	CA19.2-1	为了加强公司内部控制，防范内部控制相关风险，公司应制订《内部控制管理制度》	无	制度文件	审计部	审计部部长
R19.2-2	内控评价工作方案的设计和调整不合理，可能导致未发现企业经营管理过程中的重大风险，使内控工作无法达到预期效果	CT19.2-1 CT19.2-4	CA19.2-2	审计部应制订年度内控监督检查工作计划，报审计委员会批准执行。相关工作计划中应包含详细的内控评价工作方案，包括但不限于内控评价目标、范围、方法、步骤、程序、时间、执行人员等。确保相关内控评价方案合理有效，具有可执行性	无	内控评价方案、评价方案实施记录	审计部	审计部部长
R19.2-3	内控评价工作方案未经公司规定程序审批，可能导致计划不合理，不能达到实际效果，并浪费公司资源	CT19.2-1 CT19.2-4	CA19.2-3	内控评价方案应由审计部部长审核，审计委员会负责人审批后执行	无	内控评价方案审核记录	审计部	审计部部长
R19.2-4	内部审计过程受专业局限性和信息不对称的影响，可能造成审计人员未能有效发现内控中存在的重大缺陷，从而影响内部审计目标的实现	CT19.2-1 CT19.2-4	CA19.2-4	在人员组织上，评价工作组成员需吸收企业内部相关机构熟悉情况、参与日常监控的负责人或业务骨干参加；内部控制评价小组根据经批准的评价方案，挑选具备独立性、业务胜任能力和职业道德素养的评价人员实施评价	无	审计人员的专业资质证书	审计部	审计部部长
R19.2-5	内控测试与评价的工作程序不合规、不适当，可能导致检查、评价结果与实际情况不符，整改建议或改善方案不切实际，缺失可行性和指导意义	CT19.2-1 CT19.2-4	CA19.2-5	内控评价应当根据公司相关制度要求，在分析、抽样、编制底稿及复核后，形成评价结果与整改方案	无	内控评价工作底稿，记录	审计部	审计部部长
R19.2-6	未对被评价部门或单位基本情况进行调查，可能导致评价范围和重点不符合部门实际情况，最终评价结果不准确	CT19.2-1 CT19.2-4	CA19.2-6	内部控制监督检查实施前，审计部应组织召开内部控制检查前会议，向被检查单位介绍内部控制检查基本情况和工作内容，同时，审计人员应当积极了解相关单位基本信息。参加人员原则应包括：总经理、副总经理、财务经理、各部门主管及重要岗位业务骨干	无	会议记录或者被审单位情况调查表	审计部	审计部部长

续上表

风险编号	风险描述	对应控制目标编号	关键控制措施编号	控制措施	对应制度	控制痕迹	风险责任部门	风险责任岗位
R19.2-7	现场测试未填写工作底稿、记录相关测试结果，可能导致查出的内部控制缺陷无证可查	CT19.2-1 CT19.2-4	CA19.2-7	评价人员对现场测试完后，须按要求填写工作底稿、记录等相关测试结果，对发现的内部控制缺陷进行初步认定	无	内控评价工作底稿，记录，及复核文件	审计部	审计部部长
R19.2-8	评价底稿未进行复核签字，可能导致控制缺陷描述不准确或有遗漏，影响评价结果准确性	CT19.2-1 CT19.2-4	CA19.2-8	评价工作底稿应进行交叉复核签字，并由评价工作组负责人审核后签字确认	无	复核记录的工作底稿	审计部	审计部部长
R19.2-9	评价结果及现场评价报告未由被评价单位相关责任人签字确认，可能导致被评价单位对内控缺陷事实认定有异议，影响审计结论	CT19.2-1 CT19.2-4	CA19.2-9	审计部在完成内部控制监督检查报告后出具征求意见，被审单位应在3个工作日内进行反馈；对审计问题的整改方案由被审计单位将责任落实到个人	无	无	审计部	审计部部长
R19.2-10	内部控制评价的频率不合理，内控缺陷的掌握不及时，不利于风险和损失的及时防范	CT19.2-1 CT19.2-4	CA19.2-10	根据需要评价的单位的性质以及风险的等级确定内部控制评价的频率，并根据环境的变化及时调整评价的频率和内容	无	内控评价计划	审计部	审计部部长
R19.2-11	内控检查发现的问题未及时整改，未进行追踪检查，可能导致内控发现的问题未得到纠正，影响内控检查的效果	CT19.2-1 CT19.2-4	CA19.2-11	内部审计人员应对报告中反映的问题提出建议后加以追踪，并定期撰写落实情况报告，对相关部门的整改措施进行评估	无	整改报告	审计部	审计部部长
R19.2-12	内控检查和评价所发现重大执行偏差和缺陷等结论未得到有效利用，导致问题无追责、内控评价工作流于形式	CT19.2-1 CT19.2-4	CA19.2-12	对发现存在内控重大缺陷或者内控执行不力的单位或部门应当予以追责，追责应当与该单位或部门领导的绩效考核相挂钩；评价工作组应根据内控缺陷提出公司管理完善意见，如绩效考核、信息系统管控、监督等管控方式	无	重大执行偏差对应措施痕迹	审计部	审计部部长
R19.2-13	未将内控建设与评价工作的文档及原始记录妥善有序保管，导致内部控制评价的相关文件资料、工作底稿、证明材料及报告等遗失，评价结论无法追溯、无证可查	CT19.2-1 CT19.2-4	CA19.2-13	审计部负责妥善保管内部控制评价的相关文件资料、工作底稿、证明材料及报告等并定期将这些资料进行归档	无	评价资料清单	审计部	审计部部长

20 纪检监察

20.1 纪检监察

1)流程目标概述

本流程规定了公司有关纪检监察管理的要求,旨在规范公司纪检监察的各项具体工作,努力避免或降低公司在纪检监察管理中存在的风险。

2)适用范围

适用于公司及所属单位。

3)相关制度

无。

4)职责分工

监察部部门职责如下:

(1)根据公司廉政建设的总体部署和要求,对公司工作人员进行廉洁从业教育,做好相关法律、法规、政策和文件的宣传工作,增强工作人员遵纪守法意识;

(2)负责建立健全公司内部监督稽查网络,指导协调所属单位监督稽查工作;

(3)负责制定公司内部监督稽查工作制度和违规违纪人员的处罚规定,监督检查公司各项规章制度的贯彻落实情况;

(4)负责纠正行业和部门不正之风,受理对公司所属单位和部门以及公司工作人员违规违纪问题的投诉、检举、控告;

(5)按照程序和有关规定,负责调查处理公司所属单位和部门以及公司工作人员的违规违纪问题;

(6)负责对所属单位违纪处罚案件的复审和复核;

(7)参加公司干部职工考核考察、评议评先工作的监督;

(8)参加公司人事、财务、审计、工程项目招投标、设备材料和办公用品采购等方面的监督;

(9)完成领导交办的其他工作。

5)不相容职责——纪检监察

如表20-1所示。

不相容职责 表20-1

岗位职责	监察方案制订	监察方案审批	监察方案执行	监察问题整改
监察方案制订		X	X	X
监察方案审批	X		X	X
监察方案执行	X	X		
监察问题整改	X	X		

注:"X"表示不相容职责。

6)控制目标

如表20-2所示。

控制目标

表 20-2

序号	《内部控制规范》具体控制目标编号	拟实现的内控目标	内控目标具体描述
1	CT20.1-1	合法合规性目标	保证公司纪检监察管理符合国家有关法规和公司规章制度规定
2	CT20.1-2	财务报告目标	保证公司纪检监察管理使财务公允
3	CT20.1-3	资产安全目标	保证公司纪检监察管理所涉及的资金、资产的安全性
4	CT20.1-4	经营效率和效果目标	提升公司纪检监察管理水平以促进公司经营效率与效果
5	CT20.1-5	发展战略目标	保证公司纪检监察管理支持公司发展战略目标

7)控制矩阵

如表 20-3 所示。

控制矩阵

表 20-3

风险编号	风险描述	对应控制目标编号	关键控制措施编号	控制措施	对应制度	控制痕迹	风险责任部门	风险责任岗位
R20.1-1	公司未能建立纪检监察相关制度,纪检监察工作无章可循,违法违纪等信息无有效沟通渠道,可能导致违法违纪舞弊信息未被及时获取,损害公司利益	CT20.1-1 CT20.1-4	CA20.1-1	为了规范公司纪检监察管理,同时确保投诉举报渠道的畅通,及时有效地解决投诉举报的问题,维护举报人及公司的利益,公司应制定《纪检监察管理制度》	无	制度文件	监察部	部长
R20.1-2	无专职监管部门负责对违法违纪等举报信息进行辨别并调查,可能导致内部举报流于形式,无法有效进行内部监督	CT20.1-1 CT20.1-4	CA20.1-2	公司监察部接受投诉举报,并根据投诉举报事件的性质与严重程度进行划分,根据情况组成调查小组,对投诉举报内容进行调查核实	无	投诉举报受理处置表; 调查相关材料	监察部	部长
R20.1-3	没有违法违纪等举报和信访事件的受理机制或调查程序,违反党纪、国家法律、法规的规定,可能使企业遭受外部处罚或名誉受损	CT20.1-1 CT20.1-4	CA20.1-3	监察部应在规章、制度框架内进行受理与调查,对重大投诉举报,监察部应及时将调查结论报送相关的上级机构	无	调查文件、处理审批文件	监察部	部长
R20.1-4	未能及时、客观、公正的受理和调查举报违法违纪的事件,可能导致舞弊行为的发生,给企业带来经济损失及其他负面影响	CT20.1-1 CT20.1-4	CA20.1-4	监察部的工作人员接到投诉举报后均需填写《投诉举报受理处置表》,详细登记投诉举报内容与证据及调查线索,并在第一时间报送部门负责人	无	投诉举报受理处置表	监察部	部长

续上表

风险编号	风 险 描 述	对应控制目标编号	关键控制措施编号	控 制 措 施	对应制度	控制痕迹	风险责任部门	风险责任岗位
R20.1-5	发生违法违纪举报事件时，未明确纪检监察部门及相关职能部门应履行的职责，可能导致无法正确对事件进行调查处理，影响公司日常经营活动	CT20.1-1 CT20.1-4	CA20.1-5	接受投诉举报后，监察部应对投诉举报内容进行调查取证，审计调查过程中，当事方应当配合监察部工作	无	调查文件记录	监察部	部长
R20.1-6	未对提供举报违法违纪信息人员予以保护，可能导致员工受到威胁无法举证，影响监管部门对事件的调查处理	CT20.1-1 CT20.1-4	CA20.1-6	监察部应对投诉举报人进行保密。同时在调查取证过程中采取相关保密措施，保护举报人	无	投诉材料（举报信等）	监察部	部长
R20.1-7	对举报违法违纪事件的调查核实、编制初步报告由一人负责，可能导致调查结果不够客观，影响事件的处理结果	CT20.1-1 CT20.1-4	CA20.1-7	接受举报事件后，根据情况成立调查小组，对投诉举报内容进行核实。调查核实形成的书面材料由部门负责人进行复核	无	投诉举报调查材料及调查报告	监察部	部长
R20.1-8	未经分管领导批准擅自采取措施对举报违法违纪的线索进行调查核实，可能导致调查行为不合理，影响后续的调查处理过程	CT20.1-1 CT20.1-4	CA20.1-8	在接受投诉举报后，应在第一时间报送部门负责人，部门负责人根据具体情况组织调查	无	投诉举报处置表	监察部	部长
R20.1-9	未对举报违法违纪的调查结果形成书面材料统一归档，可能导致对调查结果无归档记录，影响后续的处理结果	CT20.1-1 CT20.1-4	CA20.1-9	与投诉举报相关的资料档案视同审计工作底稿进行归档保管	无	档案归档记录	监察部	部长
R20.1-10	未对查证属实的违法违纪事件进行总结、通报，可能导致无法起到警示作用，影响公司内部监督效果	CT20.1-1 CT20.1-4	CA20.1-10	监察部应定期对违法违纪事件进行总结、通报，组织公司各部门进行学习，加强公司内部监督	无	违法违纪事件通报	监察部	部长